U0022690

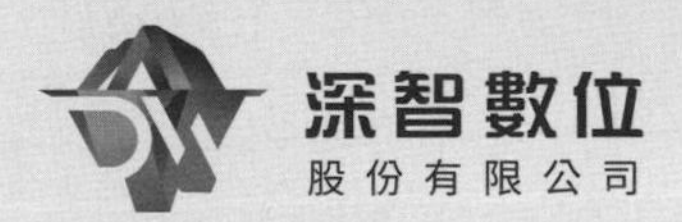
深智數位
股份有限公司

前言

隨著計算視覺技術的不斷發展，其在自動駕駛感知領域獲得了廣泛應用，諸如交通號誌檢測、車輛檢測、行人檢測、3D 雷射點雲物件辨識、可行駛區域劃分、道路標線檢測，以及多目標追蹤等感知功能都用到了電腦視覺技術。但很多初學者或想要進入自動駕駛感知領域的人很難系統地學習自動駕駛感知技術，而本書恰恰可以滿足讀者的這一需求。本書作者都是自動駕駛行業的深度開發者，有豐富的業內經驗，可以幫助讀者進入自動駕駛領域，同時加快自動駕駛的實作與發展。

本書是一本系統講解自動駕駛感知技術的圖書，書中展示了具體的實踐案例及自動駕駛感知技術的實作部署方案，從理論到實踐層面講解與自動駕駛感知相關的技術，可讓讀者全面、深入、透徹地理解所講解的演算法。

第 1 章：主要以介紹神經網路的基礎知識作為開始，全面講解經典卷積神經網路、輕量化卷積神經網路，以及與 Vision Transformer 相關的 Backbone 模型，同時用一個交通號誌辨識模型對 ResNet 和 MobileViT 模型進行了實踐與講解。

第 2 章：主要講解 2D 物件辨識演算法，開始主要介紹兩階段物件辨識演算法和單階段物件辨識演算法，之後詳細講解 YOLOv5、YOLOX、NanoDet 和 YOLOv5 Lite 演算法，並分別使用車輛檢測、行人檢測、交通號誌檢測和交通號誌燈檢測作為實踐專案來對上述演算法進行實踐；同時對 3D 雷射點雲演算法 PointPillars 的原理進行詳細講解，並結合 OpenPCDet 進行了程式的講解。此外，本章還加入了對 BEVFormer 環視 3D 物件辨識演算法的介紹。

第 3 章：介紹語義分割在自動駕駛中的應用，主要講解 STDC 演算法的原理和設計思想，同時介紹基於 Vision Transformer 的 TopFormer 輕量化語義分割演算法，還針對 TopFormer 基於 Cityscapes 資料集進行了實際的專案實踐和講解。

第 4 章：主要介紹自動駕駛中的道路標線檢測與分割技術，首先介紹 UNet 演算法的原理；然後介紹基於 Line Anchor 的 LaneATT 演算法；最後對 CULane 資料集進行了介紹，並基於 LaneATT 演算法進行了實踐和程式的講解。

第 5 章：介紹多目標追蹤在自動駕駛中的應用，主要講解 SORT 和 DeepSORT 的原理，以及速度更快的多目標追蹤演算法 ByteTrack 的原理和基於 MOT16 資料集的實踐與程式的講解，同時簡單介紹了 ReID 的相關知識。

第 6 章：主要介紹自動駕駛中的相關演算法模型的部署實作技術，首先介紹常見的模型部署框架；接著介紹 OpenCV 的相關知識與 GPU 程式設計工具 CUDA、模型框架 TensorRT，這裡詳細解讀了 TensorRT 的相應介面與如何進行量化加速和外掛程式開發，以及如何使用 ONNX 進行模型的轉換和基於 TensorRT 的實作部署；然後介紹如何使用 TensorRT 進行 YOLOv5 物件辨識的部署和加入；最後使用 NCNN 進行 NanoDet 的部署。

本書主要由龔心滿撰寫，參與撰寫的人員還有江濤、梁功臣和胡佳慧。

為了讓讀者在閱讀本書的過程中可以與學術論文或技術文件相對應，書中對很多英文專業名詞沒有進行翻譯，這主要考慮到翻譯後不能極佳地表達演算法本身的意思。讀者如果有不習慣或不理解的地方，可以透過郵件（chaucer_g@126.com）進行溝通交流。

目錄

1 電腦視覺與神經網路

2 物件辨識在自動駕駛中的應用

3 語義分割在自動駕駛中的應用

4 道路標線檢測與分割

5 多目標追蹤在自動駕駛中的應用

6 深度學習模型的實作和部署

第 1 章 電腦視覺與神經網路

長期以來，讓電腦「能看會聽」是電腦科學家一直追求的目標，這個目標中最基礎的就是讓電腦能夠「看見」這個世界，並且能夠像人類一樣擁有「眼睛」，「看懂」這個世界，進而「理解」這個世界。

研究發現，當一個特定目標出現在人類視野的任意一個範圍內時，某些腦部的視覺神經元會一直處於固定的活躍狀態。從視覺神經科學的角度解釋，就是人類的視覺辨識從視網膜到腦皮層，神經系統從辨識細微的特徵演變為物件偵測。對電腦來說，如果它擁有這樣一個「腦皮層」對訊號進行轉換，那麼電腦仿照人類擁有視覺就會變為現實。

隨著研究的進一步深入，2006 年，Geoffrey Hinton 在深層神經網路的訓練上獲得了突破，首次證明了具有更多隱層和更多神經元的類神經網路有比較好的學習能力，其基本原理就是首先使用具有一定分佈規律的資料保證神經網路模型初始化，再使用標注好的資料在已經初始化的網路上進行計算，最後使用反向傳播對神經元進行最佳化調整。

這裡就詳細講解一下神經網路與電腦視覺的關係。

1.1 類神經網路

類神經網路是一種模擬人類思維的人工數學模型，也可以將其視為一個非線性動力學系統。雖然單一神經元的結構非常簡單，但是其功能有限。如果使用大量神經元組成的網路系統，那麼將對現實應用有著重大的意義，對人們的生活也會有重要的影響。

首先，從最簡單的感知機模型開始介紹，再過渡到更為複雜的神經網路。

1.1.1 感知機

感知機是一個簡單的神經網路模型，也是一個二分類模型。感知機的網路結構如圖 1.1 所示。

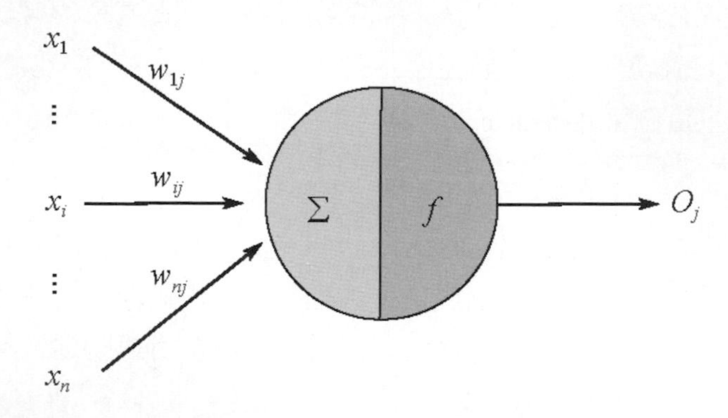

▲ 圖 1.1 感知機的網路結構

這裡假設有資料集 $D=(x_1,y_1),(x_2,y_2),\cdots,(x_n,y_n)$，其中 $x_i \in \mathbf{R}^n$。如果使用感知機對該資料集進行二分類的劃分，具體來說就是想找到一個直線或超平面對資料集進行劃分，透過感知機後，可以得到如式（1.1）所示的輸出：

$$\text{out}=\begin{cases}0 & \sum_{i}^{N} w_i x_i \leqslant \text{Threshold} \\ 1 & \text{其他}\end{cases} \tag{1.1}$$

式中，out 即感知機進行二分類的結果輸出，也就是一個是與否的概念。其中也要有設定值（Threshold）的劃分。舉例來說，生活中常見的二分類任務有：「週末想出去玩，那週末的天氣好不好呢？」「想對貓的影像進行判斷，那影像中的動物是不是貓呢？」等，但是現實中往往很多工並不是二分類任務，可能更為複雜。舉例來說，我想知道影像中的動物不是貓的話具體是什麼？是小狗還是小兔子？或說，影像辨識 0 ～ 9 的手寫數字，很明顯，這些都是多分類任務，而單一的感知機難以解決類似的問題。於是，更複雜的神經網路產生了。

1.1.2 神經網路

1.1.1 節簡單地討論了感知機的話題，但是感知機只能解決一些簡單的二分類問題，面對更複雜的多分類問題就束手無策了，於是，需要提升網路的複雜度，使用多層感知機網路來解決問題，這裡的多層感知機網路便是神經網路模型。

神經網路的結構如圖 1.2 所示。通常一個神經網路主要包含輸入層、隱層和輸出層。圖 1.2 中的每個圓圈均可看作一個簡單的神經元（感知機）。

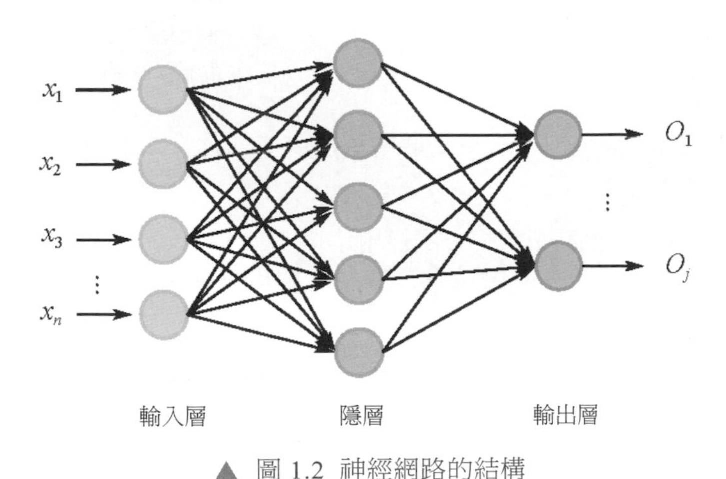

▲ 圖 1.2 神經網路的結構

其實，設計神經網路的重要工作主要表現在隱層的設計和神經元之間的權重上。

理論上，只要在隱層神經元數量足夠的情況下，單隱層神經網路就可以擬合和逼近任何連續函式。但是，很多人還是會選擇設計多隱層神經網路。雖然從數學原理上說，這與單隱層神經網路的數學表達是一致的，但是，多隱層神經網路的效果會比單隱層神經網路的效果好很多。

但是，這裡的層數設計和隱層神經元數量不能盲目地增加，因為過多的層數或神經元會帶來嚴重的過擬合和巨大的參數量等問題。

簡單了解神經網路的概念後，這裡簡要說明一下神經網路的工作原理。神經網路在工作過程中主要涉及以下幾方面：前向傳播、反向傳播和損失函式。對於前向傳播，即前面所說的神經網路正向計算的過程（感知機的計算），這裡不再複述。下面主要針對反向傳播和損失函式進行分析。

對於多分類任務，神經網路經常使用的損失函式為交叉熵損失函式：

$$J(\theta)=-\frac{1}{m}\sum_{i=1}^{m}\sum_{k=1}^{S_{\mathrm{L}}}y_k^{(i)}\log\left(h_\theta(x^{(i)})\right)_k+\left(1-y_k^{(i)}\right)\log\left(1-h_\theta(x^{(i)})\right)_k \tag{1.2}$$

式中，$x^{(i)}$ 為神經網路的輸入資料；$h_\theta(x^{(i)})$ 為神經網路預測的結果；$y^{(i)}$ 為 $x^{(i)}$ 對應的標籤；θ 為神經元參數；S_{L} 為所有神經網路層的數量。

在神經網路訓練過程中，交叉熵損失函式需要進行反向傳播。這裡的反向傳播是一種用於神經網路求解參數梯度的方法。下面僅簡單舉例來說明反向傳播的過程。在計算梯度時，需要多次採用連鎖律：

$$\frac{\partial J}{\partial\theta_1}=\frac{\partial J}{\partial z}\frac{\partial z}{\partial\theta_1}=\frac{\partial J}{\partial z}\times a_1 \tag{1.3}$$

如式（1.4）和圖 1.3 所示，不難看出，只要求出 $\frac{\partial J}{\partial z'}$ 和 $\frac{\partial J}{\partial z''}$ ，就能算出損失函式對 $\dot{e}_1$ 的梯度。除順序使用遞迴求解外，如果從輸出層開始反向逐層計算梯度，則可直接求解，這便是反向傳播的過程。

這裡總結一下神經網路的訓練過程。

第 1 步，資料集的收集和標注，了解輸入資料和標籤。

第 2 步，設計神經網路模型。

第 3 步，選擇損失函式，並反覆訓練，直至模型收斂（滿足要求即可）。

$$\frac{\partial J}{\partial z}=\frac{\partial J}{\partial a}\frac{\partial a}{\partial z}=\left(\frac{\partial J}{\partial z'}\frac{\partial z'}{\partial a}+\frac{\partial J}{\partial z''}\frac{\partial z''}{\partial a}\right)\sigma'(z)=\sigma'(z)\left(\theta_3\frac{\partial J}{\partial z'}+\theta_4\frac{\partial J}{\partial z''}\right) \tag{1.4}$$

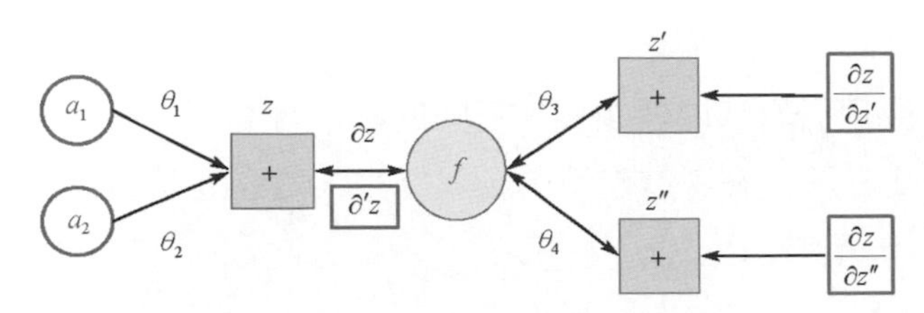

▲ 圖 1.3 神經元的反向傳播

1.2 卷積神經網路

1.2.1 卷積

卷積是分析數學的一種重要運算，也是卷積神經網路的基石。在電腦視覺領域，所提到的卷積通常指二維卷積，即離散的二維濾波器（也稱為卷積核心）。對於單通道卷積，其計算方式如圖 1.4 所示。

二維影像的卷積可以視為二維濾波器滑過二維影像上的所有位置，並在每個位置與該二維影像對應位置像素進行內積。如圖 1.4 所示，輸入為一個 (3×3) 像素的二維影像，二維濾波器的尺寸為 (2×2) 像素，滑動的步進值為 1 像素（本書後面涉及影像的單位均為像素），卷積後的輸出為圖 1.4 中最右邊的結果。

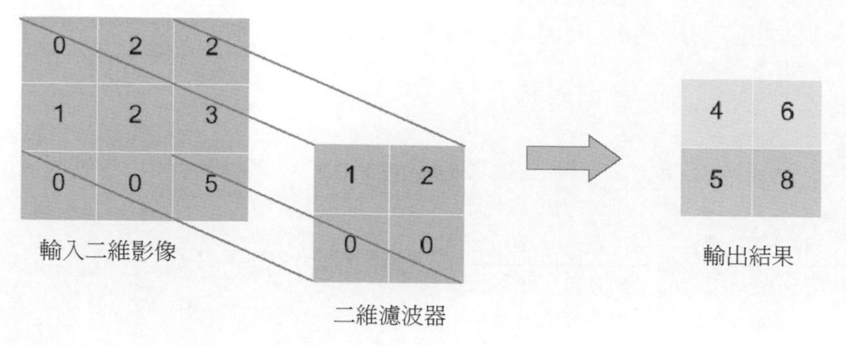

▲ 圖 1.4 單通道卷積的計算方式

卷積廣泛應用於影像處理領域，不同的卷積核心可以提取不同的特徵，如邊緣、線性、角點等。在深層卷積神經網路中，透過卷積可以提取影像的複雜特徵。

受益於生物學中的視覺系統結構，卷積的設計也擁有局部連接特性，每個神經元僅與輸入神經元的一塊區域連接，這塊區域稱為感受野（Receptive Field）。在影像卷積操作中，神經元在空間維度上是局部連接的，但在深度上是全連接的。

二維影像本身的局部像素連結較強，這種局部連接保證了學習後的二維濾波器能夠對局部輸入特徵有較強的回應。此外，卷積還有權重共用特性，即在計算同一個神經元時採用的二維濾波器是共用的，這樣可以在很大程度上減少參數量。

共用權重在一定程度上是很有意義的，如影像的底層邊緣特徵與其在影像中的具體位置無關。但是，在一些場景中共用權重又是無意義的。舉例來說，輸入的影像是人臉、眼睛和頭髮，這些部位是處於人體的不同位置上的，卷積神經網路模型希望在不同的位置學到不同的特徵。

在卷積層，通常採用多組卷積核心提取不同的特徵，即對應不同通道的特徵，不同卷積核心的權重是不共用的。

透過介紹卷積的計算過程及其特性可以看出卷積是線性操作，並具有平移不變性。平移不變性是指在影像的每個位置執行相同的操作。卷積層的局部連接和權重共用特性使卷積神經網路需要學習的參數量大大減少，有利於訓練較大的卷積神經網路。

1.2.2 啟動函式

所謂啟動函式（Activation Function），就是指在類神經網路的神經元上執行的函式，負責將神經元的輸入端映射到輸出端。

啟動函式對於學習神經網路模型、理解非常複雜的和非線性的函式具有十分重要的作用，它們將非線性特性引入神經網路中。如圖 1.5 所示，在神經元中，輸入透過加權求和後作用在一個函式 f 上，這個函式就是啟動函式。

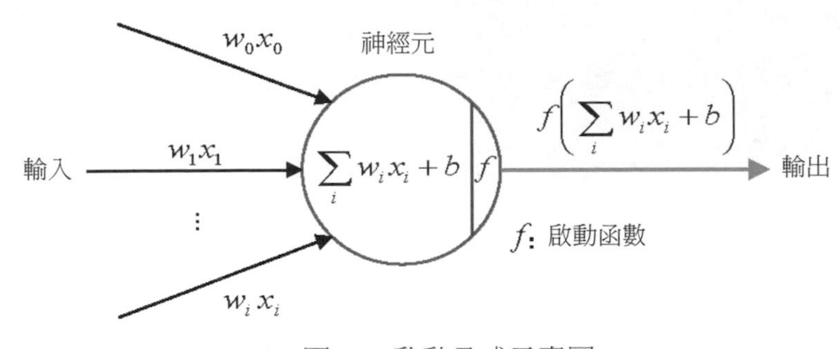

▲ 圖 1.5 啟動函式示意圖

為什麼要使用啟動函式呢？如果不使用啟動函式，那麼每層輸出都是上層輸入的線性函式，無論神經網路有多少層，輸出都是輸入的線性組合，這種情況就是最原始的感知機模型。如果使用非線性啟動函式，那麼它將給神經元引入非線性特性，使得神經網路理論上可以任意逼近非線性函式。這樣，神經網路就可以應用到許多的非線性任務中了。

常用的啟動函式包括 Sigmoid、tanh、ReLU、LeakyReLU、PReLU、ELU、Maxout 和 SeLU 等。這裡僅討論最常用的啟動函式 ReLU，其他啟動函式在之後使用時進行講解。

ReLU 啟動函式也常被稱為整流線性單元（Rectified Linear Unit），是大多數卷積神經網路預設使用的非線性啟動函式。

ReLU 啟動函式的定義如式（1.5）所示：

$$\mathrm{ReLU}(x) = \max(0, x) \tag{1.5}$$

ReLU 啟動函式的優點包括：使用 ReLU 啟動函式的 SGD 演算法的收斂速度比使用 Sigmoid 和 tanh 啟動函式快；在 $x>0$ 區域，不會出現梯度飽和、梯度消失問題；計算複雜度低，不需要進行指數運算，只需一個設定值就可以得到啟動值。

1.2.3 池化層

池化層通常是連接在卷積層後的一層。池化層主要對前一層得到的特徵圖進行採樣，縮小尺寸（長和寬），從而減少計算量、記憶體使用量和參數量，進而在保證一定的尺度和空間不變性的情況下降低過擬合的可能性。

常見的池化層操作包含最大池化、平均池化、隨機池化、中值池化和組合池化等。

如圖 1.6 所示，最大池化的尺寸為 2×2，步進值為 2。對左上角的 [1·2·3·5] 來說，其中的最大值為 5，依次可以得到另外 3 組資料中的最大值分別為 8、7、9。因此，最終的最大池化結果為 [5·8·7·9]。

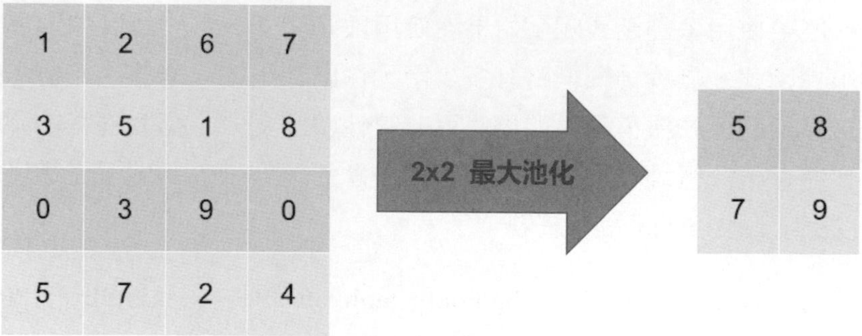

1	2	6	7
3	5	1	8
0	3	9	0
5	7	2	4

2x2 最大池化 →

5	8
7	9

▲ 圖 1.6 最大池化示意圖

1.2.4 全連接層

如圖 1.7 所示，卷積操作提取的是局部特徵，而全連接層則是將層層卷積後得到的特徵重新透過全連接權重矩陣，得到可以標識分類結果的特徵。可以看出，全連接層在整個模型中更多地造成「分類器」的作用。

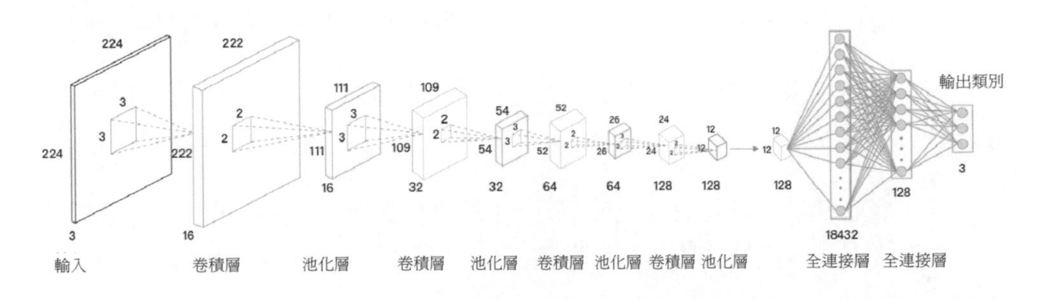

▲ 圖 1.7 全連接層（FC 層）的位置示意圖

透過圖 1.7 可以看出，層層卷積後得到的特徵經過延展後進入全連接層，這時全連接的維度是非常高的。其實在大多數模型中都會出現這樣的情況，這也造成了全連接層參數量過多的問題，給模型的部署和訓練帶來了一定的難度。

1.3 經典卷積神經網路

1.3.1 AlexNet

AlexNet（出自論文 *ImageNet Classification with Deep Convolutional Neural Networks*）是 Hinton 和他的學生 Alex Krizhevsky 在 2012 年 ImageNet 競賽中使用的模型結構，刷新了 Image Classification 榜單。從此，深度學習方法在影像領域開始一次次超過 state-of-art，甚至達到超越人類的地步。圖 1.8 所示為 AlexNet 架構圖。AlexNet 總共包括 8 層，其中前 5 層為卷積層，後 3 層為全連接層。AlexNet 在原始論文中說明，如果減少任何一個卷積層，那麼結果會變得很差。下面具體介紹 AlexNet 的元素組成。

第 1 層卷積層：輸入為影像，首先使用 96 個卷積核心進行卷積操作，並以 4 為步進值來右移或下移；然後進行最大池化（Max-Pooling），池化尺寸 =(3,3)，步進值為 2，得到輸出特徵的形狀為 96×55×55。

第 2 層卷積層：首先使用填充尺寸 =2 的操作對上一層得到的特徵圖進行填充；然後使用 256 個卷積核心進行卷積操作，以 1 為步進值移動；最後進行最大池化，池化尺寸 =(3,3)，步進值為 2，得到輸出特徵的形狀為 256×27×27。

第 3 層卷積層：使用 384 個卷積核心進行卷積操作，步進值為 1，得到輸出特徵的形狀為 384×13×13。

第 4 層卷積層：首先使用填充尺寸 =1 的操作對上一層得到的特徵圖進行填充；然後使用 384 個卷積核心進行卷積操作，步進值為 1，得到輸出特徵的形狀為 384×13×13。

第 5 層卷積層：首先使用填充尺寸 =1 的操作對上一層得到的特徵圖進行填充；然後使用 256 個卷積核心進行卷積操作，步進值為 1，得到輸出特徵的形狀為 256×13×13；最後進行最大池化，池化尺寸 =(3,3)，步進值為 2，得到輸出特徵的形狀為 256×13×13。

全連接層：前兩層分別有 4096 個神經元，最後輸出 Softmax 為 1000 個（ImageNet 有 1000 個類別）。

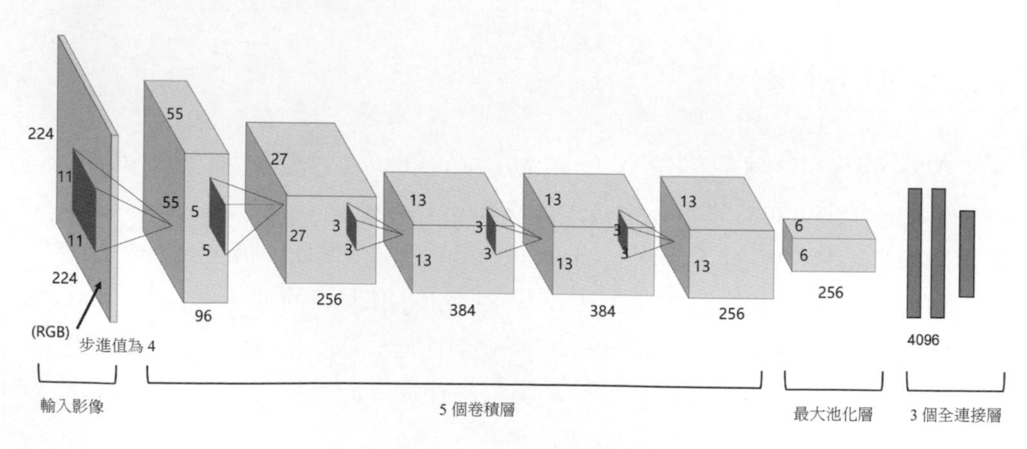

▲ 圖 1.8 AlexNet 架構圖

1.3.2 VGG

VGG 是由 Oxford Visual Geometry Group 提出的（出自論文 *Very Deep Convolutional Networks for Large-Scale Image Recognition*）。VGG 的主要工作是證明增加網路的深度能夠在一定程度上影響網路最終的性能。VGG 有兩種結構，分別是 VGG16 和 VGG19，兩者並沒有本質上的區別，只是網路深度不一樣。

下面先認識一下 VGG 的基本架構，如圖 1.9 所示。

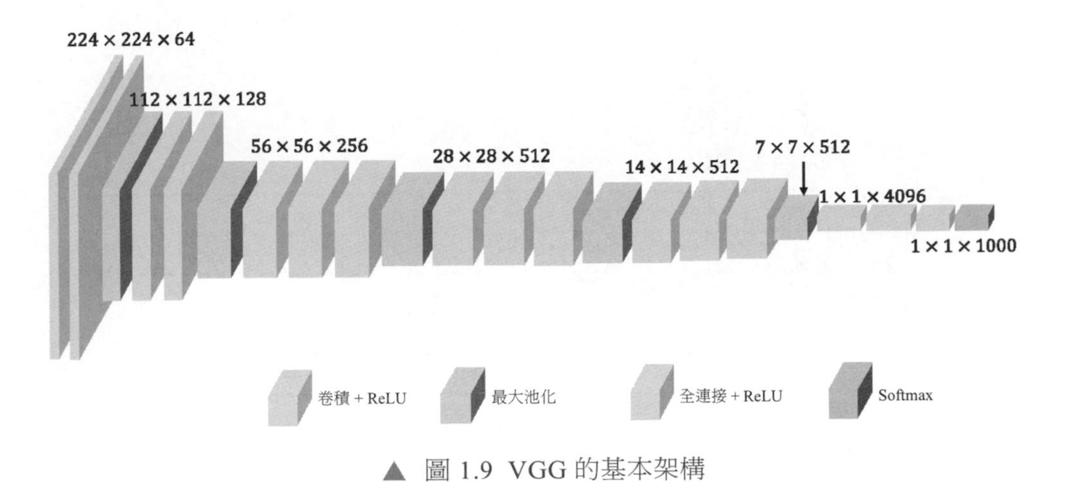

▲ 圖 1.9 VGG 的基本架構

VGG 相比於 AlexNet 的改進是採用連續的幾個 3×3 卷積核心代替 AlexNet 中較大的卷積核心（11×11、7×7、5×5）。對於給定的特徵，採用堆疊的小卷積核心優於採用大卷積核心，因為多個非線性層的疊加可以增加網路深度，以此來保證模型可以學習更複雜的特徵，而且計算複雜度比較低（參數量更少）。

簡單來說，在 VGG 中，使用 3 個 3×3 卷積核心可以代替 1 個 7×7 卷積核心，使用 2 個 3×3 卷積核心可以代替 1 個 5×5 卷積核心。這樣做的主要目的是在保證網路具有相同感受野的前提下增加網路的深度，在一定程度上改善模型的性能。舉例來說，3 個步進值為 1 的 3×3 卷積核心的疊加作用可看作 1 個卷積核心尺寸為 7×7 的感受野。簡單來說，連續的 3 個 3×3 卷積就相當於 1 個 7×7 卷積，其參數量為 $27 \times C^2$。如果直接使用 7×7 卷積核心，則其參數量為 $49 \times C^2$。

這裡的 C 指的是輸入和輸出的通道數。很明顯，$27\times C^2$ 小於 $49\times C^2$，即減少了參數量。此外，3×3 卷積可以更進一步地保持影像特性。

為什麼 VGG 選擇了這種用多個小卷積核心代替大卷積核心的方案呢？這裡簡單解釋一下：5×5 卷積可以看作 1 個小的全連接網路在 5×5 區域滑動（卷積操作），可以先用 1 個 3×3 卷積，再用 1 個 3×3 卷積輸出，這樣就可以用 2 個連續的 3×3 卷積串聯（疊加）起來代替 1 個 5×5 卷積，如圖 1.10 所示。

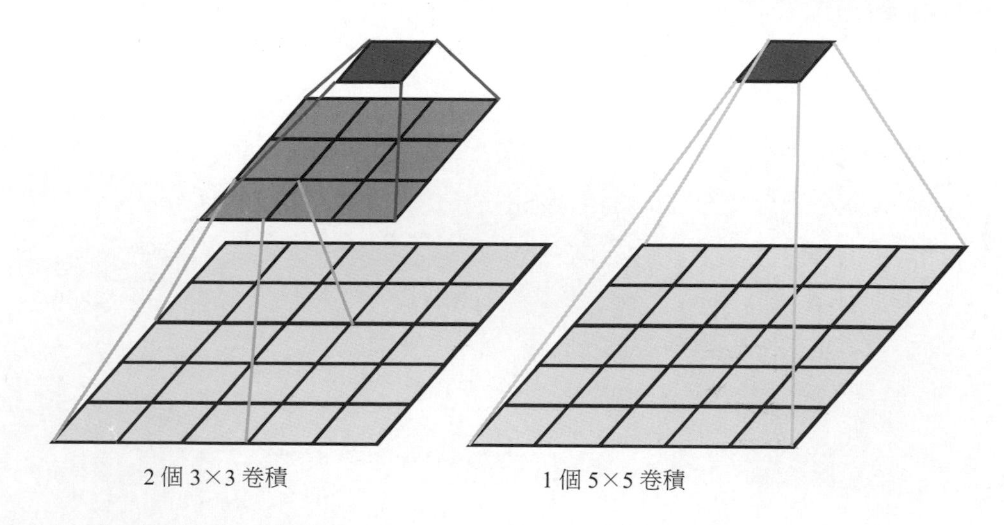

▲ 圖 1.10 3×3 卷積與 5×5 卷積示意圖

1.3.3 GoogLeNet

GoogLeNet 由 GoogleAI 團隊於 2014 年提出（出自論文 *Going Deeper with Convolutions*），並在當年的 ImageNet 競賽的影像分類任務中獲得第一名（注意：GoogLeNet 中的 L 大寫是為了向 LeNet 致敬），VGG 網路也在當年由牛津大學提出。圖 1.11 所示為 GoogLeNet 架構圖。

GoogLeNet 相比於 VGG 和 AlexNet 的優點如下。

- 引入了 Inception 模組（融合不同尺度的特徵資訊）。
- 1×1 卷積核心用於降維和映射。

- 添加了兩個輔助分類器來輔助訓練。
- 丟棄全連接層，使用平均池化（Average Pooling）層（大大減少了模型參數量，推理時去掉兩個輔助分類器，其網路大小只有 VGG 的 1/20）。

GoogLeNet 提出了具有良好局部特徵結構的 Inception 模組，即可以並行進行多個卷積（Convolution）操作和不同大小的特徵池化操作，最後拼接在一起。由於 1×1、3×3 和 5×5 卷積操作對應不同的特徵圖區域，所以這樣做的好處是可以獲得更好的影像表示資訊。為了在深度方向拼接 4 個分支的輸出，需要保證 4 個分支輸出的特徵圖的高和寬相同。

如圖 1.12 所示，Inception 模組使用 4 個卷積核心進行卷積操作，並將這 4 部分串聯（通道拼接）後傳遞到下一層。

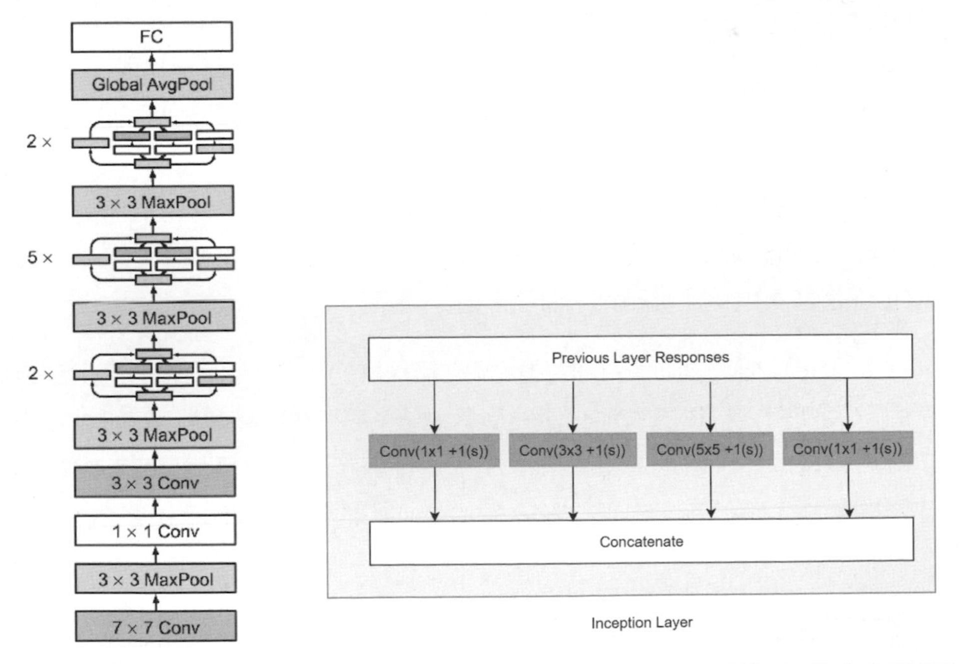

▲ 圖 1.11 GoogLeNet 架構圖 ▲ 圖 1.12 Inception 基礎模組結構（s 代表步進值）

在上述 Inception 模組的基礎上，為了進一步減少網路參數量，增加了多個 1×1 卷積模組，如圖 1.13 所示。這些 1×1 卷積模組主要用來對特徵進行降維處理，並送給 3×3 和 5×5 卷積核心。由於通道數量的減少，參數量大大減少。

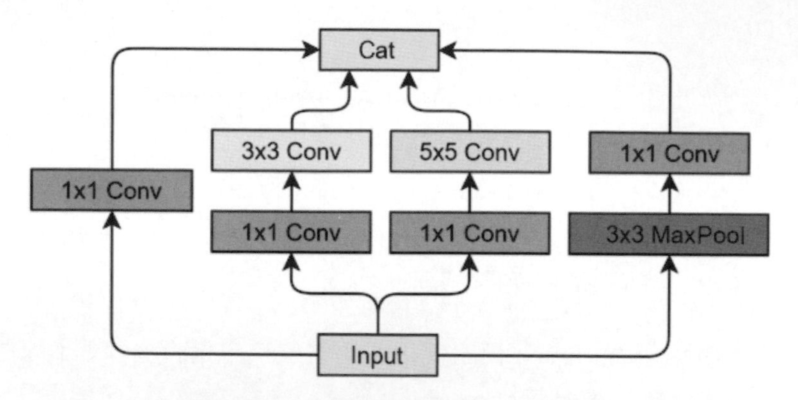

▲ 圖 1.13 Inception 模組改進結構

1.3.4 ResNet

ResNet（Deep Residual Network，深度殘差網路）的提出是卷積神經網路影像史上的里程碑事件。ResNet 是在 2015 年由微軟實驗室的何凱明等人提出的，斬獲了當年 ImageNet 競賽中的分類任務第一名和物件辨識第一名，還獲得了 COCO 資料集中物件辨識第一名和影像分割第一名。

在 ResNet 提出之前，所有的神經網路都是透過卷積層和池化層的堆疊組成的。同時人們認為卷積層和池化層的層數越多，獲取的影像特徵資訊越完備，學習效果也就越好。但是，如圖 1.14 所示，實際實驗中的現象是隨著卷積層和池化層的疊加，不但沒有出現學習效果越來越好的情況，反而出現了以下兩個問題。

梯度消失：若每層的誤差梯度都小於 1，則反向傳播時，網路越深，梯度越趨近於 0。

梯度爆炸：若每層的誤差梯度都大於 1，則反向傳播時，網路越深，梯度越大。

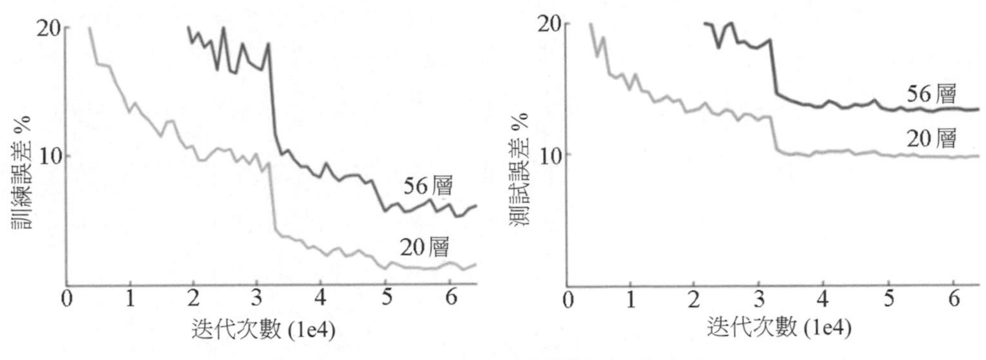

▲ 圖 1.14 深度網路的性能退化現象

這裡對由梯度消失問題帶來的現象進行視覺化處理。如圖 1.15 所示，可以看到，沿箭頭方向，即隨著網路深度的加深，小狗的熱力圖逐漸消失，表示逐漸出現了梯度消失問題，因此對該類目標的網路性能就會有影響，對整體的性能也會有影響。

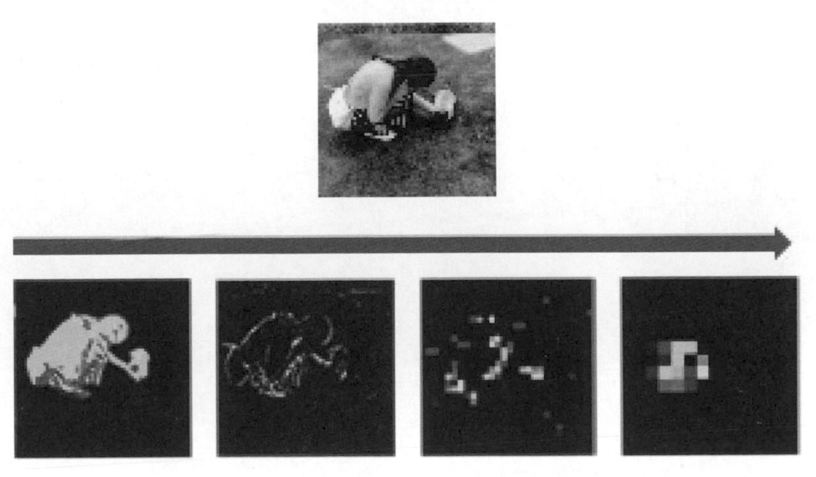

▲ 圖 1.15 深度網路梯度消失問題帶來的影響

為了解決深度網路中的退化問題，*Deep Residual Learning for Image Recognition* 論文中提出讓神經網路某些層跳過下一層神經元的連接，即隔層相連，弱化每層之間的強聯繫，這種神經網路被稱為深度殘差網路（ResNet）。

殘差學習相比於原始特徵直接學習會更加容易。當殘差為 0 時，堆積層僅做了恆等映射，至少網路性能不會下降，而實際上殘差不會為 0，這也會使堆積層在輸入特徵基礎上學習到新的特徵，從而擁有更好的性能。

ResNet 中的殘差結構如圖 1.16 所示。這有點類似電路中的短路，因此也被稱為短路連接（Shortcut Connection）。

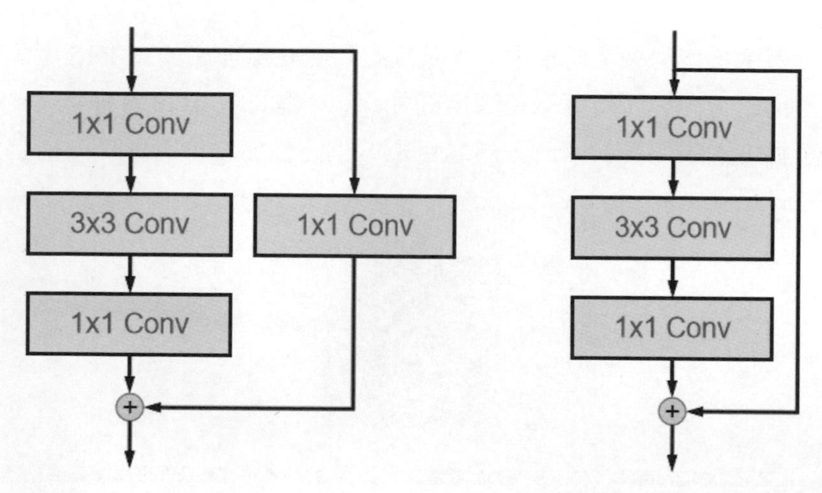

▲ 圖 1.16 ResNet 中的殘差結構

如圖 1.17 所示，使用殘差結構的卷積網路隨著網路的不斷加深，並沒有出現梯度消失問題，同時網路的性能與效果並沒有變差，反而變得更好了。

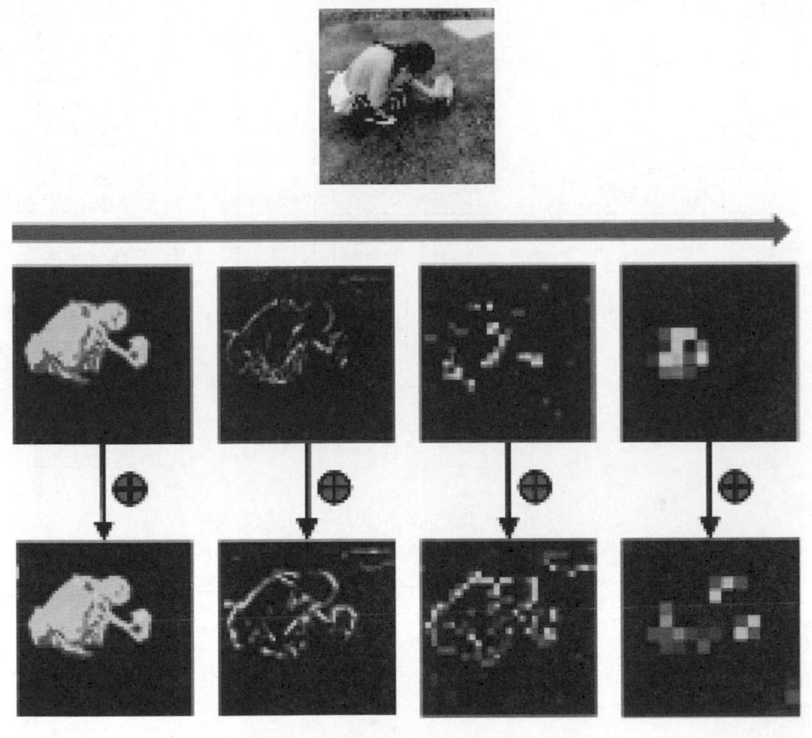

▲ 圖 1.17 使用殘差結構後的效果

下面舉出經典卷積神經網路 ResNet50 的結構示意圖，如圖 1.18 所示。

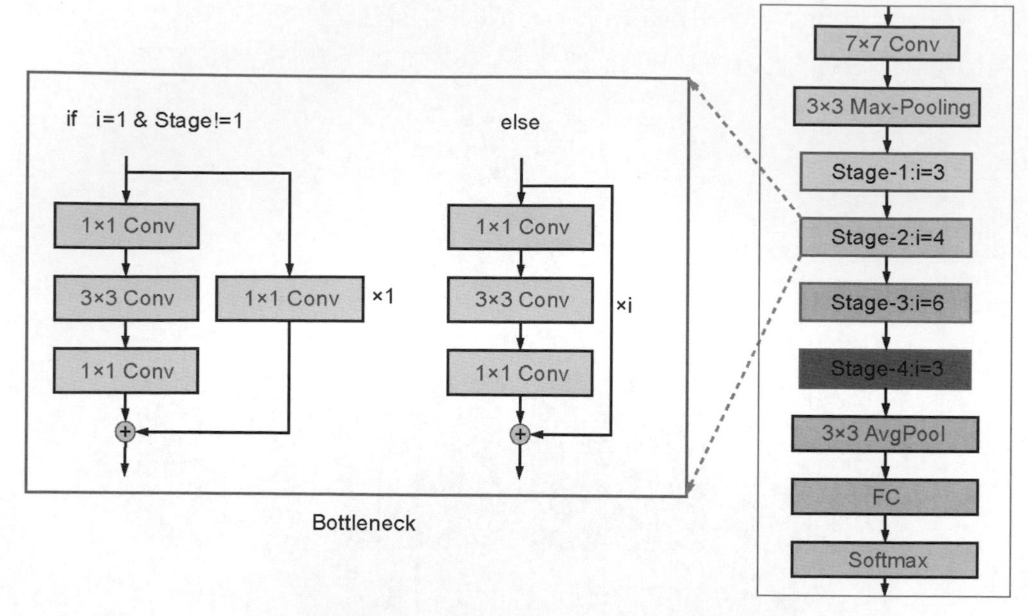

▲ 圖 1.18 ResNet50 的結構示意圖

對於 ResNet，作者還針對訓練的收斂提出了使用批標準化（BN）。所謂批標準化，就是指批標準化處理，即將一批資料的特徵圖型處理成滿足平均值為 0、方差為 1 的高斯分佈。

假設有 m 個輸入資料 $x_1,x_2,\cdots,x_m$，批標準化的平均值（$\boldsymbol{\mu}$）和方差（$\boldsymbol{\sigma}^2$）的數學計算式分別如下：

$$\boldsymbol{\mu}=\frac{1}{m}\sum_{i=1}^{m}x_i$$
$$\boldsymbol{\sigma}^2=\frac{1}{m}\sum_{i=1}^{m}\left(x_i-\boldsymbol{\mu}\right)^2 \tag{1.6}$$

透過計算得到平均值和方差後透過式（1.7）計算批標準化後的 $\hat{x}_i$ 和 y_i：

$$\hat{x}_i=\frac{x_i-\boldsymbol{\mu}}{\sqrt{\boldsymbol{\sigma}^2+\varepsilon}}$$
$$y_i=\gamma\cdot\hat{x}_i+\beta=\mathrm{BN}_{\gamma,\beta}\left(x_i\right) \tag{1.7}$$

式中，γ 和 β 分別是批標準化的權重係數與偏置係數，這兩個值需要在反向傳播的過程中進行學習，主要用來調節方差的大小和平均值的位置，以便更進一步地調配不同的資料集。

批標準化的計算過程如圖 1.19 所示。

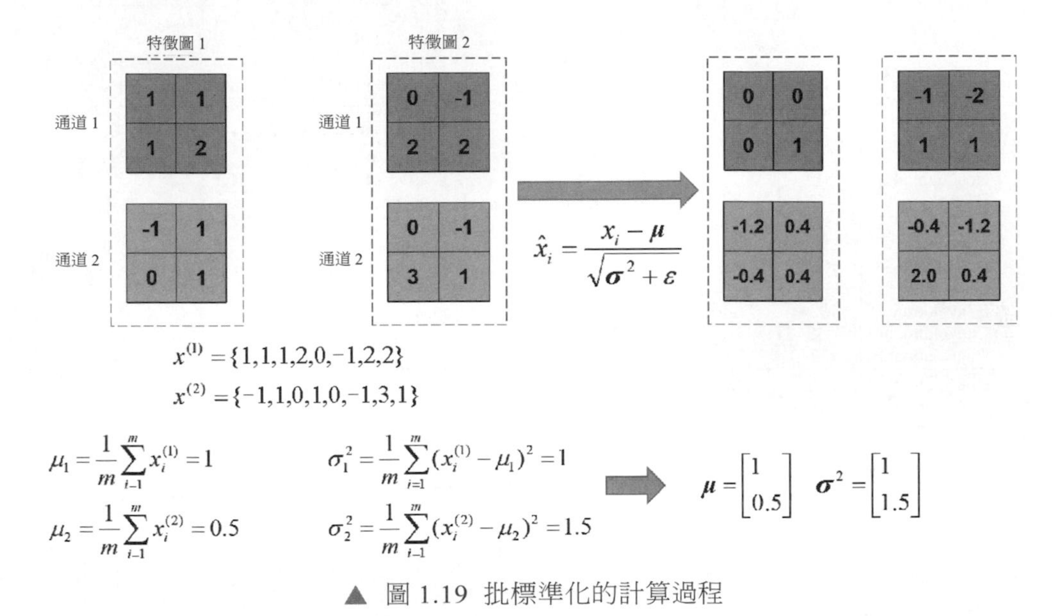

▲ 圖 1.19　批標準化的計算過程

1.3.5 DarkNet

DarkNet 是一個經典的深度卷積神經網路，主要結構有 DarkNet19 和 DarkNet53，其中 DarkNet19 使用的是類似 VGG 的設計思想。如圖 1.20 所示，DarkNet19 最先是在 YOLOv2 中被提出的，受到了分類網路的啟發，如 ResNet、DenseNet 等。

在 YOLOv3 中提出的 DarkNet53 參考了 ResNet 的設計思想。它結合 ResNet 的特點，使用大量的殘差連接，緩解了訓練中出現的梯度消失問題，使模型更容易收斂，同時避免了網路過深而帶來的梯度問題。

YOLOv2

Type	Filters	Size/Stride	Output
Convolutional	32	3 × 3	224 × 224
Maxpool		2 × 2/2	112 × 112
Convolutional	64	3 × 3	112 × 112
Maxpool		2 × 2/2	56 × 56
Convolutional	128	3 × 3	56 × 56
Convolutional	64	1 × 1	56 × 56
Convolutional	128	3 × 3	56 × 56
Maxpool		2 × 2/2	28 × 28
Convolutional	256	3 × 3	28 × 28
Convolutional	128	1 × 1	28 × 28
Convolutional	256	3 × 3	28 × 28
Maxpool		2 × 2/2	14 × 14
Convolutional	512	3 × 3	14 × 14
Convolutional	256	1 × 1	14 × 14
Convolutional	512	3 × 3	14 × 14
Convolutional	256	1 × 1	14 × 14
Convolutional	512	3 × 3	14 × 14
Maxpool		2 × 2/2	7 × 7
Convolutional	1024	3 × 3	7 × 7
Convolutional	512	1 × 1	7 × 7
Convolutional	1024	3 × 3	7 × 7
Convolutional	512	1 × 1	7 × 7
Convolutional	1024	3 × 3	7 × 7
Convolutional	1000	1 × 1	7 × 7
Avgpool		Global	1000
Softmax			

YOLOv3

	Type	Filters	Size	Output
	Convolutional	32	3 × 3	256 × 256
	Convolutional	64	3 × 3 / 2	128 × 128
1×	Convolutional	32	1 × 1	
1×	Convolutional	64	3 × 3	
1×	Residual			128 × 128
	Convolutional	128	3 × 3 / 2	64 × 64
2×	Convolutional	64	1 × 1	
2×	Convolutional	128	3 × 3	
2×	Residual			64 × 64
	Convolutional	256	3 × 3 / 2	32 × 32
8×	Convolutional	128	1 × 1	
8×	Convolutional	256	3 × 3	
8×	Residual			32 × 32
	Convolutional	512	3 × 3 / 2	16 × 16
8×	Convolutional	256	1 × 1	
8×	Convolutional	512	3 × 3	
8×	Residual			16 × 16
	Convolutional	1024	3 × 3 / 2	8 × 8
4×	Convolutional	512	1 × 1	
4×	Convolutional	1024	3 × 3	
4×	Residual			8 × 8
	Avgpool		Global	
	Connected		1000	
	Softmax			

▲ 圖 1.20 DarkNet19 與 DarkNet53 架構圖

同時，DarkNet53 模型使用步進值為 2 的卷積層代替池化層實現下採樣。由表 1.1 可以看出，DarkNet53 比 DarkNet19 更強大，比 ResNet101 和 ResNet152 更高效。此外，DarkNet53 每秒鐘執行的浮點運算比其他主幹架構多十億次，因此非常高效。這也表示該網路結構更進一步地利用了 GPU，使其評估效率更高，從而更快。

▼ 表 1.1 幾種網路的比較

分類網路	Top-1 精度	Top-5 精度	Ops/billion	BFLOP/s	FPS/Titan X GPU
DarkNet19	74.1%	91.8%	7.29	1246	171
ResNet101	77.1%	93.7%	19.7	1039	53
ResNet152	77.6%	93.8%	29.4	1090	37
DarkNet53	77.2%	93.8%	18.7	1457	78

在 Top-1 和 Top-5 影像分類精度方面，DarkNet53 的性能優於 DarkNet19 而與 ResNet 相似。以下結果在 ImageNet 資料集上進行了基準測試，並在 Titan X GPU 上進行了推理計算。

圖 1.21 所示為 DarkNet53 的結構。

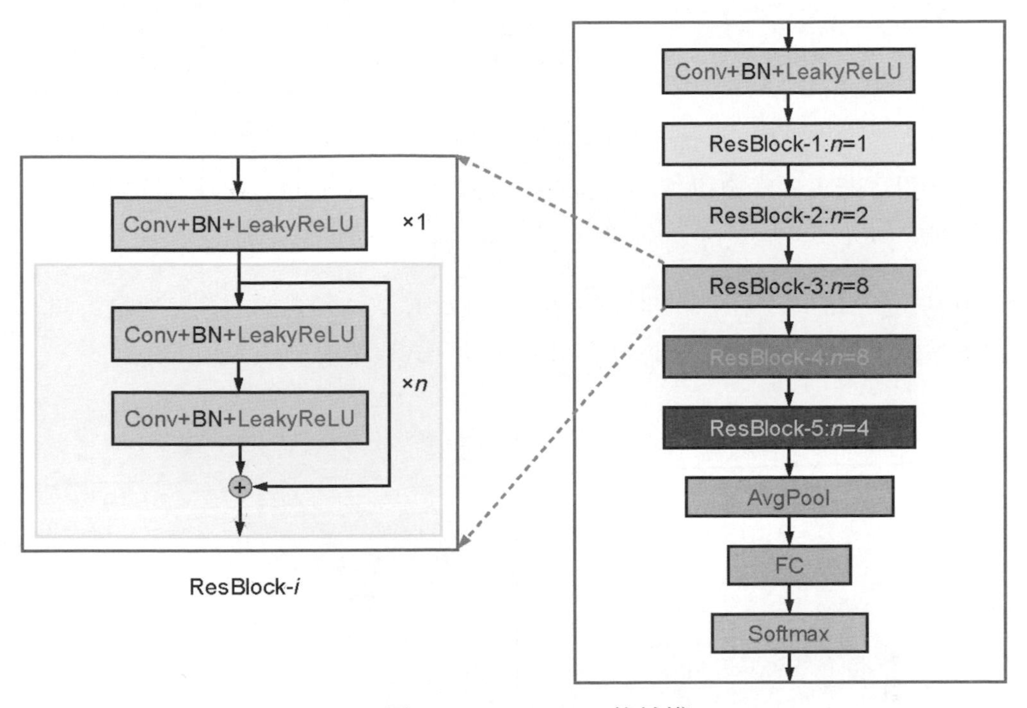

▲ 圖 1.21 DarkNet53 的結構

DarkNet53 的主要結構就是 ResBlock。ResBlock 是由 1 個 CBL（Conv+BN+LeakyReLU）和 *n* 個殘差結構組成的。殘差結構的加入在很大程度上使網路可以建構得更深，從而進一步提升了模型的性能。在這裡，DarkNet53 對每個 ResBlock 的殘差結構設定分別是 1、2、8、8、4。

1.3.6 CSPDarkNet

CSPDarkNet 也是一個非常經典且實用的 Backbone 模型。物件辨識演算法中的 YOLOv4 和 YOLOv5 的特徵提取網路均使用的是 CSPDarkNet。

CSPDarkNet 相較於 DarkNet 與 ResNet 提出了使用 Mish 啟動函式，同時設計了 Partial Transition Layers（局部過渡層）。

Mish 是一種附帶正則的非單調啟動函式，平滑的啟動函式允許更好的非線性資訊深入神經網路，從而得到更高的準確性和泛化性。Mish 啟動函式的數學運算式為

$$\mathrm{Mish}(x) = x * \tanh\left[\ln\left(1 + \mathrm{e}^{x}\right)\right] \tag{1.8}$$

如圖 1.22 所示，首先，Mish 啟動函式與 ReLU 啟動函式一樣都是無正向邊界的，可以避免梯度飽和；其次，Mish 啟動函式是光滑的，並且在絕對值較小的負值區域允許一些負值。

注意：Mish 啟動函式的計算複雜度比 ReLU 啟動函式要高，在運算資源不足的情況下，可以考慮使用 LeakyReLU 啟動函式代替 Mish 啟動函式。

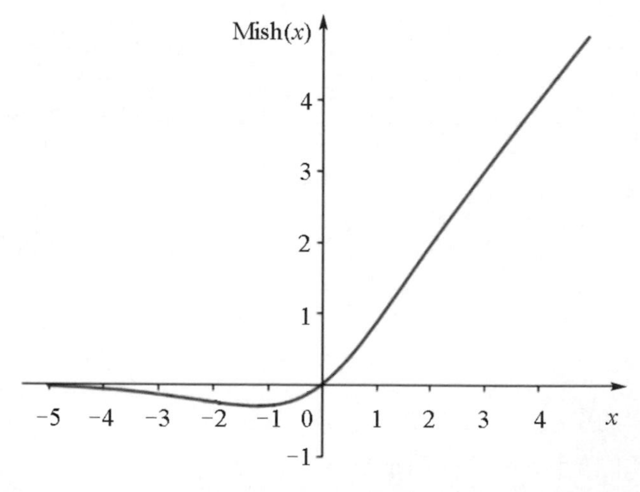

▲ 圖 1.22 Mish 啟動函式

針對 CSPDarkNet 中所設計的 Partial Transition Layers，其目的是最大化梯度聯合的差異。此外，Partial Transition Layers 使用梯度流截斷的方法避免不同層學習到重複的梯度資訊。*CSPNet* 論文中得出的結論是：如果能夠有效減少重複的梯度學習，那麼網路的學習能力將得到大大的提升。

CSPDarkNet 就根據此設計思想設計了 CSPResBlock，並用於 CSPDarkNet 的建構。如圖 1.23 所示，CSPResBlock 的基本元件是 Conv+BN+Mish 的形式，其中也包含了從 ResNet 吸取的殘差結構的思想。但是為了減少重複的梯度學習，設計者又使用了一個 Shortcut（跳過連接）和 Conv+BN+Mish 結合的形式，對特徵進行了一次提取。

由於 CSPResBlook 跨越的卷積層數比較多，所以大大降低了梯度學習的重複性。同時，在 CSPResBlock 的最後使用 Concat 進行特徵的融合，大大提升了特徵的堅固性，從而在很大程度上提升了模型的性能。

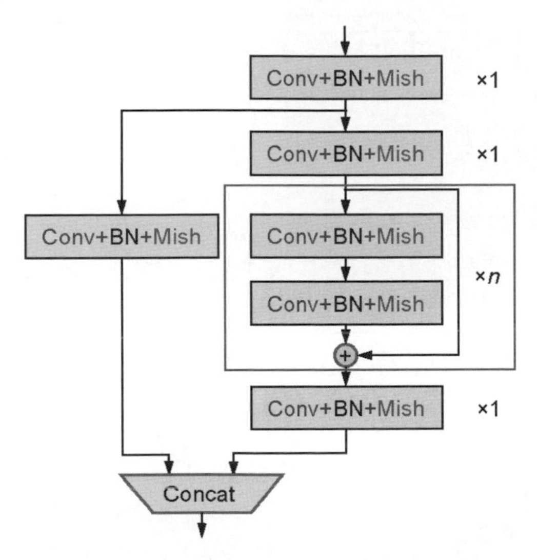

▲ 圖 1.23 CSPResBlock 的結構圖

為了讓讀者更方便地架設 CSPDarkNet53，作者這裡也舉出 CSPDarkNet53 的結構圖，如圖 1.24 所示。這裡，CSPDarkNet53 依然使用的是類似 ResNet 的層次結構設計思想，且對每個 Stage 的設定同 DarkNet53 一樣，分別是 1、2、8、8、4，依次對應的下採樣倍數為 2、4、8、16、32。

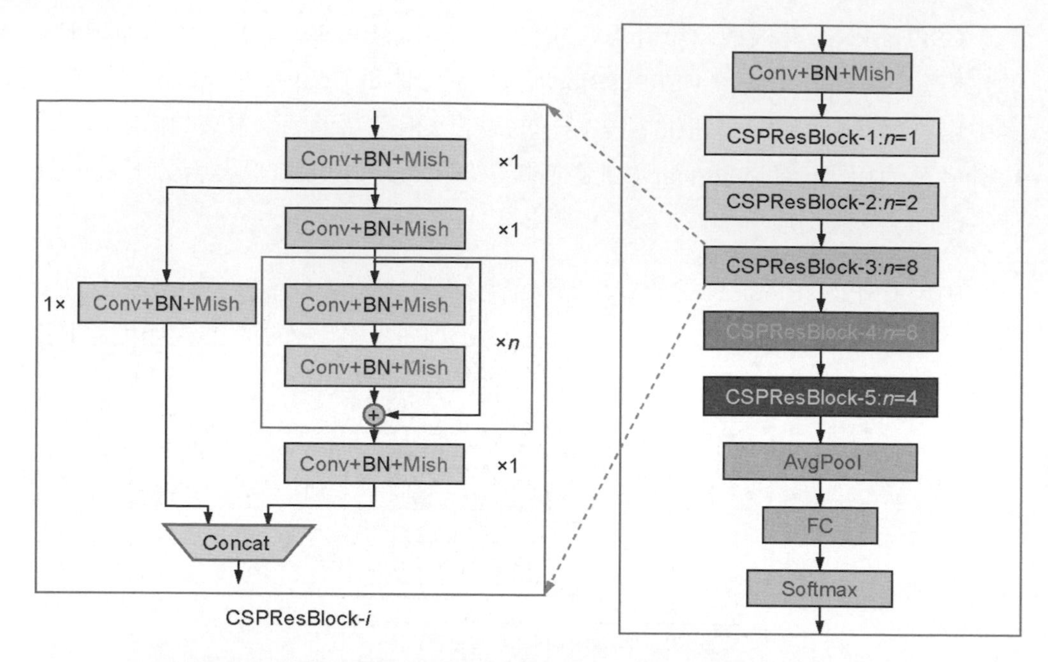

▲ 圖 1.24 CSPDarkNet53 的結構圖

1.4 輕量化卷積神經網路

1.4.1 MobileNet

作為輕量化模型中的經典網路，MobileNet（出自論文 *MobileNets: Efficient Convolutional Neural Networks for Mobile Vision Applications*）自誕生就被廣泛應用於工業界。MobileNet 模型是 Google 針對手機等嵌入式裝置提出的一種輕量化深度神經網路，使用的核心思想是深度可分離卷積（Depthwise Separable Convolution）。MobileNet 系列中主要包括 MobileNet V1、MobileNet V2、MobileNet V3，這裡主要對 MobileNet V1、MobileNet V2 進行解讀和分析。

1 · MobileNet V1

MobileNet V1 是由 Google 在 2016 年提出的，其主要創新點在於深度卷積（Depthwise Convolution），而整個網路實際上也是深度可分離模組的堆疊。

深度可分離卷積是 MobileNet 的基本單元，其實這種結構之前已經在 Inception 模型中使用了。深度可分離卷積其實是一種可分解卷積操作，該操作也可以分解為兩個更小的卷積操作：深度卷積和逐點卷積（Pointwise Convolution），如圖 1.25 所示。

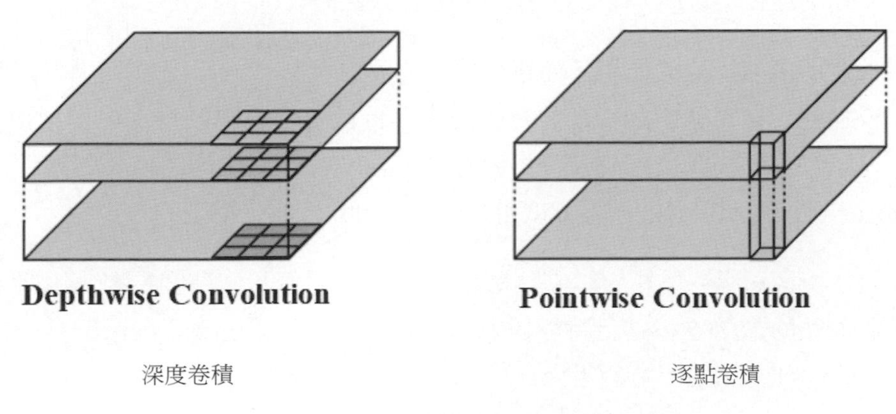

深度卷積　　逐點卷積

▲ 圖 1.25 深度卷積與逐點卷積示意圖

深度卷積與標準卷積不同，對於標準卷積，其卷積核心用在所有輸入通道（Input Channel）上，而深度卷積針對每個輸入通道採用不同的卷積核心，即一個卷積核心對應一個輸入通道，所以說深度卷積是逐通道的操作。

而逐點卷積其實就是普通的 1×1 卷積。對於深度可分離卷積，首先採用深度卷積對不同的輸入通道分別進行卷積，然後採用逐點卷積將上面的輸出進行結合。這樣做的整體效果與一個標準卷積是差不多的，但是會大大減少計算量和模型參數量。

假設某一網路卷積層的卷積核心大小為 3×3，輸入通道為 16，輸出通道為 32。常規卷積操作是將 32 個卷積核心（3×3×16）作用於 16 個通道的輸入影像，根據卷積層參數量計算公式

$$\begin{gathered}\text{Params} = \text{channel}_{\text{out}} \times \left(\text{kernel}_w \times \text{kernel}_w \times \text{channel}_{\text{in}}\right) + \text{bias} \\ \text{bias} = \text{channel}_{\text{out}}\end{gathered} \tag{1.9}$$

得所需參數量為 32×(3×3×16)+32= 4640。

若先用 16 個大小為 3×3 的卷積核心（3×3×1）作用於 16 個通道的輸入影像，則會得到 16 個特徵圖。在做融合操作之前，用 32 個大小為 1×1 的卷積核心（1×1×16）遍歷上述得到的 16 個特徵圖，根據卷積層參數量計算公式，得所需參數量為 (3×3×1×16+16) + (1×1×16×32+32) = 704。

上述即深度卷積的作用。簡單來說，普通卷積層的特徵提取與特徵組合一次完成並輸出；而深度卷積則將特徵提取與特徵組合分開進行，先用通道為 1 的 3×3 卷積核心（深度卷積），再用卷積核心尺寸為 1×1 的卷積（逐點卷積）調整通道數。由此可以看出，深度可分離卷積可大大減少模型的參數量。

對於上面所提到的組合，其具體結構如圖 1.26 所示。深度卷積使用組合數等於通道數的 3×3 卷積進行特徵提取，逐點卷積使用通道數等於深度卷積輸出通道數的 1×1 卷積進行特徵組合。

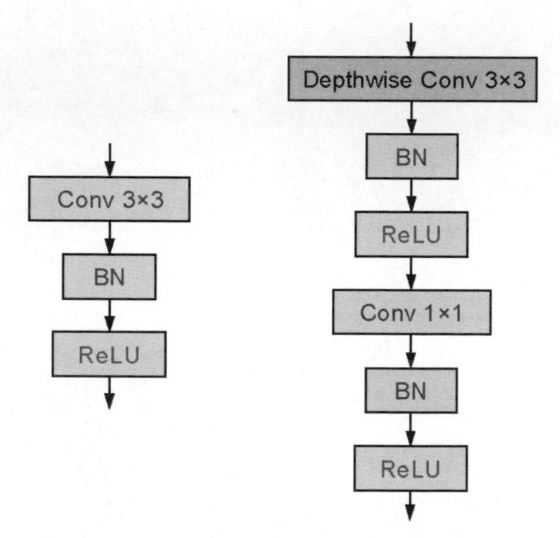

▲ 圖 1.26 MobileNet V1 的具體結構

圖 1.27 所示為 MobileNet V1 的整體架構圖，其中的主要結構便是深度可分離卷積，該結構的配比為 13 個，在網路的後面使用全域平均池化及展開得到分類層，即全連接層所需的特徵向量，並送到 Softmax 層獲得分類的類別機率。

基於如圖 1.27 所示的架構，MobileNet V1 在保證精度的同時實現了邊緣裝置的即時推理。

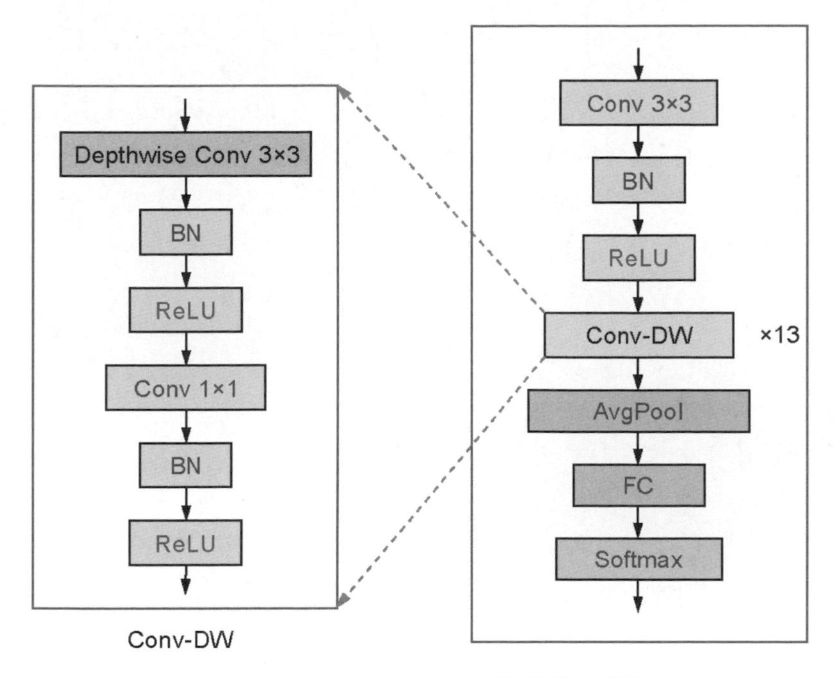

▲ 圖 1.27 MobileNet V1 的整體架構圖

2．MobileNet V2

前面介紹了 MobileNet V1，但是它並不是完美的，存在以下兩個問題。

（1）結構問題。

MobileNet V1 的結構過於簡單，沒有重複使用影像特徵，即沒有 Concat 或 Add 等操作進行特徵融合，而後續一系列的 ResNet、DenseNet 等結構已經證明重複使用影像特徵的有效性。

（2）深度可分離卷積問題。

在處理低維資料時，ReLU 啟動函式會造成資訊的遺失。深度可分離卷積由於本身的計算特性決定了它本身沒有改變通道數的能力，上一層給它多少通道，它就只能輸出多少通道。因此，如果上一層給它的通道很少，那麼它也只能使用在低維空間提取到的一些 Low-Level 特徵，這可能會帶來性能問題。

針對這兩個問題，MobileNet V1 的提出者對其進行了改進和再設計。

對於深度可分離卷積中的第 2 個啟動函式，在 MobileNet V2 中修改為「線性啟動」，論文中稱其為「Linear Bottleneck」。論文作者認為 ReLU 啟動函式在高維空間能夠有效提升 MobileNet V2 的非線性；而在低維空間則會破壞特徵、損失特徵的資訊，性能可能並不如線性啟動函式好。

如圖 1.28 所示，對於結構設計問題，MobileNet V2 在 MobileNet V1 的 Block==> 卷積模組中的深度可分離卷積前增加了一個逐點卷積（1×1 卷積 +BN+ReLU6），專門用來提升特徵的維度，這樣便可以得到 High-Level 特徵，從而提升模型的性能。

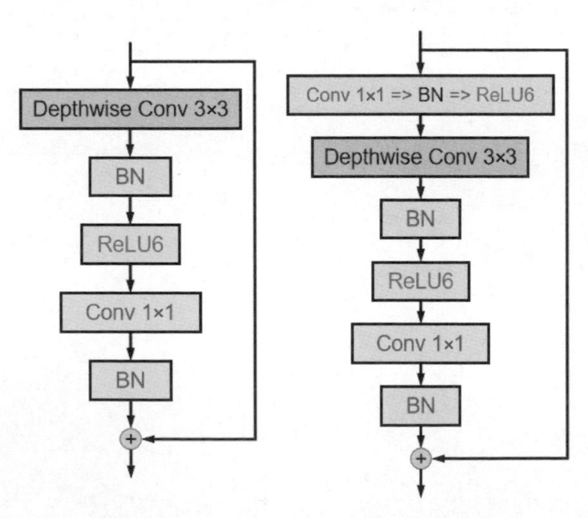

▲ 圖 1.28 MobileNet V2 的結構圖

MobileNet V2 同樣參考了 ResNet，採用了殘差結構，將輸出與輸入相加，但是 ResNet 中的殘差結構是先降維卷積再升維，而 MobileNet V2 則是先升維卷積再降維。

ResNet 的殘差結構更像是一個沙漏，而 MobileNet V2 中的殘差結構則更像是一個紡錘，兩者剛好相反。因此論文作者將 MobileNet V2 的結構稱為「Inverted

Residual Block」。這麼做也是為了解決深度卷積的侷限問題，希望特徵提取能夠在高維進行。

圖 1.29 所示為 MobileNet V2 的整體架構，其中的主要結構便是 Inverted Residual Block，該結構的配比為 7 個，在其後使用全域平均池化和 Flatten 得到全連接層所需的特徵向量，並送到 Softmax 層獲得分類的類別機率。MobileNet V2 在 MobileNet V1 的基礎上做到繼續保證速度的同時，精度相對於 MobileNet V1 也有明顯的提升。

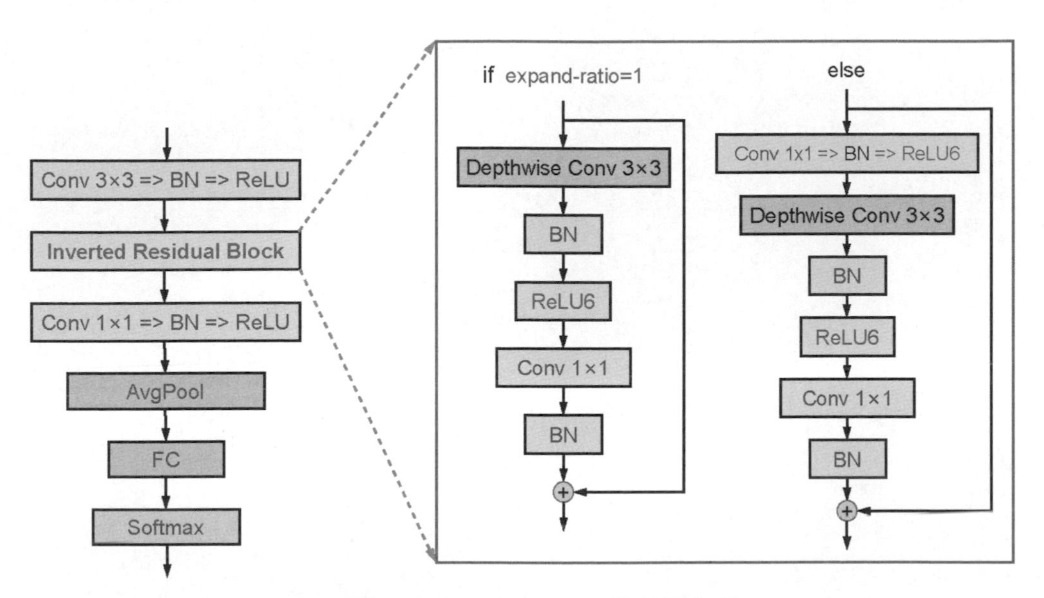

▲ 圖 1.29 MobileNet V2 的整體架構

1.4.2 ShuffleNet

1．ShuffleNet v1

結合前面對 MobileNet 的學習及相關研究，發現在 MobileNet 系列中常用的逐點卷積雖然極佳地解決了模型性能瓶頸問題，但是逐點卷積結構並不利於通道之間的資訊互動。為了解決這個問題，ShuffleNet v1（出自論文 *ShuffleNet:An Extremely Efficient Convolutional Netural Network for Mobile Devices*）提出了 Channel Shuffle（通道變換）操作。

圖 1.30 所示為 Channel Shuffle 操作的計算過程，假設特徵圖的尺寸為 $w \times h \times c_1$，其中 $c_1 = g \times n$（g 表示分組的組數）。Channel Shuffle 操作的細節如下。

- 將特徵圖展開成 $g \times n \times s$ 的 3 維矩陣，這裡將 $w \times h$ 看成了一個維度 s。
- 沿著尺寸為 $g \times n \times s$ 的矩陣的 g 軸和 n 軸進行轉置。
- 將 g 軸和 n 軸進行展開後得到變換之後的特徵圖。
- 進行 1×1 卷積。

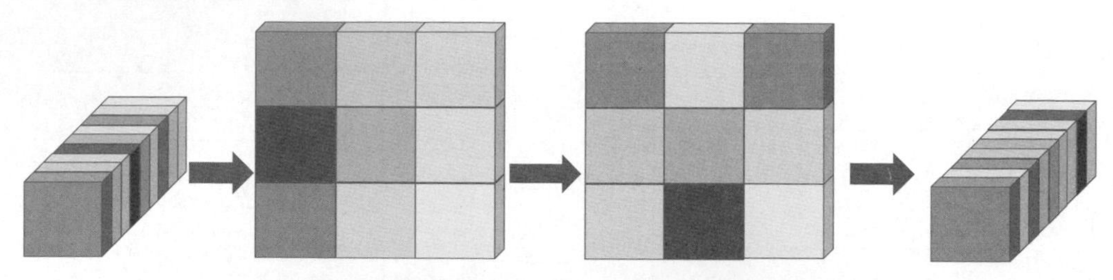

▲ 圖 1.30 Channel Shuffle 操作的計算過程

ShuffleNet 的提出者還針對提出的 Channel Shuffle 模組設計了輕量化模組，如圖 1.31 所示，展示了架設 ShuffleNet v1 所需的基礎模組。

圖 1.31（a）是一種由深度可分離卷積組成的殘差結構，首先進行了 1×1 卷積 +BN+ReLU 操作，然後進行了 3×3 深度卷積 +BN+ReLU 操作，接著進行了 1×1 卷積 +BN 操作，最後連接了 Add 操作進行殘差連接。

圖 1.31（b）是步進值（Stride）=1 的 ShuffleNet 模組，首先進行了卷積核心尺寸為 1×1 的組卷積（Group Convolution），然後對特徵進行了 Channel Shuffle 操作，接著進行了卷積核心尺寸為 3×3 的深度可分離卷積和 BN 操作，最後將 BN 後的結果與原始輸入進行 Add 操作。

圖 1.31（c）是步進值 =2 的 ShuffleNet 模組，其在殘差邊上使用了 3×3 的平均池化（注意：最後是 Concat 操作，而非 Add 操作，這樣可以在不增加計算量的前提下提升特徵維度。

圖 1.32 所示為 ShuffleNet v1 的整體網路架構，其主要結構是由前面所說的 Bottleneck 組成的，主要包含 3 種情況。其中，n 的設定分別是 3、7、3，但是針對不同尺度的組卷積和不同大小的模型，ShuffleNet 也舉出了不同的超參數設定。

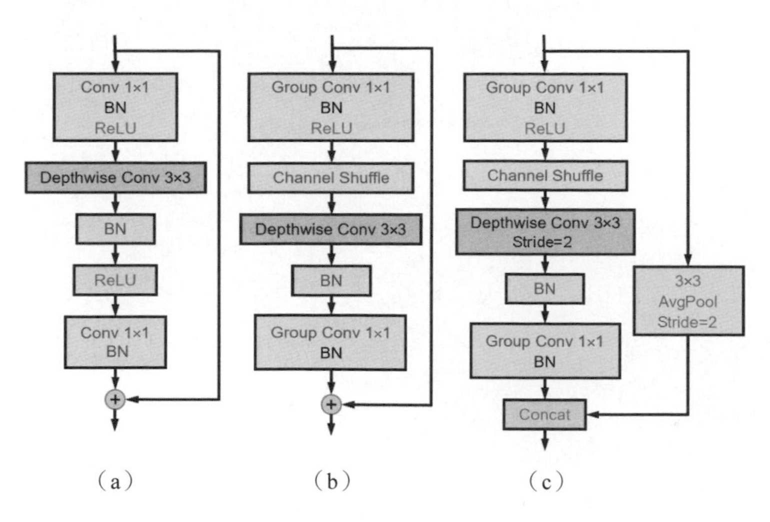

▲ 圖 1.31 ShuffleNet v1 的 Bottleneck 結構

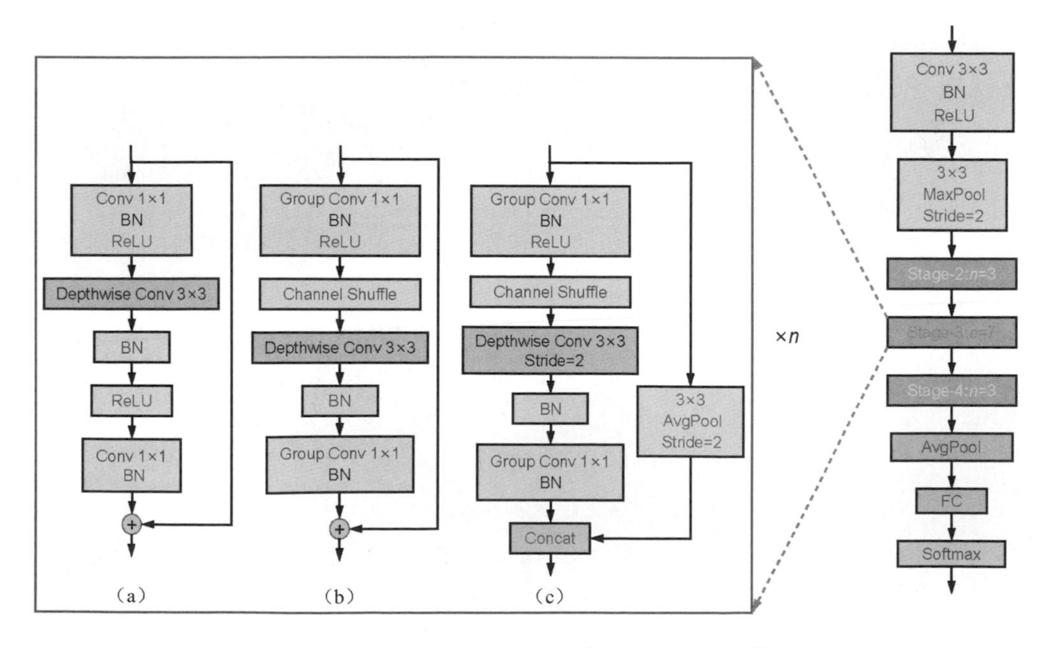

▲ 圖 1.32 ShuffleNet v1 的整體網路架構

2．ShuffleNet v2

ShuffleNet v2（出自論文 *ShuffleNet v2: Practical Guidelines for Efficient CNN Architecture Design*，以下簡稱 *ShuffleNet v2*）的提出者指出現在普遍採用 FLOPs 評估模型性能是非常不合理的，因為一個批次樣本的訓練時間除了看 FLOPs，還有很多過程需要消耗時間，如檔案 I/O、記憶體讀取和 GPU 執行效率等。

ShuffleNet v2 的提出者從記憶體消耗成本和 GPU 並行性兩個方向分析了模型可能帶來的非 FLOPs 的損耗，進而設計出更加高效的 ShuffleNet v2。

ShuffleNet v2 的提出者也提出了以下關於高效模型的設計準則。

- 當輸入通道數和輸出通道數相同時，可以得到最小的 MAC（準則 1）。
- 分組數量 g 與 MAC 相關，因此要謹慎使用組卷積（準則 2）。
- 盡可能避免設計網路時出現過多分支，因為分支過多會降低硬體的並行能力（準則 3）。
- 盡可能避免逐點操作，因為該操作非常耗時（準則 4）。

舉例來說，在 ShuffleNet v1 中使用的組卷積違背了準則 2，且每個 Shuffle Net v1 的 Bottleneck 結構違背了準則 1；MobileNet V2 中的大量分支違背了準則 3，在深度卷積後使用 ReLU6 啟動函式違背了準則 4。

對於上面的 4 個高效模型的設計準則，如圖 1.33 所示，ShuffleNet v2 設計了新的高效模組。

如圖 1.33（a）所示，ShuffleNet v2 使用了 Channel Split（通道切分）操作。這項操作非常簡單，即將 n 個輸入特徵分成 n' 和 $n-n'$ 兩組，一般情況下，$n'=0.5n$。這種設計的目的是儘量控制分支數，滿足準則 3。Channel Split 之後的兩個分支，右側是一個直接映射，左側是一個輸入通道數和輸出通道數相同的深度卷積，滿足準則 1。在左側的卷積中，1×1 卷積並沒有使用組卷積，滿足準則 2。兩者在合併時均使用的是 Concat 操作，滿足準則 4。如圖 1.33（b）所示，當需要進行下採樣時，透過不進行 Channel Split 的方式使通道數加倍，可以保留更多的資訊特徵。

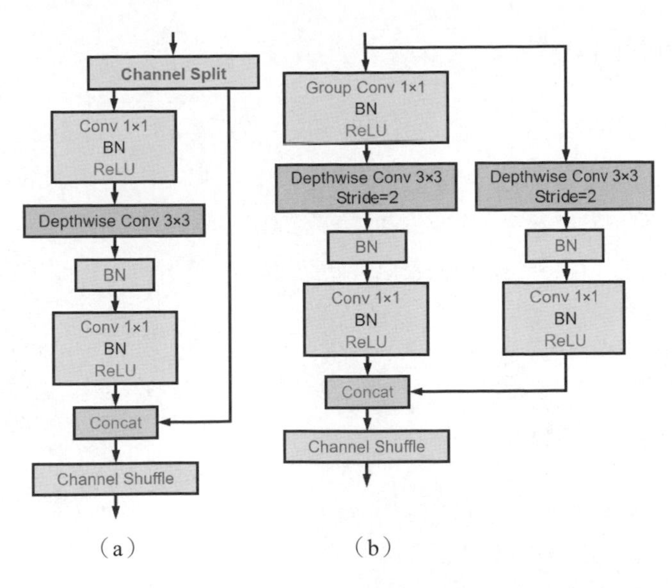

▲ 圖 1.33 ShuffleNet v2 新的 Bottleneck 結構

圖 1.34 所示為 ShuffleNet v2 的整體網路架構，由改進後的 Bottleneck 組成，主要包含兩種情況，其中 n 的設定分別是 3、7、3。

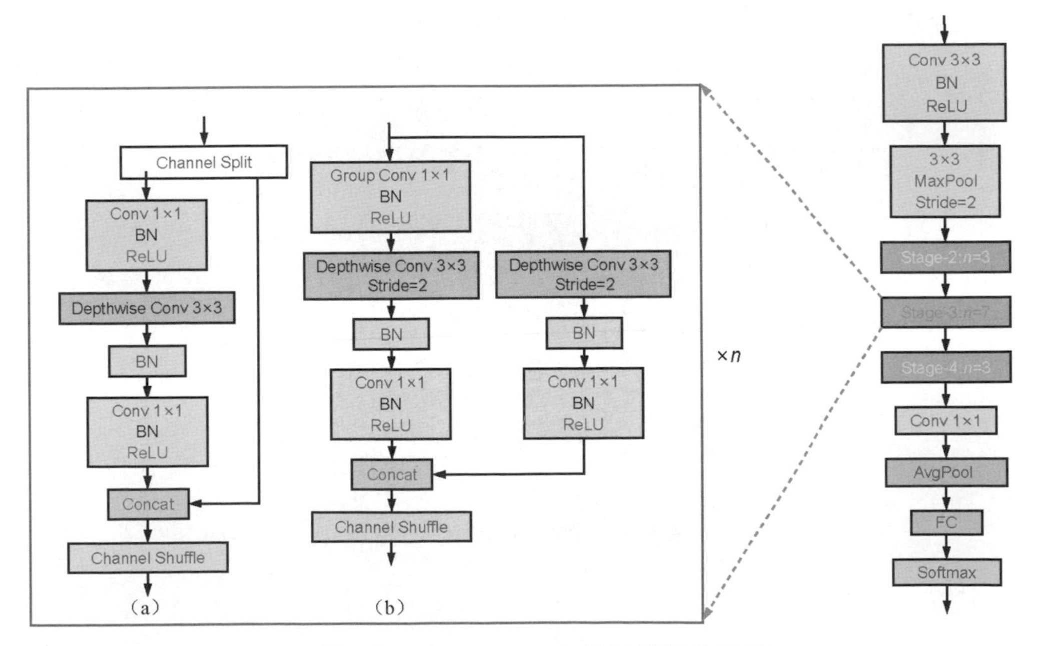

▲ 圖 1.34 ShuffleNet v2 的整體網路架構

1.4.3 GhostNet

GhostNet 是由華為諾亞方舟實驗室在論文 *GhostNet: More Features from Cheap Operations*（發表於 2020 年的 CVPR 上）中提出的。GhostNet 設計了一個全新的 Ghost Module，旨在透過簡單的操作生成更多的特徵圖，並透過堆疊 Ghost Module 得出 Ghost Bottleneck，進而架設輕量化神經網路 GhostNet。

圖 1.35 是由 ResNet50 中的第 1 個殘差塊生成的中間特徵圖的視覺化。可以看出，這裡面有很多特徵圖（紅、綠、藍方框）是具有高度相似性的。換句話說，就是存在許多容錯特徵圖。

GhostNet 論文中闡明了特徵層中的容錯資訊總可以保證模型對於輸入資料的全面理解，考慮到特徵層中的容錯資訊可能是一個優秀模型的重要組成部分，GhostNet 在設計輕量化模型時並沒有試圖去除這些容錯資訊，而是用更低成本的計算量來獲取這些容錯資訊，這一操作便是由 Ghost Module 來完成的。

Ghost Module 分為兩個分支，用來獲得與普通卷積一樣數量的特徵圖。如圖 1.36 所示，左側分支的作用是透過簡單的卷積操作壓縮特徵並提取主要特徵。對於右側分支，則使用輕量化深度卷積來提取具有容錯資訊的特徵以增強資訊表徵能力，最終將兩個分支的結果進行拼接。

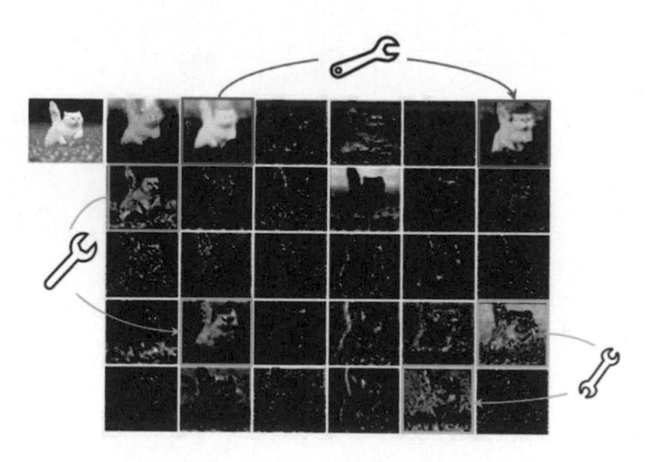

▲ 圖 1.35 ResNet 特徵視覺化

利用 Ghost Module 的優勢，如圖 1.37 所示，GhostNet 的提出者還專門為輕量化卷積神經網路設計了 Ghost Bottleneck。

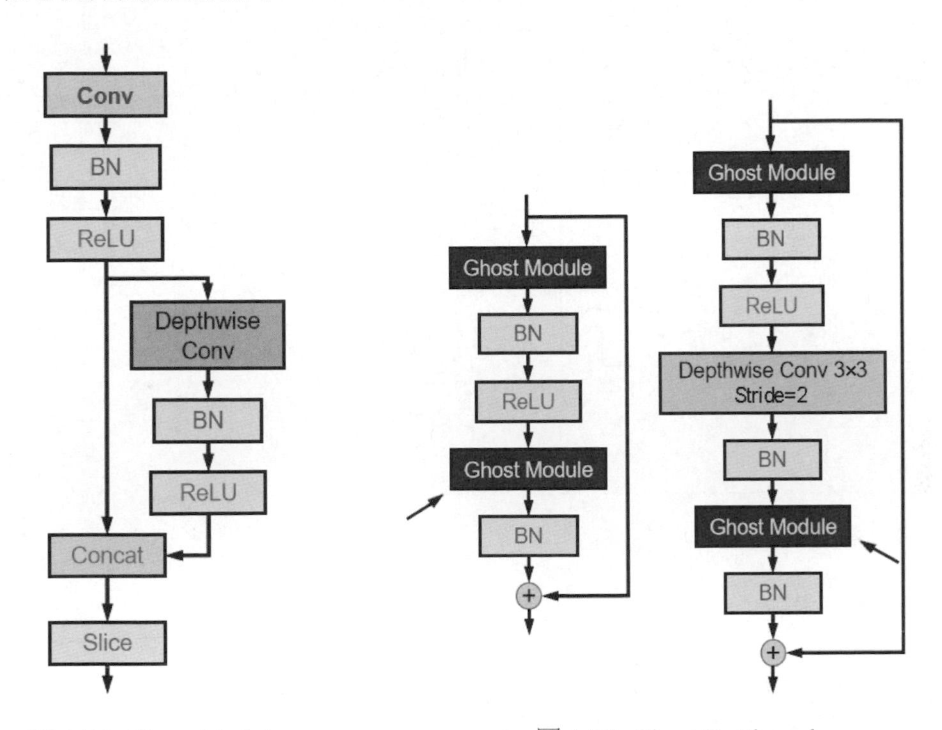

▲ 圖 1.36 Ghost Module

▲ 圖 1.37 Ghost Bottleneck

這裡參考了 MobileNet V2，第 2 個 Ghost Module（見圖 1.37 中的兩個箭頭處）之後不使用 ReLU 啟動函式，因為 ReLU 啟動函式的截斷性可能會導致容錯資訊遺失，其他層在卷積層之後都應用了 BN 和 ReLU 啟動函式。如圖 1.38 所示，出於效率考慮，Ghost Module 中的初始卷積是 1×1 卷積。

圖 1.38 所示為 GhostNet 的整體架構，其主要結構是由 Ghost Module 架設的 Ghost Bottleneck 組成的，其中 n 的設定均是 16。

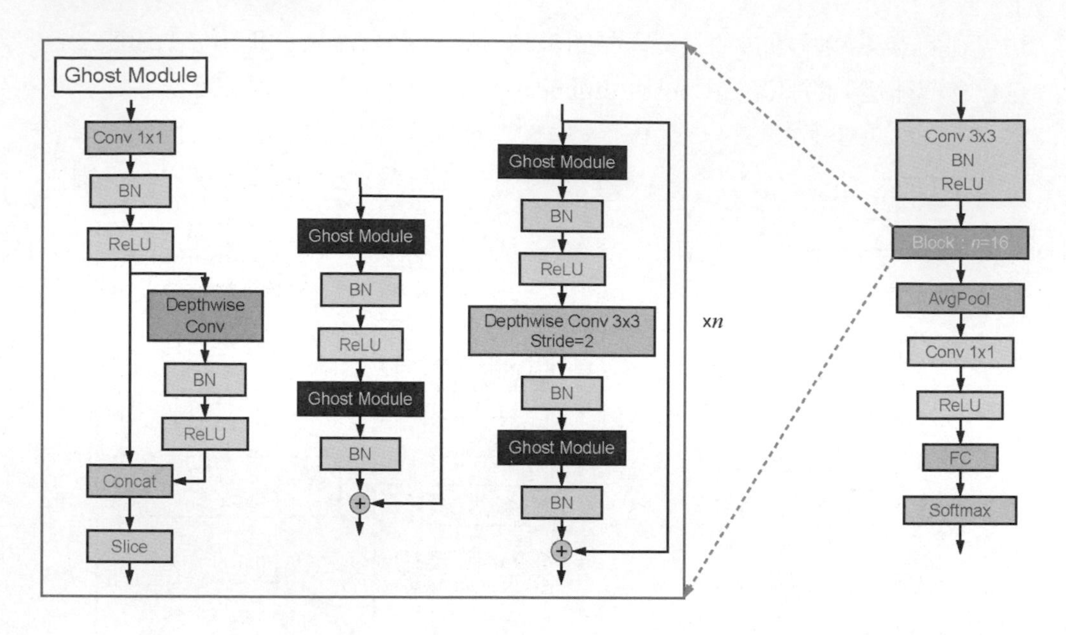

▲ 圖 1.38 GhostNet 的整體架構

1.5 Vision Transformer 在電腦視覺中的應用

Transformer 模型是 Google 團隊於 2017 年 6 月由 Ashish Vaswani 等人在論文 *Attention Is All You Need* 中提出的，當前它已經成為 NLP 領域的首選模型。Transformer 拋棄了 RNN（循環神經網路）的順序結構，採用了自注意力機制，使得模型可以並行化訓練，而且能夠充分利用訓練資料的全域資訊。加入 Transformer 的 Seq2Seq 模型在 NLP 領域的各個任務上的性能都有了顯著提升。

1.5.1 ViT

Transformer在NLP領域大獲成功，而*AN IMAGE IS WORTH* 16X16 *WORDS: TRANSFORMERS FOR IMAGE RECOGNITION AT SCALE*（以下簡稱 *Vision Transformer*）論文中提到的 Vision Transformer 方法則將 Transformer 模型架構擴展到電腦視覺領域，並且它可以達到取代卷積的性能，在影像分類任務中也獲得了很好的效果。卷積在提取特徵的過程中考慮更多的是局部特徵資訊，而 Transformer 中的自注意力機制可以綜合考量全域特徵資訊。Vision Transformer 直接將 Transformer 從 NLP 領域遷移到電腦視覺領域，目的是讓原始的 Transformer 模型做到開箱即用。

具體來講，Vision Transformer 是將原始影像均勻地分成若干影像塊，這裡也叫 Patch，每個 Patch 可以看作 NLP 領域中的詞，先把 Patch 展平成序列，再把分割後的 Patch 輸入原始 Transformer 模型的編碼器部分，最後透過全連接層對影像進行分類。

Transformer 用於視覺所帶來的影響確實轟動了整個電腦視覺領域。Vision Transformer 的主要部分有自注意力機制、位置嵌入（Position Embedding）和 Class Token。

如圖 1.39 所示，假設原始輸入資料的大小是 $H\times W\times C$，對於原始資料，先透過 Patch 尺寸為 P 的 Patch 進行劃分，得到 $H\times W/(P\times P)$==>$(H/P)\times(W/P)$ 個 Patch；然後展平為 $P\times P\times C$ 的向量；最後對每個向量進行線性變換，即進行維度壓縮，壓縮後的向量稱為 Patch Token。

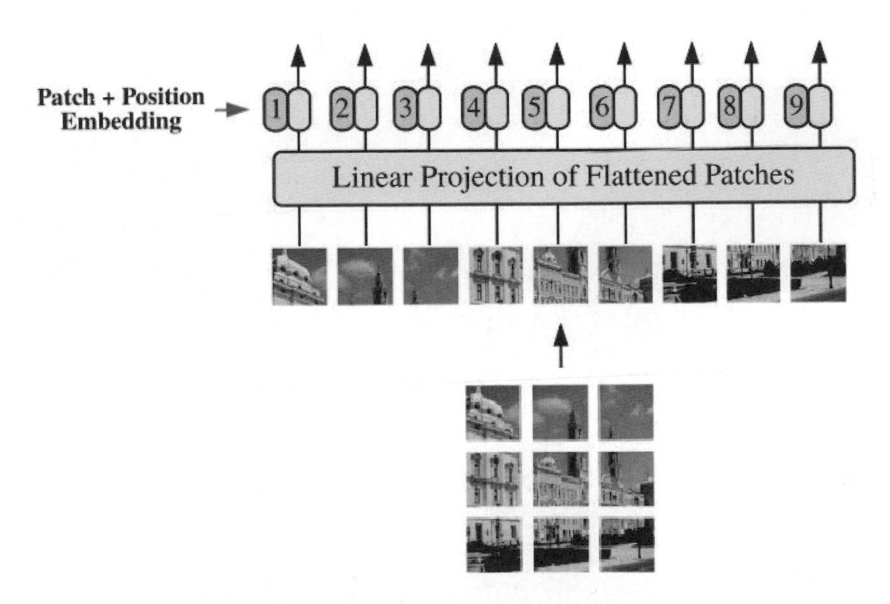

▲ 圖 1.39 Patch Token 與 Position Embedding

論文作者嘗試了許多種 Position Embedding 的方法，但是最後的性能差異都不大。可能的原因是 Transformer 編碼器操作在 Patch-Level，而非 Pixel-Level，Transformer 更關心的是 Patch 內部的一些潛在聯繫，Patch 與 Patch 之間的聯繫對整個模型而言，影響不大。

圖 1.40 所示為一個透過在低維進行線性映射而訓練出來的 Position Embedding，這是一個二維結構，每個小塊上黃色亮點對應的位置與小塊在影像中的位置保持一致。

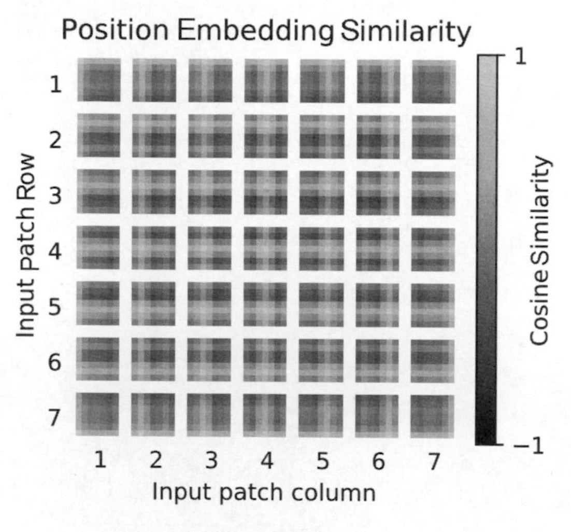

▲ 圖 1.40 Position Embedding

Position Embedding 在 Vision Transformer 中的嵌入位置是與 Patch Token 進行 Add 操作，同時與 Class Token 拼接後送入 Transformer 編碼器。

首先假設 Self-Attention（自注意力）的 Patch Token 輸入 $\boldsymbol{x} \in \mathbf{R}^{n \times d_m}$，然後經過 3 個線性變換層，分別得到 Query $\boldsymbol{Q}$、Key $\boldsymbol{K}$ 和 Value $\boldsymbol{V}$ 矩陣，最後利用如式（1.10）所示的數學運算式進行 Self-Attention 計算：

$$\text{Self-Attention} = \text{SA}(\boldsymbol{Q},\boldsymbol{K},\boldsymbol{V}) = \text{Softmax}\left(\frac{\boldsymbol{Q} \otimes \boldsymbol{K}^{\mathrm{T}}}{\sqrt{d_k}}\right)\boldsymbol{V} \tag{1.10}$$

式中，$\sqrt{d_k}$ 為尺度縮放因數，防止內積結果過大。

如圖 1.41 所示，可以簡單描述一下 Self-Attention 的計算過程。

首先，將輸入的每個 Patch Token 向量輸入線性變換後可以得到 $\boldsymbol{Q}$ 矩陣、$\boldsymbol{K}$ 矩陣和 $\boldsymbol{V}$ 矩陣。

然後，將 $\boldsymbol{Q}$ 矩陣與 $\boldsymbol{K}$ 矩陣的轉置進行內積運算得到相似度矩陣，並透過 Softmax 得到相似度矩陣的 Attention Map（注意力圖）。

最後，將 $\boldsymbol{V}$ 矩陣與 Attention Map 進行內積運算，並經過線性變換與原始輸入進行 Add 操作，得到最終的輸出。

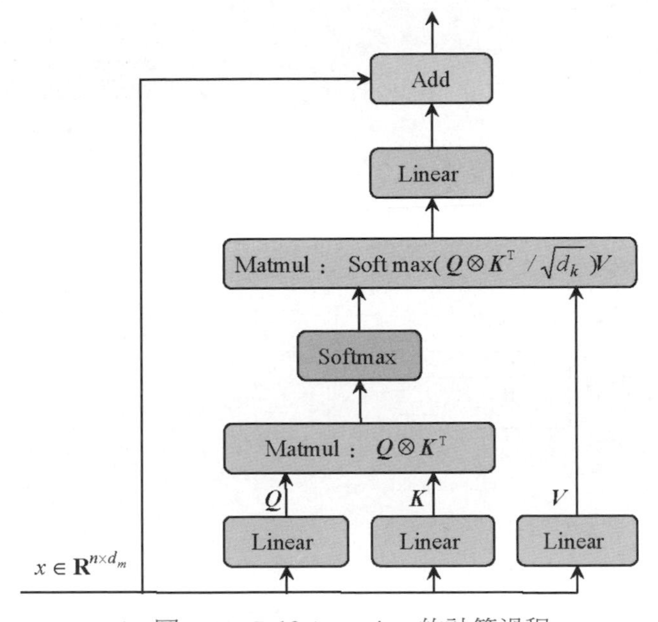

▲ 圖 1.41 Self-Attention 的計算過程

如圖 1.42 所示，Vision Transformer 的整體架構除了自注意力機制、位置嵌入和 Class Token 等元件，最為重要的便是 Transformer Block（圖中的 Encoder Block 便是 Transformer Block），可以被分為「Token Mixing」和「Channels Processing」兩個過程。

「Token Mixing」就是 Encoder Block 中的第 1 個殘差連接部分。「Token Mixing」是由 Layer Norm、Multi-Head Self-Attention 和殘差結構組成的，主要作用是針對輸入的 Patch Token 與 Patch Token 之間的資訊進行互動，最終達到獲取全域資訊的目的。

「Channels Processing」就是 Encoder Block 中的第 2 個殘差連接部分。「Channels Processing」是由 Layer Norm、MLP 和 Dropout/DropPath 組成的。「Channels Processing」主要針對「Token Mixing」之後的特徵進行進一步的資訊互動，最終使所提取特徵具有堅固性。

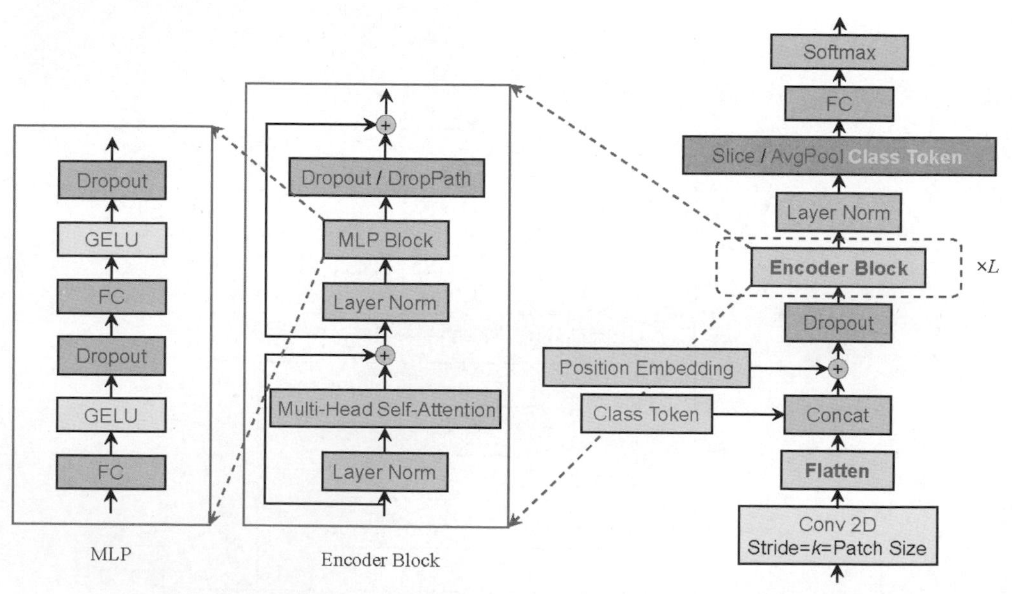

▲ 圖 1.42 Vision Transformer 的整體架構

1.5.2 Swin Transformer

Swin Transformer 是一種新型的 Transformer，可以用作視覺和自然語言處理的統一模型。同時，*Swin Transformer: Hierarchical Vision Transformer using Shifted Windows*（以下簡稱 *Swin Transformer*）榮獲 ICCV 2021 最佳論文。這一研究由微軟亞洲研究院（MSRA）提出。

Swin Transformer 論文中的分析表明，Transformer 從自然語言處理遷移到電腦視覺上沒有大放異彩，主要有以下兩點原因。

- 兩個領域涉及的尺度不同，自然語言處理的 Scale 是固定的，電腦視覺的 Scale 的變化範圍非常大。
- 電腦視覺相比於自然語言處理需要更高的解析度，而且電腦視覺中使用 Transformer 的計算複雜度是影像尺度的平方，這會導致計算量過於龐大。

為了解決上述兩個問題，Swin Transformer 相比於之前的 Vision Transformer 做了以下兩項改進。

- 引入 CNN 中常用的層次化方式建構層次化 Transformer。
- 引入定位思想，對無重合的視窗區域進行 Self-Attention 計算。

首先看一下 Swin Transformer 的整體架構，如圖 1.43 所示。Swin Transformer 的整個架構採取類似 ResNet 的層次化思想的設計，一共包含 4 個 Stage，每個 Stage 都會下採樣輸入特徵圖的解析度，像 CNN 一樣逐層擴大感受野。

首先，透過 Patch Partition 將影像切成多個大小相同的 Patch，將 Position Embedding 與每個 Patch 所形成的 Token 相加，並透過不同的 Stage；其次，除 Stage-1 外的其他 Stage 都是由 Patch Merging 和多個 Block 組成的，其中，Patch Merging 主要對進入每個 Stage 之前的特徵進行下採樣，使其尺寸減小原始的 1/2。每個 Stage 的具體結構如圖 1.43 的中間部分所示，主要是由 Layer Norm、MLP Block、Window Attention（W-MSA Block）和 Shifted Window Attention（SW-MSA Block）組成的。

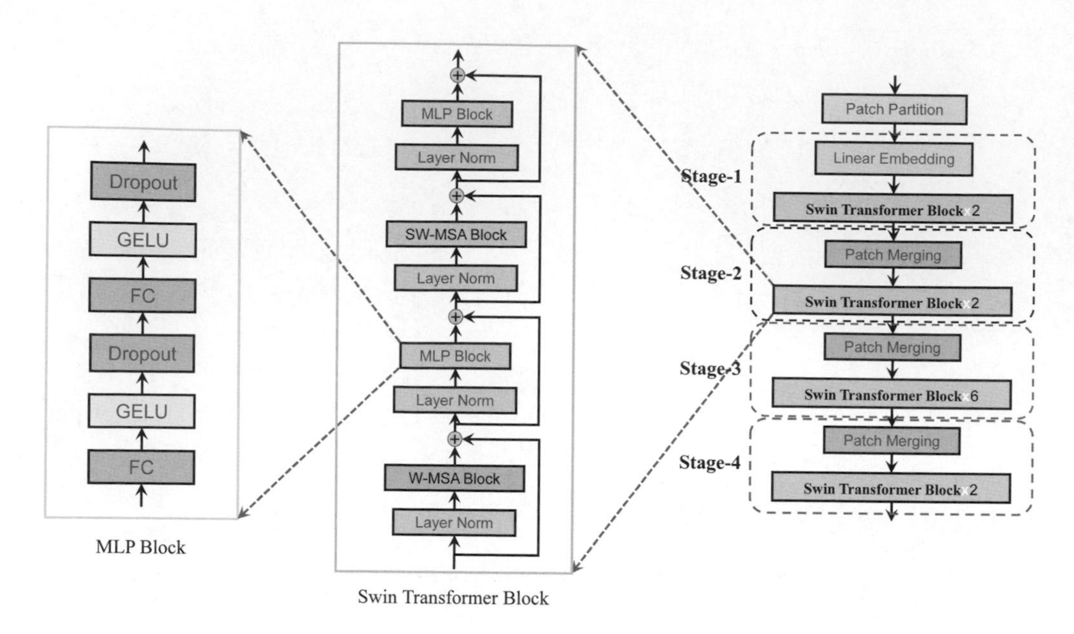

▲ 圖 1.43 Swin Transformer 的整體架構

Patch Partition 主要是用來對影像進行前置處理後的張量進行 Window 劃分的。如圖 1.44 所示，假設影像張量的形狀為 1×4×4×3, 使用 Window=2 對影像張量進行劃分，每個通道可以劃分為 4 個 2×2 的特徵圖，最終得到的特徵圖的形狀為 1×2×2×12。

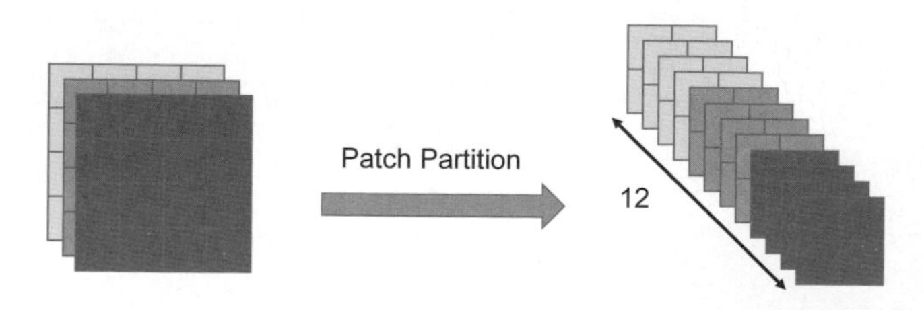

▲ 圖 1.44 Patch Partition 示意圖

Patch Partition 模組的作用是在每個 Stage 開始前做下採樣，用於降低解析度和調整通道數，進而形成層次化的設計，也能減少一定的運算量。使用 Patch Partition 實現下採樣的部分在 CNN 模型中是在每個 Stage 開始前用步進值 =2 的卷積 / 池化層來降低解析度的。

如圖 1.45 所示，由於每次下採樣 2 倍，所以在行方向和列方向上首先要每隔 2 個元素進行元素的選取，然後拼接在一起作為一個張量，最後展開。此時，通道維度會變成原來的 4 倍（寬和高各縮小為原來的 1/2，通道數變多），透過一個全連接層調整通道維度為原來的 2 倍。

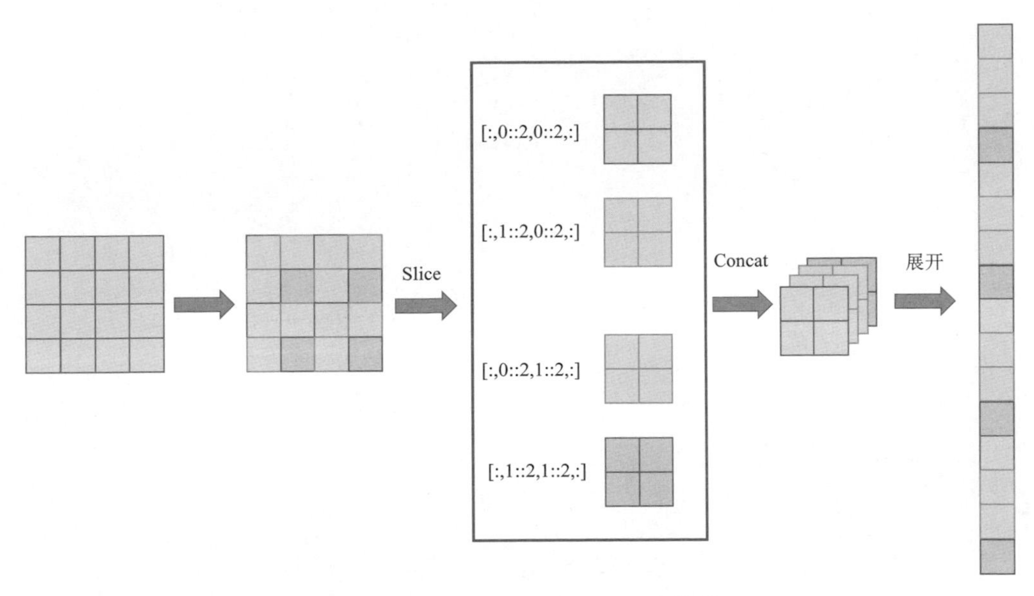

▲ 圖 1.45 Patch Merging 示意圖

Swin Transformer 的關鍵技術是 Window Attention。傳統的 Vision Transformer 都是基於全域資訊來計算自注意力的，因此計算複雜度十分高。而 Swin Transformer 將自注意力的計算限制在每個 Window 內，進而減少了計算量。如圖 1.46 所示，先將特徵圖進行 Window 劃分，然後在 Window 內進行自注意力計算。

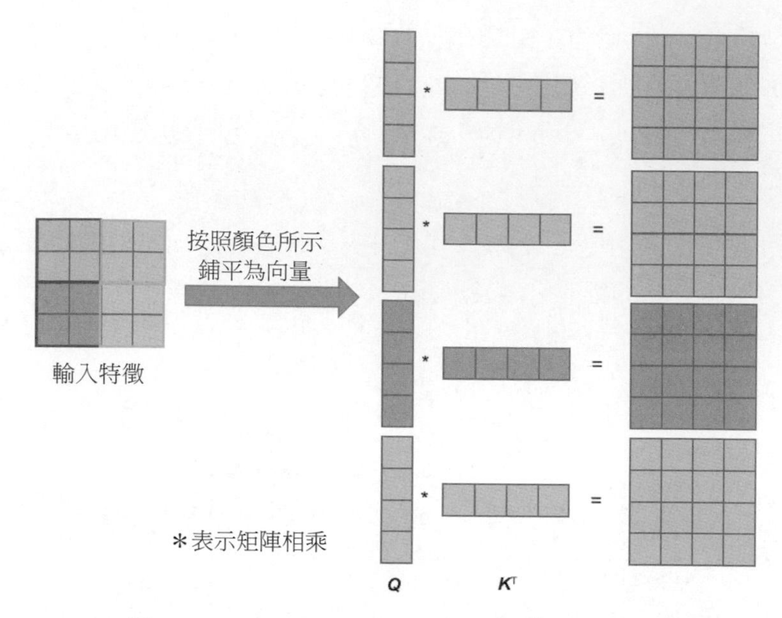

▲ 圖 1.46 Window Attention 中 $\boldsymbol{Q}$、$\boldsymbol{K}^{\mathrm{T}}$ 的計算示意圖

如式（1.11）所示，Window Attention 與原始 Vision Transformer 中的自注意力的主要區別在於它在原始自注意力中計算 $\boldsymbol{Q}$、$\boldsymbol{K}$ 相似度矩陣時加入了相對位置編碼，Google 的 *Vision Transformer* 論文也說明了相對位置編碼可以提升 Swin Transformer 的性能。

$$\text{Window Attention} = \text{Softmax}\left(\frac{\boldsymbol{Q} \otimes \boldsymbol{K}^{\mathrm{T}}}{\sqrt{d_k}} + \boldsymbol{B}\right)\boldsymbol{V} \tag{1.11}$$

Swin Transformer 的另一個非常關鍵的技術是 Shift Window Attention，它透過對 Window Attention 進行 Shift（移位）操作得到 Shift Window。由圖 1.47 可以看出，每個 Window 都包含 Window Attention 中相鄰視窗的元素。但是，如果在計算自注意力時，元素不屬於原始沒有進行 Shift 操作的 Window，就會出現容錯計算，甚至會影響模型的性能。因此，在 Shift Window Attention 中作者又引入了 Attention Mask。如圖 1.47 所示，透過設置合理的 Mask 值可以讓 Softmax 忽略原始索引不同的 $\boldsymbol{Q}$ 與 $\boldsymbol{K}^{\mathrm{T}}$ 的值，進而可以顯著減少計算量，同時增加跨 Window 的資訊互動能力。

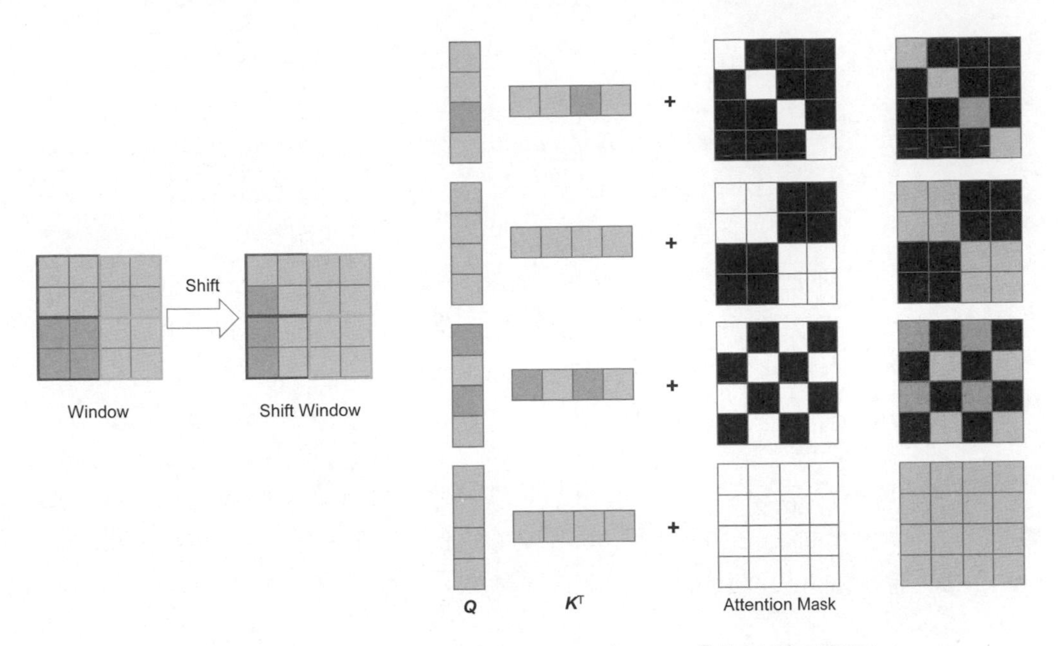

▲ 圖 1.47 Shift Window Attention 中 Q、K^T 的計算示意圖

如圖 1.48 所示，Swin Transformer Block 主要由上述提到的 W-MAS Block、SW-MAS Block、MLP Block 和 Layer Norm 組成。

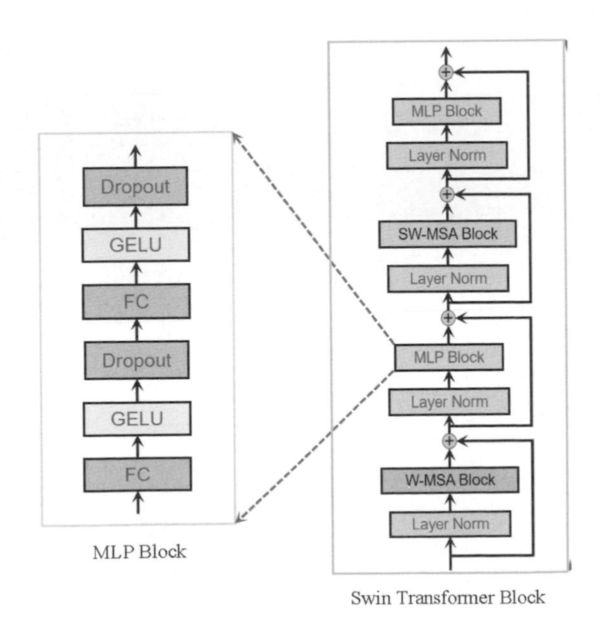

▲ 圖 1.48 Swin Transformer Block 示意圖

1.5.3 MobileViT

MobileViT: Light-weight, General-purpose, and Mobile-friendly Vision Transformer 論文中提出，想在獲得有效感受野的同時極佳地對遠距離全域資訊進行建模，一種被廣泛研究建模遠端依賴關係的方法是空洞卷積。然而，這種方法需要比較嚴謹的空洞率設計。另一種解決方案就是 Vision Transformer（ViT）中的自注意力。在自注意力方法中，具有 Multi-Head ViT 的 Vision Transformers（ViTs）在視覺辨識任務中是有效的。然而，由於 Vision Transformer 的計算複雜度很高，並且缺乏歸納偏置的能力，因此表現出了較差的可最佳化性。

而 MobileViT 主要結合 CNN 和 ViT 的優勢，建構了一個輕量化、低延遲的 ViT 模型。下面首先了解一下 MobileViT 的整體架構。它主要包含 MobileNet V2 Block 和 MobileViT Block，如圖 1.49 所示。

如圖 1.50 所示，為了能夠學習附帶歸納偏置的全域表達能力，MobileViT Block 在兩個卷積中間插入了一個 Transformer Block。

MobileNet V2 Block 在前面章節中已經進行了介紹，這裡只對 MobileViT Block 介紹。

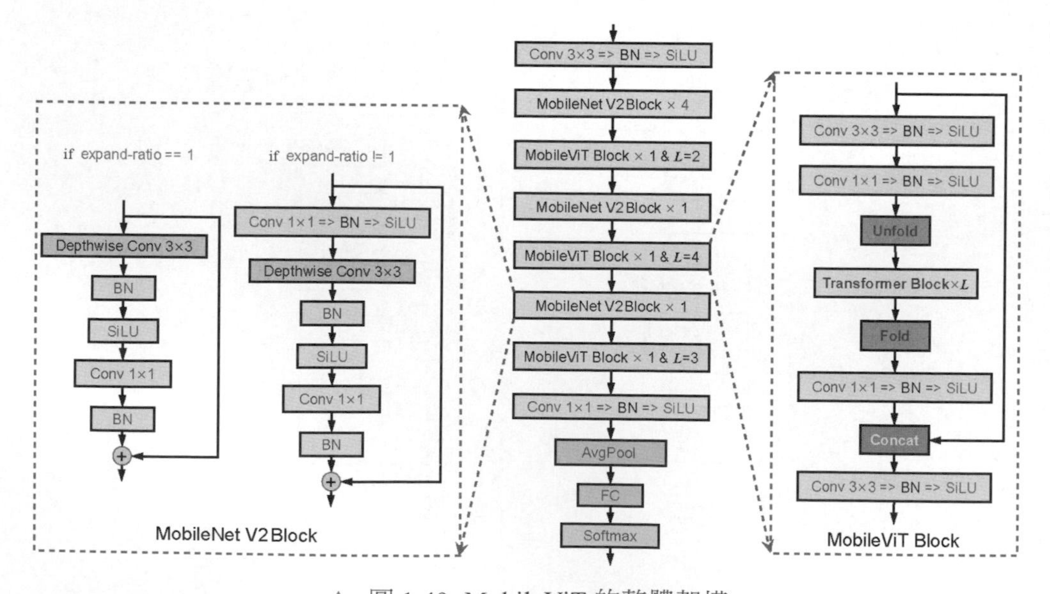

▲ 圖 1.49 MobileViT 的整體架構

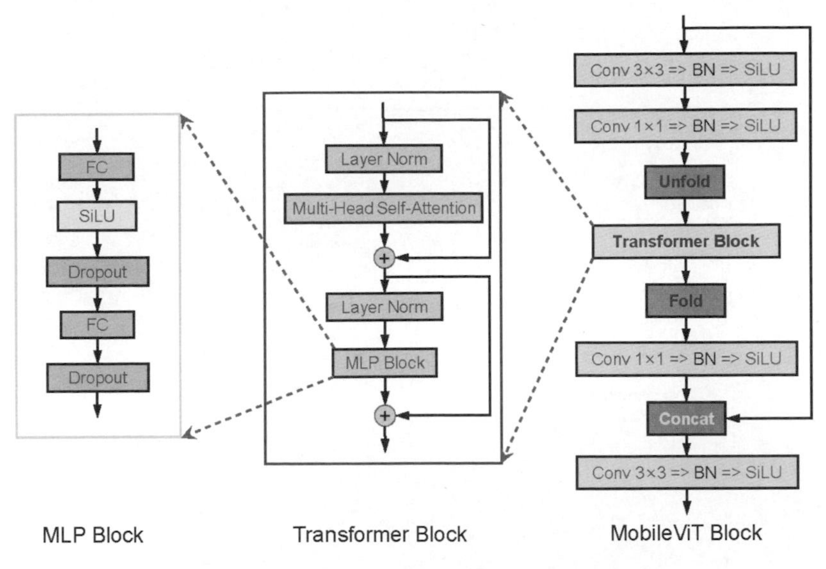

▲ 圖 1.50 MobileViT Block 結構圖

如圖 1.50 所示，MobileViT Block 首先經過兩個模組（由卷積 +BN+SiLU 組成）操作，其次將卷積所得到的特徵 Unfold（見圖 1.51）為 N 個非重疊的 Patch，接著使用 Transformer Block 學習每個 Patch 內的相關性，然後將其折疊（Fold，如圖 1.52 所示）為卷積後的原始形狀，最後經過卷積 +BN+SiLU、Concat 和卷積 +BN+SiLU 操作得到輸出。

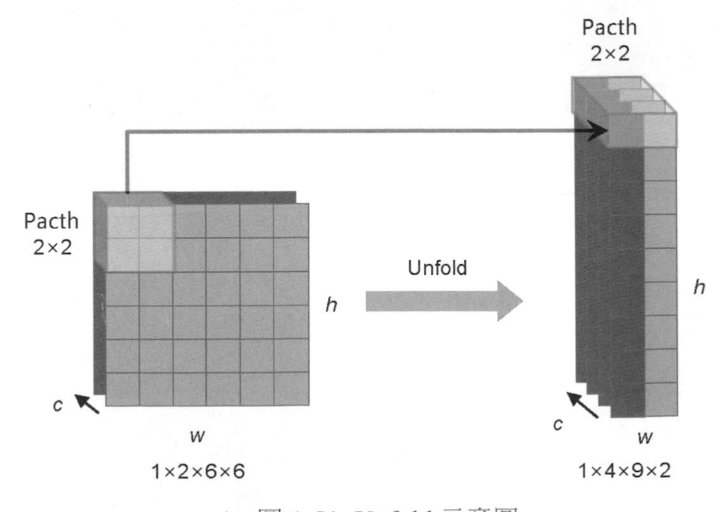

▲ 圖 1.51 Unfold 示意圖

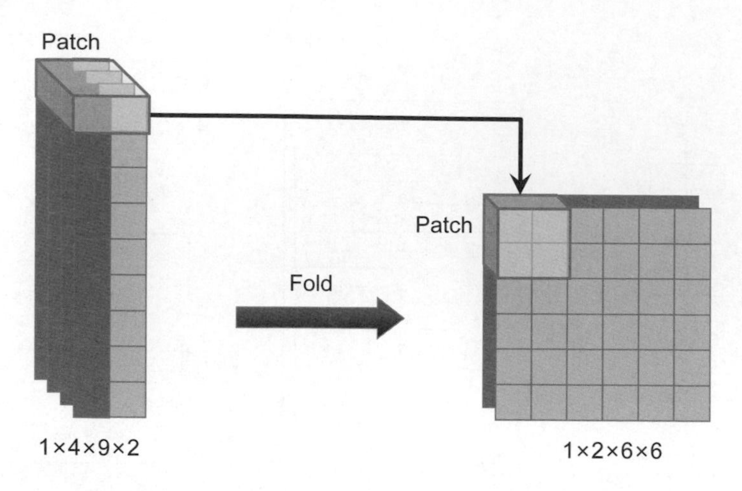

▲ 圖 1.52 Fold 示意圖

1.5.4 TRT-ViT

自 2020 年以來，可以看到 Vision Transformer 在影像分類、語義分割和物件辨識等各種電腦視覺任務中都獲得了顯著的成功，並獲得了明顯優於卷積神經網路的性能。然而，從實作應用的真實場景來看，卷積神經網路仍然主導著電腦視覺架構實作應用和部署。

綜合考慮，為了同時利用卷積神經網路的效率和 Vision Transformer 的性能優勢，字節跳動（編按：抖音的母公司）提出了 TRT-ViT 模型，它是一個對實作具有高效率的 Transformer 模型。

「如何設計一個性能與 Transformer 一樣好、預測速度與 ResNet 一樣快的模型？」便是 TRT-ViT 的探索宗旨，論文作者透過一系列的實驗回答了這個問題，並提出了以下 4 個設計準則。

Stage-Level：在後期，Stage 使用 Transformer Block 可以最大化效率和性能。

Stage-Level：由淺入深的 Stage 模式可以提升模型的性能。

Block-Level：Transformer 和 Bottleneck 混合設計 Block 比 Transformer Block 效率更高。

Block-Level：先提取全域特徵後提取局部特徵的模式有助彌補模型性能缺陷。

TRT-ViT: TensorRT-oriented Vision Transformer 論文中基於上述準則設計了一個調配於 TensorRT 的 Transformer（縮寫為 TRT-ViT），由 CNN 和 Transformers 混合設計而成。

此外，TRT-ViT 提出了各種 TRT-ViT Block 以將 CNN 和 Transformer 組合成一個串列方案，從而提高資訊流的效率。圖 1.53 所示為 MixBlock-A、MixBlock-B 和 MixBlock-C 的結構。

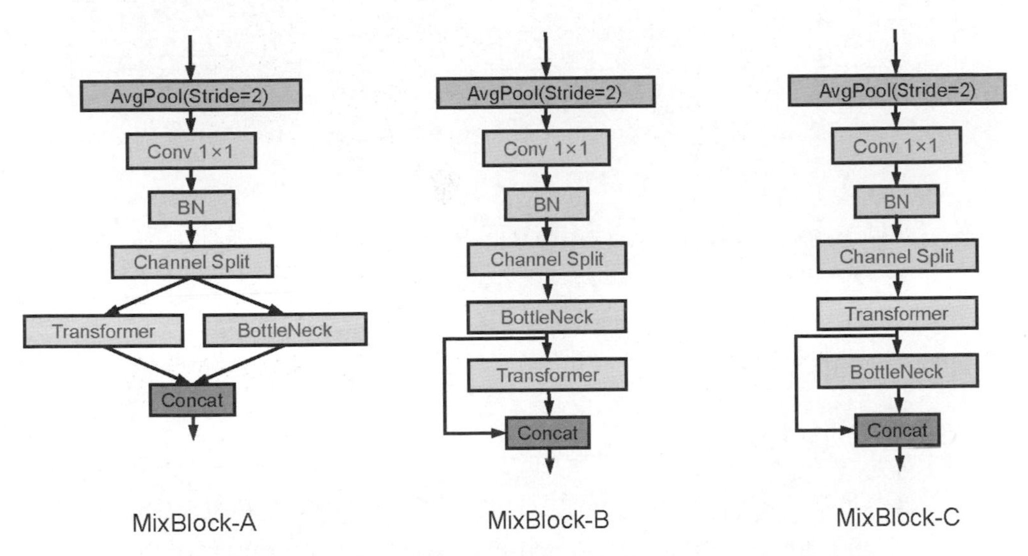

▲ 圖 1.53 MixBlock-A、MixBlock-B 和 MixBlock-C 的結構

為了便於下游任務對 Backbone 的使用，TRT-ViT 的 Backbone 設計依舊選擇了類似 ResNet 的層次設計思想，根據 TRT-ViT 所提出的設計準則建構了 TRT-ViT Backbone。整個 Backbone 架構分為 5 個 Stage，後期 Stage 只使用 MixBlock-C，而卷積層用於早期 Stage。此外，它還使用了由淺入深的 Stage 模式，與 ResNet 中的 Stage 模式相比，其早期 Stage 更淺、後期 Stage 更深。TRT-ViT 的整體架構如圖 1.54 所示。

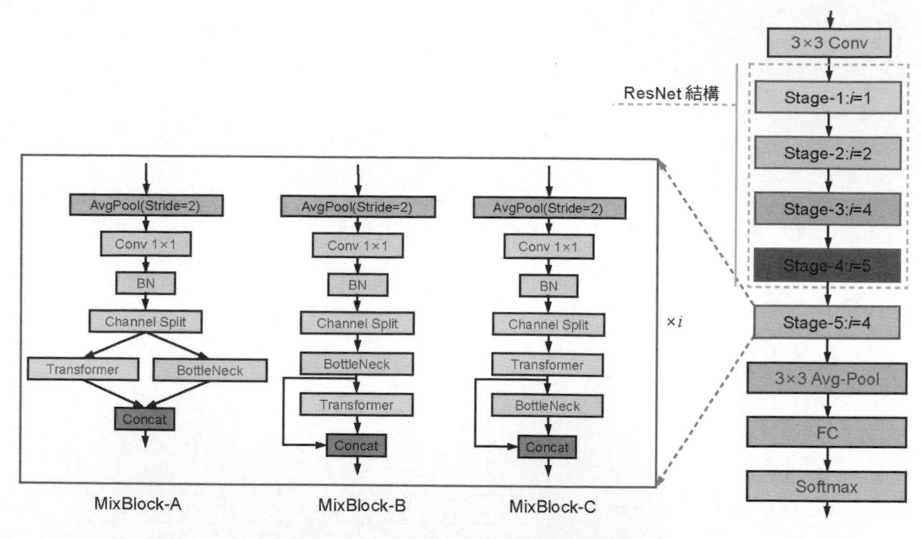

▲ 圖 1.54 TRT-ViT 的整體架構

1.5.5 基於 ResNet/MobileViT 的交通號誌辨識專案實踐

交通號誌辨識是一個具有挑戰性的現實場景問題，具有高度的工業相關性。因此學習對應的辨識方法也是比較重要的。

1．GTSRB 資料集

本專案是基於德國 GTSRB 交通標識資料集進行實踐的。GTSRB 資料集總共包含 43 個交通標識類別，超過 50000 幅影像。同時，該資料集中的資料也包括了各種極端情況（由光照變化、部分遮擋、旋轉、天氣條件等造成）下的影像（見圖 1.55），因此 GTSRB 資料集可滿足各方面的實踐和學習需求。

▲ 圖 1.55 GTSRB 資料集的部分展示

2．資料增強

對於資料增強，其主要對網路模型造成正則作用。換句話說，就是它可以在一定程度上緩解模型的過擬合問題，進而提高模型的堅固性和泛化性。對於當前的專案，分析資料集中存在模糊和旋轉的情況比較多，這裡選擇的資料增強方式為垂直方向翻轉、水平方向翻轉和高斯模糊。

圖 1.56（a）所示為原始影像，圖 1.56（b）所示為水平翻轉影像，圖 1.56（c）所示為垂直翻轉影像。

（a）原始影像

（b）水平翻轉影像

（c）垂直翻轉影像

▲ 圖 1.56 翻轉的資料增強

r 為高斯核心的尺寸，該值越大，影像越模糊，反之則更清晰。圖 1.57（a）所示為原始影像，圖 1.57（b）所示為 r=1 的高斯模糊影像，圖 1.57（c）所示為 r=5 的高斯模糊影像。

（a）原始影像

（b）r=1 的高斯模糊影像

（c）r=5 的高斯模糊影像

▲ 圖 1.57 高斯模糊的資料增強

如程式 1.1 所示，在使用 PyTorch 建構專案時，首先需要進行資料前置處理操作，然後利用 Dataloader 建構提取器，每次傳回一個批次的資料。在很多情況下，利用 num_worker 參數設置多執行緒可提升資料提取速度，進而提升模型訓練速度。

這裡，transforms.Compose 包含不同的資料增強方法，如程式 1.1 中的第 17 ～ 25 行所示，分別是垂直翻轉、水平翻轉和高斯模糊。其中高斯模糊是由 Image 函式庫實現的。

➔ 程式 1.1 資料前置處理

```
1.     import random
2.     from PIL import Image, ImageFilter
3.     from torchvision import transforms
4.     mean, std = [0.485, 0.456, 0.406], [0.229, 0.224, 0.225]
5.     # 高斯模糊的實現
6.     class RandomGaussianBlur(object):
7.         def __init__(self, p=0.5):
8.             self.p = p
9.         def __call__(self, img):
10.            if random.random() < self.p:
11.                img=img.filter(ImageFilter.GaussianBlur(radius=random.random()))
12.        return img
13.
14.    def get_train_transform(mean=mean, std=std, size=0):
15.        train_transform = transforms.Compose([
16.            Resize((int(size), int(size))),
17.            # 對影像進行垂直翻轉
18.            transforms.RandomVerticalFlip(),
19.            # 對影像進行水平翻轉
20.            transforms.RandomHorizontalFlip(),
21.            # 對影像進行高斯模糊
22.            RandomGaussianBlur(),
23.            transforms.ToTensor(),
24.            transforms.Normalize(mean=mean, std=std),
25.            ])
26.    return train_transform
```

3．模型的架設

（1）ResNet50 中 Bottleneck 的實現。

Bottleneck 的結構如圖 1.58 所示，其中的 Conv 是 Conv+BN+ReLU 的簡寫。

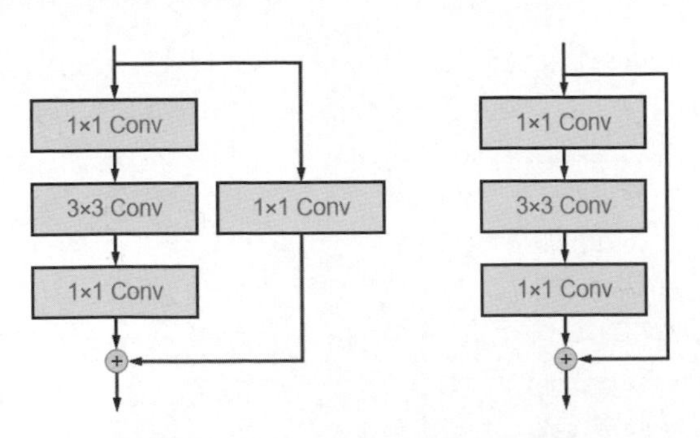

▲ 圖 1.58 Bottleneck 的結構

程式 1.2 所示為作者使用 PyTorch 架設的 Bottleneck 模組。如圖 1.58 所示，Bottleneck 包含兩個分支，主分支依次為 1×1 卷積、3×3 卷積和 1×1 卷積，另外一個分支為 identity 分支，如果主分支採用了下採樣，那麼 identity 分支通道數使用 1×1 卷積進行特徵融合。

➔ 程式 1.2 模組架設

```
1.    class Bottleneck(nn.Module):
2.        expansion = 4
3.        def __init__(self,inplanes,planes,stride=1,downsample=None,groups=1,
4.                     base_width=64, dilation=1, norm_layer=None):
5.            super(Bottleneck, self).__init__()
6.
7.            if norm_layer is None:
8.                norm_layer = nn.BatchNorm2d
9.            width = int(planes * (base_width / 64.)) * groups
10.           self.conv1 = conv1x1(inplanes, width)
11.           self.bn1 = norm_layer(width)
12.           self.conv2 = conv3x3(width, width, stride, groups, dilation)
13.           self.bn2 = norm_layer(width)
```

```
14.             self.conv3 = conv1x1(width, planes * self.expansion)
15.             self.bn3 = norm_layer(planes * self.expansion)
16.             self.relu = nn.ReLU(inplace=True)
17.             self.downsample = downsample
18.             self.stride = stride
19.
20.         def forward(self, x):
21.             identity = x
22.             # 主分支的第 1 個 Conv+BN+ReLU
23.             out = self.conv1(x)
24.             out = self.bn1(out)
25.             out = self.relu(out)
26.             # 主分支的第 2 個 Conv+BN+ReLU
27.             out = self.conv2(out)
28.             out = self.bn2(out)
29.             out = self.relu(out)
30.             # 主分支的第 3 個 Conv+BN+ReLU
31.             out = self.conv3(out)
32.             out = self.bn3(out)
33.             # 另外一個分支的通道下採樣操作
34.             if self.downsample is not None:
35.                 identity = self.downsample(x)
36.             # 元素相加操作
37.             out += identity
38.             out = self.relu(out)
39.             return out
```

（2）ResNet50 的實現。

ResNet50 的結構如圖 1.59 所示（此圖與圖 1.18 一樣，這裡為了方便，再次舉出），可以看出，ResNet50 主要由前面的卷積和池化，以及 4 個 Stage 的 Bottleneck 組成，4 個 Stage 對於 Bottleneck 的設定參數分別是 3、4、6、3。

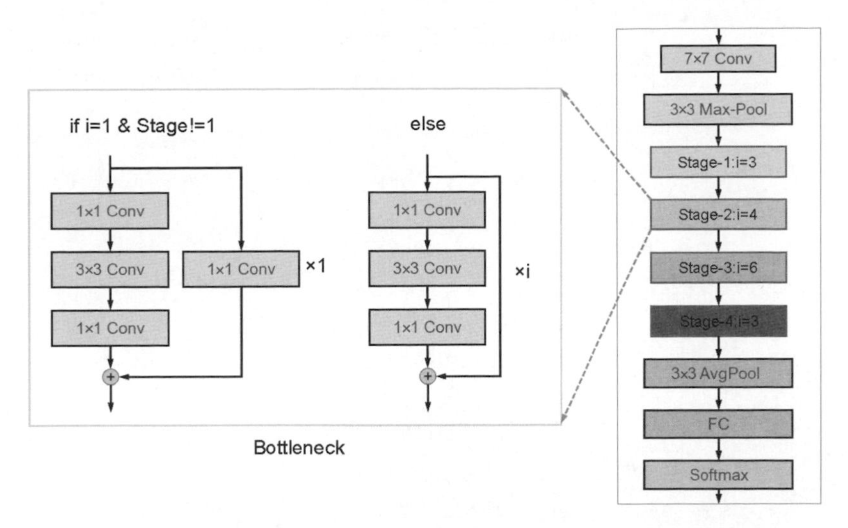

▲ 圖 1.59 ResNet50 的結構

程式 1.3 所示為 ResNet 整體架構的架設。由圖 1.59 可知，整個 ResNet50 有 4 個 Stage，這裡每個 Stage 的架設都使用 _make_layer 方法來進行。每個 Stage 是對 Bottleneck 的不同數量的疊加，同時要考慮下採樣操作，這裡均將下採樣卷積放在每個 Stage 前面的 Bottleneck 中，並在其後面疊加不同數量的 Bottleneck 模組，以此來進行特徵的編碼。

➔ 程式 1.3 ResNet 整體架構的架設

```
1.    class ResNet(nn.Module):
2.        def __init__(self, block, layers, num_classes=1000, zero_init_residual=
      False, groups=1, width_per_group=64, replace_stride_with_dilation=None,norm_
      layer=None):
3.            super(ResNet, self).__init__()
4.            if norm_layer is None:
5.                norm_layer = nn.BatchNorm2d
6.            self._norm_layer = norm_layer
7.
8.            self.inplanes = 64
9.            self.dilation = 1
10.           if replace_stride_with_dilation is None:
11.               replace_stride_with_dilation = [False, False, False]
12.           if len(replace_stride_with_dilation) != 3:
```

```
13.                 raise ValueError(«replace_stride_with_dilation should be None «
14.                                  «or a 3element tuple,got {}».format
        (replace_stride_with_dilation))
15.             self.groups = groups
16.             self.base_width = width_per_group
17.             # 第 1 個 Conv+BN+ReLU
18.             self.conv1 = nn.Conv2d(3,self.inplanes,kernel_size=7,stride=2,
        padding=3, bias=False)
19.             self.bn1 = norm_layer(self.inplanes)
20.             self.relu = nn.ReLU(inplace=True)
21.             # 最大池化層
22.             self.maxpool = nn.MaxPool2d(kernel_size=3, stride=2, padding=1)
23.             # 根據 Satge-1 的參數建構 Stage-1
24.             self.layer1 = self._make_layer(block, 64, layers[0])
25.             # 根據 Satge-2 的參數建構 Stage-2
26.             self.layer2 = self._make_layer(block,128,layers[1],stride=2,
        dilate=replace_stride_with_dilation[0])
27.             # 根據 Satge-3 的參數建構 Stage-3
28.             self.layer3 = self._make_layer(block,256, layers[2], stride=2,
        dilate=replace_stride_with_dilation[1])
29.             # 根據 Satge-4 的參數建構 Stage-4
30.             self.layer4 = self._make_layer(block, 512, layers[3], stride=2,
        dilate=replace_stride_with_dilation[2])
31.             # 平均池化層
32.             self.avgpool = nn.AdaptiveAvgPool2d((1, 1))
33.             # 分類層
34.             self.fc = nn.Linear(512 * block.expansion, num_classes=43)
35.             # 卷積和 BN 的參數初始化
36.             for m in self.modules():
37.                 if isinstance(m, nn.Conv2d):
38.                     nn.init.kaiming_normal_(m.weight, mode=›fan_out›,
        nonlinearity=' relu' )
39.                 elif isinstance(m, (nn.BatchNorm2d, nn.GroupNorm)):
40.                     nn.init.constant_(m.weight, 1)
41.                     nn.init.constant_(m.bias, 0)
42.             # Bottleneck 中 BN3 的參數初始化
43.             if zero_init_residual:
44.                 for m in self.modules():
45.                     if isinstance(m, Bottleneck):
```

```
46.                     nn.init.constant_(m.bn3.weight, 0)
47.                 elif isinstance(m, BasicBlock):
48.                     nn.init.constant_(m.bn2.weight, 0)
49.
50.     # 使用 Bottleneck 建構不同的 Stage
51.     def _make_layer(self, block, planes, blocks, stride=1, dilate=False):
52.         norm_layer = self._norm_layer
53.         downsample = None
54.         previous_dilation = self.dilation
55.         # 判斷是否使用空洞卷積
56.         if dilate:
57.             self.dilation *= stride
58.             stride = 1
59.         # 判斷是否使用 downsample
60.         if stride != 1 or self.inplanes != planes * block.expansion:
61.             downsample = nn.Sequential(
62.                 conv1x1(self.inplanes, planes * block.expansion, stride),
63.                 norm_layer(planes * block.expansion),  )
64.         # 建構 Stage-i
65.         layers = []
66.         layers.append(block(self.inplanes, planes, stride, downsample,
    self.groups, self.base_width, previous_dilation, norm_layer))
67.         self.inplanes = planes * block.expansion
68.         for _ in range(1, blocks):
69.             layers.append(block(self.inplanes, planes, groups=self.groups,
70.                                 base_width=self.base_width, dilation=
    self.dilation,  norm_layer=norm_layer))
71.         return nn.Sequential(*layers)
72.
73.     def forward(self, x):
74.         x = self.conv1(x)
75.         x = self.bn1(x)
76.         x = self.relu(x)
77.         x = self.maxpool(x)
78.         x = self.layer1(x)
79.         x = self.layer2(x)
80.         x = self.layer3(x)
81.         x = self.layer4(x)
82.         x = self.avgpool(x)
```

```
83.             x = x.reshape(x.size(0), -1)
84.             x = self.fc(x)
85.             return x
86.
87.     def _resnet(arch, block, layers, pretrained, progress, **kwargs):
88.         model = ResNet(block, layers, **kwargs)
89.         if pretrained:
90.             state_dict = load_state_dict_from_url(model_urls[arch],
        progress=progress)
91.             model.load_state_dict(state_dict)
92.         return model
93.
94.     def resnet50(pretrained=False, progress=True, **kwargs):
95.         # 傳入建構所需的 Bottleneck 模組，以及每個 Stage 所需的 Bottleneck 的數量
96.         return _resnet(‹resnet50›, Bottleneck, [3, 4, 6, 3], pretrained,
        progress, **kwargs)
```

（3）MobileViT 的實現。

MobileNet V2 Block 的結構參見圖 1.49，其 PyTorch 實現如程式 1.4 所示。

在程式 1.4 中，程式第 13 行與第 27 行是深度卷積，程式第 17 行與第 23 行是逐點卷積，這兩個卷積是 MobileNet V2 Block 的重要組成部分。

➔ 程式 1.4 MobileNet V2 Block 的架設

```
1.      class MV2Block(nn.Module):
2.          def __init__(self, inp, oup, stride=1, expansion=4):
3.              super().__init__()
4.              self.stride = stride
5.              assert stride in [1, 2]
6.
7.              hidden_dim = int(inp * expansion)
8.              self.use_res_connect = self.stride == 1 and inp == oup
9.
10.             if expansion == 1:
11.                 self.conv = nn.Sequential(
12.                     # 深度卷積
13.                     nn.Conv2d(hidden_dim, hidden_dim, 3, stride, 1,
```

```
        groups=hidden_dim, bias=False),
14.                     nn.BatchNorm2d(hidden_dim),
15.                     nn.SiLU(),
16.                     # 逐點卷積，作為線性啟動函式使用
17.                     nn.Conv2d(hidden_dim, oup, 1, 1, 0, bias=False),
18.                     nn.BatchNorm2d(oup),)
19.
20.         else:
21.             self.conv = nn.Sequential(
22.                     # 逐點卷積
23.                     nn.Conv2d(inp, hidden_dim, 1, 1, 0, bias=False),
24.                     nn.BatchNorm2d(hidden_dim),
25.                     nn.SiLU(),
26.                     # 逐點卷積
27.                     nn.Conv2d(hidden_dim, hidden_dim, 3, stride, 1,
        groups=hidden_dim, bias=False),
28.                     nn.BatchNorm2d(hidden_dim),
29.                     nn.SiLU(),
30.                     # 逐點卷積，作為線性啟動函式使用
31.                     nn.Conv2d(hidden_dim, oup, 1, 1, 0, bias=False),
32.                     nn.BatchNorm2d(oup), )
33.
34.     def forward(self, x):
35.         if self.use_res_connect:
36.             return x + self.conv(x)
37.         else:
38.             return self.conv(x)
```

如圖 1.60 所示，MobileViT 架構中的 MobileViT Block 的組成分別是 CBS（Conv+BN+SiLU）、Unfold、Transformer Block、Fold、Concat。程式 1.5 是使用 PyTorch 對 MobileViT Block 進行架設的程式。

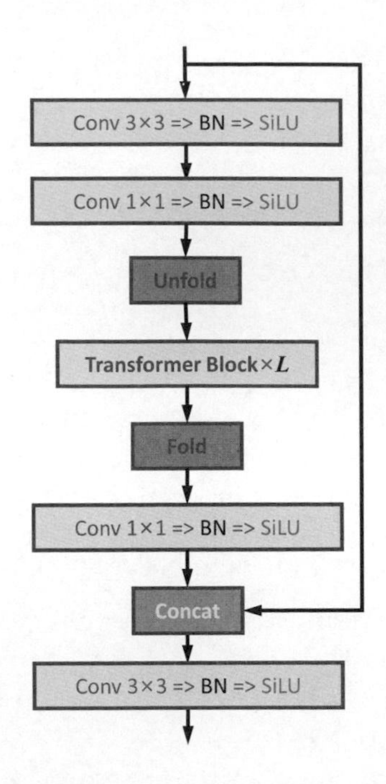

▲ 圖 1.60 MobileViT Block 結構圖

➔ 程式 1.5 MobileViT Block 的架設

```
1.     # LayerNorm 類別
2.     class PreNorm(nn.Module):
3.         def __init__(self, dim, fn):
4.             super().__init__()
5.             self.norm = nn.LayerNorm(dim)
6.             self.fn = fn
7.
8.         def forward(self, x, **kwargs):
9.             return self.fn(self.norm(x), **kwargs)
10.
11.    # FFN 類別，即 MLP Block
12.    class FeedForward(nn.Module):
13.        def __init__(self, dim, hidden_dim, dropout=0.):
14.            super().__init__()
15.            self.net = nn.Sequential(
16.                nn.Linear(dim, hidden_dim),
```

```
17.                 nn.SiLU(),
18.                 nn.Dropout(dropout),
19.                 nn.Linear(hidden_dim, dim),
20.                 nn.Dropout(dropout)
21.             )
22.         def forward(self, x):
23.             return self.net(x)
24.     class Att(nn.Module):
25.         def __init__(self,dim,num_heads=8,qkv_bias=False,qk_scale=None,
        attn_drop=0.,proj_drop=0.):
26.             super().__init__()
27.             self.num_heads = num_heads
28.             head_dim = dim // num_heads
29.             self.scale = qk_scale or head_dim ** -0.5
30.             self.qkv = nn.Linear(in_features=dim, out_features=(dim * 3),
        bias=qkv_bias)
31.             self.attn_drop = nn.Dropout(attn_drop)
32.             self.proj = nn.Linear(in_features=dim, out_features=dim)
33.             self.proj_drop = nn.Dropout(proj_drop)
34.
35.         def forward(self, x):
36.             B, N, C = x.shape
37.             qkv = self.qkv(x).reshape(B,N,3,self.num_heads,C//self.num_
        heads).permute(2,0,3,1,4)
38.             q, k, v = qkv[0], qkv[1], qkv[2]  # make torchscript happy
        (cannot use tensor as tuple)
39.
40.             attn = (q.matmul(k.transpose(-2, -1))) * self.scale
41.             attn = attn.softmax(dim=-1)
42.             attn = self.attn_drop(attn)
43.
44.             x = (attn.matmul(v)).transpose(1, 2).reshape(B, N, C)
45.             x = self.proj(x)
46.             x = self.proj_drop(x)
47.             return x
48.
49.     # MobileViT 所使用的 Transformer 結構
50.     class Transformer_MobileViT(nn.Module):
51.         def __init__(self, dim, depth, heads, dim_head, mlp_dim, dropout=0.):
```

```
52.         super().__init__()
53.         self.layers = nn.ModuleList([])
54.         for _ in range(depth):
55.             self.layers.append(nn.ModuleList([PreNorm(dim,Att(dim,
    heads,dim_head,dropout)),
56.                                             PreNorm(dim,FeedForward
    (dim,mlp_dim,dropout))]))
57.
58.     def forward(self, x):
59.         for attn, ff in self.layers:
60.             x = attn(x) + x
61.             x = ff(x) + x
62.         return x
63.
64. class MobileViTBlock(nn.Module):
65.     def __init__(self, dim, depth, channel, kernel_size, patch_size,
    mlp_dim, dropout=0.):
66.         super().__init__()
67.         self.ph, self.pw = patch_size
68.         self.conv1 = conv_nxn_bn(channel, channel, kernel_size)
69.         self.conv2 = conv_1x1_bn(channel, dim)
70.         self.transformer=Transformer_MobileViT(dim,depth,4,8,mlp_dim,
    dropout)
71.         self.conv3 = conv_1x1_bn(dim, channel)
72.         self.conv4 = conv_nxn_bn(2 * channel, channel, kernel_size)
73.
74.     def forward(self, x):
75.         y = x.clone()
76.         # 卷積以獲取局部資訊
77.         x = self.conv1(x)
78.         x = self.conv2(x)
79.         # 全域資訊的獲取
80.         _, _, h, w = x.shape
81.         # Unfold 操作
82.         x = rearrange(x, ‹b d (h ph) (w pw) -> b (ph pw) (h w) d›,
    ph=self.ph, pw=self.pw)
83.         # transformer 計算，得到 Patch 的全域特徵
84.         x = self.transformer(x)
85.         # Fold 操作
```

```
86.            x = rearrange(x, ‹b (ph pw) (h w) d -> b d (h ph) (w pw)›, h=
     h // self.ph, w=w // self.pw, ph=self.ph, pw=self.pw)
87.            # 局部資訊與全域資訊的融合
88.            x = self.conv3(x)
89.            x = torch.cat((x, y), 1)
90.            x = self.conv4(x)
91.            return x
```

程式 1.6 基於複現的 MobileNet V2 Block 和 MobileViT Block 來實現 MobileViT 的整體架構，如圖 1.49 所示，MobileViT Block 主要插在不同的 MobileNet V2 Block 後面。

這裡也架設了不同規模的 MobileViT 模型，分別是 xxsmall、xsmall 和 small 模型，其 PyTorch 實現如程式 1.6 所示。

➔ 程式 1.6 MobileViT 的架設

```
1.   class MobileViT(nn.Module):
2.       def __init__(self, image_size, dims, channels, num_classes,
     expansion=4, kernel_size=3, patch_size=(2, 2)):
3.           super().__init__()
4.           ih, iw = image_size
5.           ph, pw = patch_size
6.           assert ih % ph == 0 and iw % pw == 0
7.           L = [2, 4, 3]
8.           self.conv1 = conv_nxn_bn(3, channels[0], stride=2)
9.           # MobileNet V2 Block 的建構
10.          self.mv2 = nn.ModuleList([])
11.          self.mv2.append(MV2Block(channels[0], channels[1], 1, expansion))
12.          self.mv2.append(MV2Block(channels[1], channels[2], 2, expansion))
13.          self.mv2.append(MV2Block(channels[2], channels[3], 1, expansion))
14.          self.mv2.append(MV2Block(channels[2], channels[3], 1, expansion))
15.          self.mv2.append(MV2Block(channels[3], channels[4], 2, expansion))
16.          self.mv2.append(MV2Block(channels[5], channels[6], 2, expansion))
17.          self.mv2.append(MV2Block(channels[7], channels[8], 2, expansion))
18.          # MobileViT Block 的建構
19.          self.mvit = nn.ModuleList([])
20.          self.mvit.append(MobileViTBlock(dims[0], L[0], channels[5],
```

```
        kernel_size, patch_size, int(dims[0] * 2)))
21.             self.mvit.append(MobileViTBlock(dims[1], L[1], channels[7],
        kernel_size, patch_size, int(dims[1] * 4)))
22.             self.mvit.append(MobileViTBlock(dims[2], L[2], channels[9],
        kernel_size, patch_size, int(dims[2] * 4)))
23.             self.conv2 = conv_1x1_bn(channels[-2], channels[-1])
24.             self.pool = nn.AvgPool2d(ih // 32, 1)
25.             self.fc = nn.Linear(channels[-1], num_classes, bias=False)
26.
27.         def forward(self, x):
28.             x = self.conv1(x)
29.             x = self.mv2[0](x)
30.
31.             x = self.mv2[1](x)
32.             x = self.mv2[2](x)
33.             x = self.mv2[3](x)
34.
35.             x = self.mv2[4](x)
36.             # 第 1 個 Transformer 插入
37.             x = self.mvit[0](x)
38.
39.             x = self.mv2[5](x)
40.             # 第 2 個 Transformer 插入
41.             x = self.mvit[1](x)
42.
43.             x = self.mv2[6](x)
44.             x = self.mvit[2](x)
45.             x = self.conv2(x)
46.             x = self.pool(x).view(-1, x.shape[1])
47.             x = self.fc(x)
48.             return x
49.
50.     def mobilevit_xxs():
51.         dims = [64, 80, 96]
52.         channels = [16, 16, 24, 24, 48, 48, 64, 64, 80, 80, 320]
53.         return MobileViT((256, 256),dims,channels,num_classes=1000,expansion=2)
54.
55.     def mobilevit_xs():
56.         dims = [96, 120, 144]
```

```
57.         channels = [16, 32, 48, 48, 64, 64, 80, 80, 96, 96, 384]
58.         return MobileViT((256, 256), dims, channels, num_classes=1000)
59.
60.     def mobilevit_s():
61.         dims = [144, 192, 240]
62.         channels = [16, 32, 64, 64, 96, 96, 128, 128, 160, 160, 640]
63.         return MobileViT((256, 256), dims, channels, num_classes=1000)
64.
65.     if __name__ == ‹__main__›:
66.         x = torch.randn(1, 3, 448, 448)
67.         net = mobilevit_xxs()
68.         y = net(x)
```

（4）train 程式的實現。

如程式 1.7 所示，該部分主要對模型訓練期間所使用的最佳化器、損失函式、資料集載入、日誌等進行宣告和使用。在程式 1.7 中，第 20 行是對最佳化器的實例化，供後續程式使用；第 22 行和第 24 行分別是對損失函式與學習率的設置。

同時考慮到權重會不斷地被重複使用，因此在程式 1.7 中也對訓練過程中的權重進行了儲存，具體可以參見第 54 行。

➔ 程式 1.7 訓練部分程式

```
1.      if __name__ == ‹__main__›:
2.          # 建立儲存訓練模型參數的資料夾
3.          save_folder=cfg.SAVE_FOLDER+cfg.model_name
4.          os.makedirs(save_folder, exist_ok=True)
5.          model=Create_Backbone(cfg.model_name, num_classes=cfg.NUM_CLASSES,
        test=True)
6.          if cfg.RESUME_EPOCH:
7.              print( '--------- Resume training from {}  epoch {} ---------' .
        format(cfg.model_name,cfg.RESUME_EPOCH))
8.              model=load_checkpoint(os.path.join(save_folder,›{}.pth›.format
        (cfg.RESUME_EPOCH)))
9.          # 進行多 GPU 的平行計算
10.         if cfg.GPUS > 1:
11.             print( '--------- Using Multiple GPUs to Training ---------' )
12.             model = nn.DataParallel(model, device_ids=list(range(cfg.GPUS)))
```

```
13.         else:
14.             print( '--------- Using Single GPU to Training ---------' )
15.         print("------ Initialize the {} done!!! ------".format(cfg.model_name))
16.         # 把模型放置在 GPU 上進行計算
17.         if torch.cuda.is_available():
18.             model.cuda()
19.         # 定義最佳化器
20.         optimizer = optim.Adam(filter(lambda p: p.requires_grad, model
    .parameters()), lr=cfg.LR)
21.         # 定義損失函式
22.         criterion = nn.CrossEntropyLoss()
23.         # 設置學習率
24.         lr = cfg.LR
25.         # 每個 epoch 含有多少個 BATCH
26.         max_batch = len(train_datasets) // cfg.BATCH_SIZE
27.         epoch_size = len(train_datasets) // cfg.BATCH_SIZE
28.         # 訓練 MAX_EPOCH 個 epoch
29.         max_iter = cfg.MAX_EPOCH * epoch_size
30.         start_iter = cfg.RESUME_EPOCH * epoch_size
31.         epoch = cfg.RESUME_EPOCH
32.         # cosine 學習率調整
33.         warmup_epoch = 5
34.         warmup_steps = warmup_epoch * epoch_size
35.         global_step = 0
36.         # step 學習率調整參數
37.         stepvalues = (10 * epoch_size, 20 * epoch_size, 30 * epoch_size)
38.         step_index = 0
39.         model.train()
40.         for iteration in range(start_iter, max_iter):
41.             global_step += 1
42.             # 更新迭代器
43.             if iteration % epoch_size == 0:
44.                 # create batch iterator
45.                 batch_iterator = iter(train_dataloader)
46.                 loss = 0
47.                 epoch += 1
48.                 # 儲存模型
49.                 if epoch % 5 == 0 and epoch > 0:
50.                     if cfg.GPUS > 1:
```

```
51.                     checkpoint={‹model›: model.module,
52.                                 ‹model_state_dict›:model.module.state_dict(),
53.                                  ‹epoch›: epoch}
54.                     torch.save(checkpoint,os.path.join(save_folder,
    '{}.pth' .format(epoch)))
55.                 else:
56.                     checkpoint = {‹model›: model,
57.                                   ‹model_state_dict›: model.state_dict(),
58.                                   ‹epoch›: epoch}
59.                     torch.save(checkpoint,os.path.join(save_folder,
    '{}.pth' .format(epoch)))
60.         if iteration in stepvalues:
61.             step_index += 1
62.         lr = adjust_learning_rate_step(optimizer, cfg.LR, 0.1, epoch,
    step_index, iteration, epoch_size)
63.         images, labels = next(batch_iterator)
64.         # PyTorch 0.4 之後將 Variable 與 Tensor 進行了合併，故這裡無須進行
    Variable 封裝
65.         if torch.cuda.is_available():
66.             images, labels = images.cuda(), labels.cuda()
67.         out = model(images)
68.         loss = criterion(out, labels.long())
69.         loss.requires_grad_(True)
70.         optimizer.zero_grad()      # 清空梯度資訊，否則在每次進行反向傳播時都會累加
71.         loss.backward()            # loss 反向傳播
72.         optimizer.step()           # 梯度更新
73.         prediction = torch.max(out, 1)[1]
74.         train_correct = (prediction == labels).sum()
75.         # 這裡得到的 train_correct 的類型是 longtensor 型，需要轉為 float 型
76.         train_acc = (train_correct.float()) / cfg.BATCH_SIZE
77.         # 每迭代 10 次，進行一次訓練 log 輸出
78.         if iteration % 10 == 0:
79.             print( 'Epoch:'  + repr(epoch) + ‹ || epochiter: ‹ + repr
    (iteration % epoch_size) +  '/'  + repr(epoch_size)+ ‹|| Totel iter ‹ +
    repr(iteration) +  ' || Loss: %.6f||'  % (loss.item()) + ‹ACC: %.3f ||› % (tr
    ain_acc * 100) +  'LR: %.8f'  % (lr))
```

（5）中間特徵的視覺化。

人們可能一直以為神經網路是個黑盒子，其實如果針對其特徵進行分析，那麼它還是有一定的規律可循的。如圖 1.61 所示，對於中間層特徵，不同通道學習到的結果可能不一樣，如第 3 行第 3 列學習到的原始影像的邊緣資訊更多一些。

基於前面提到的特徵視覺化，這裡基於訓練完成的 PyTorch 模型和影像實現特徵的視覺化，如程式 1.8 所示：首先載入模型，其次前置處理如圖 1.61 所示的影像，然後進行前向推理並獲取模型最後一層的特徵，最後繪製中間特徵的視覺化結果。

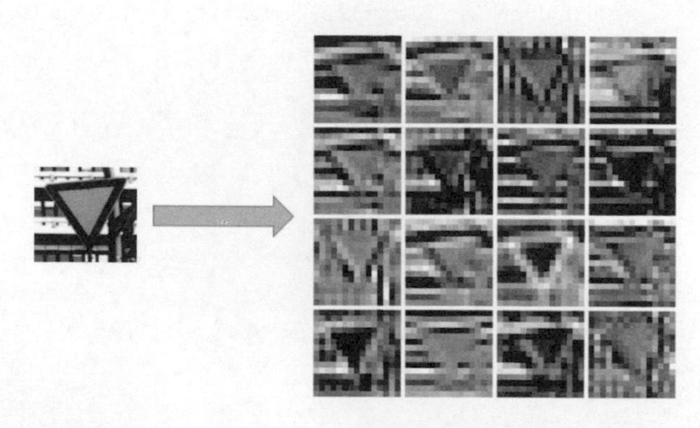

▲ 圖 1.61 影像的中間層特徵的視覺化結果

➔ 程式 1.8 中間層特徵的視覺化

```
1.      def draw_features(width, height, channels, x, savename):
2.          fig = plt.figure(figsize=(32, 32))
3.          fig.subplots_adjust(left=0.05, right=0.95, bottom=0.05, top=0.95,
        wspace=0.05, hspace=0.05)
4.          for i in range(channels):
5.              plt.subplot(height, width, i + 1)
6.              plt.axis(‹off›)
7.              img = x[0, i, :, :]
8.              pmin = np.min(img)
9.              pmax = np.max(img)
10.             img = (img - pmin) / (pmax - pmin + 0.000001)
```

```
11.             plt.imshow(img, cmap=›gray›)
12.         fig.savefig(savename, dpi=300)
13.         fig.clf()
14.         plt.close()
15.
16.     def predict(model):
17.         model = load_checkpoint_eval(model)
18.         if torch.cuda.is_available():
19.             model.cuda()
20.         img = Image.open(img_path).convert(‹RGB›)
21.         img = get_test_transform(size=cfg.INPUT_SIZE)(img).unsqueeze(0)
22.         if torch.cuda.is_available():
23.             img = img.cuda()
24.         with torch.no_grad():
25.             x = model.features[:1](img)
26.             draw_features(4, 4, 16,  x.cpu().numpy(), "./Visualization
    /features_show.png")
```

1.6 本章小結

本章主要介紹了電腦視覺與神經網路的相關基礎概念，包括類神經網路、卷積神經網路等相關的概念與原理；同時針對當下在電腦視覺領域應用比較流行的經典骨幹模型進行了詳細的講解，如 ResNet、DarkNet、CSPDarkNet 等。

另外，考慮針對不同人工智慧邊緣裝置的算力不同，甚至很多裝置的算力比較低，這裡也介紹了一些諸如 MobileNet 系列、ShuffleNet 系列和 GhostNet 等輕量化模型，以供邊緣裝置的實作和部署。

近兩年，Vision Transformer 在電腦視覺領域大放異彩，在很多相關的垂直領域，如影像分類與辨識、物件辨識、語義分割、實例分割、3D 物件辨識等，Vision Transformer 相較於卷積神經網路有明顯的精度提升。因此，本章介紹了幾個比較經典的 Vision Transformer 骨幹模型。

本章最後透過一個簡單的交通號誌辨識結合 ResNet 與 MobileViT 骨幹模型的專案實踐來加深讀者對 ResNet 與 MobileViT 等骨幹模型的應用和理解。

第 2 章 物件辨識在自動駕駛中的應用

自動駕駛中的感知模組透過影像或視訊資料來了解車輛周圍的環境，具體涉及的任務包括行人檢測、車輛檢測、障礙物檢測、交通號誌檢測與辨識等，這些任務涉及的電腦視覺技術均是透過物件辨識來執行的。

隨著 Faster-RCNN 等物件辨識演算法的出現，2D 物件辨識達到了空前的繁榮，各種新的物件辨識演算法不斷湧現，其中不僅有兩階段的物件辨識演算法，還有後來超越的單階段物件辨識演算法，可以說「百花齊放、百家爭鳴」。

但是在自動駕駛的應用場景下，普通 2D 物件辨識有時並不能提供感知環境所需的全部資訊，因為 2D 物件辨識僅能提供目標物體在二維影像中的位置和對應類別的置信度。但是在真實的三維世界中，物體都是有三維形狀的，大部分應用都需要有目標物體的長、寬、高和偏航角等資訊。這時就需要 3D 物件辨識的加入，只有這樣才能進一步完善自動駕駛系統的架設。本章就詳細講解 2D 和 3D 物件辨識在自動駕駛系統中的應用。

2.1 物件辨識簡介

2.1.1 相關工作簡介

2001 年出現的 Viola-Jones 物件辨識器主要用於人臉檢測。Viola-Jones 物件辨識器結合了 Haar-like 特徵、積分影像、Adaboost 和串聯分類器等多種技術。Viola-Jones 物件辨識器首先透過在輸入影像上滑動一個視窗來搜尋 Haar-like 特徵，並使用積分影像進行計算；然後使用訓練好的 Adaboost 找到每個 Haar-like 特徵對應的分類器，並將它們串聯起來。Viola-Jones 物件辨識器非常高效，可以在小型裝置中使用。

2005 年，Dalal 和 Triggs 提出了定向梯度長條圖（HOG）特徵描述符號，用於提取物件辨識的特徵。HOG 提取梯度及其邊緣方向以建立特徵表：影像首先被劃分為網格，然後使用特徵表為網格中的每個單元建立長條圖。為感興趣區域生成 HOG 特徵並輸入線性 SVM 分類器進行檢測。該檢測器的推出主要是用於行人檢測的，也可以用來檢測其他目標。

Felzenszwalb 等人介紹了可變形部件模型（DPM），並成為 2009 年 Pascal VOC 挑戰賽的獲勝者。DPM 對物體的單一「部件」進行檢測，並獲得了比 HOG 更高的準確度。DPM 遵循分而治之的理念，在推理期間單獨檢測目標的一部分，並將它們的可能排列標記為目標。舉例來說，人體可以認為是頭部、手臂、腿和軀幹等部分的集合。DPM 首先分配一個模型來捕捉整幅影像中的一部分，並對所有這些部分重複該過程；然後刪除那些「部件」組合不太可能的結果。

2.1.2 兩階段物件辨識演算法簡介

1．R-CNN

Rich feature hierarchies for accurate object detection and semantic segmentation 是 R-CNN 系列中的第一篇論文，展示了如何使用 CNN 來極大地提高物件辨識器的性能。R-CNN 使用區域候選模組與 CNN 將物件辨識問題轉

為分類和定位問題。

如圖 2.1 所示，R-CNN 依舊延續了傳統物件辨識思想，首先透過選擇性搜尋演算法產生候選區域，然後透過 CNN 對每個候選區域進行特徵提取，最後對候選區域的特徵使用 SVM 分類器和回歸器進行分類與回歸。

▲ 圖 2.1 R-CNN 架構流程圖

R-CNN 促使物件辨識領域迎來了新的浪潮，但它依舊存在一些問題。首先，R-CNN 是需要多階段訓練才可以完成的，需要很長的訓練時間；其次，R-CNN 涉及使用全連接，因此要求輸入尺寸固定，這也造成了其檢測準確度的降低；最後，候選區域需要快取，佔用空間比較大。

2．SPP-Net

何凱明等人在論文 *Spatial Pyramid Pooling in Deep Convolutional Networks for Visual Recognition* 中提出使用空間金字塔池化（SPP）層來處理任意大小或長寬比的影像來解決 R-CNN 中的全連接導致的固定輸入問題。如圖 2.2 所示，SPP-Net 在 CNN 的最後一層添加了空間金字塔池化 SPP 層。空間金字塔池化 SPP 層首先將待處理的影像特徵在多尺度上劃分為多個網格，然後對每個網格進行池化操作，最後將每個池化的結果拼接在一起形成一個固定長度的特徵向量，並送入全連接層，從而使 CNN 能夠獨立於影像的大小 / 長寬比，並減小了計算量。

如圖 2.2 所示，SPP-Net 依舊使用選擇性搜尋演算法生成候選區域。這裡特徵圖的提取是透過 ConvNet 在影像上進行一次性提取，並使用候選區域在特徵圖上獲取的，而不像 R-CNN 那樣，對每個候選區域進行特徵提取，這樣大大減小了模型的計算量。這裡的特徵提取網路是 ZF-5 網路。

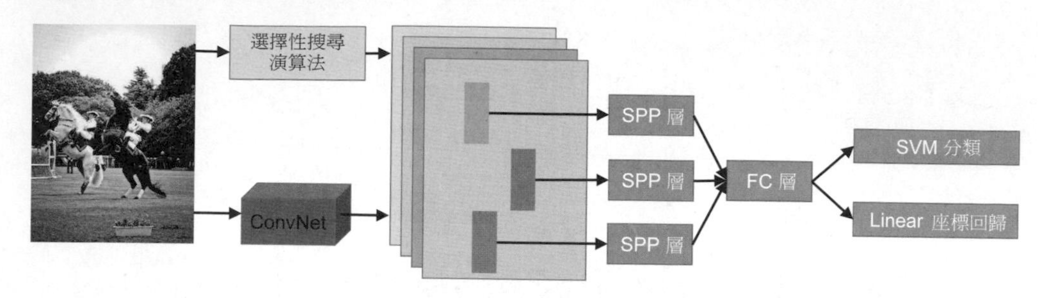

▲ 圖 2.2 SPP-Net 架構流程圖

與 R-CNN 架構類似，SPP-Net 作為後處理層透過邊界框回歸來改善定位效果。SPP-Net 依舊使用相同的多階段訓練過程，微調只在全連接層上進行。

SPP-Net 的訓練速度和推理速度都比 R-CNN 模型快得多，且具有相當高的準確度。SPP-Net 可以處理任何大小 / 長寬比的影像，從而避免由於輸入扭曲而導致目標變形的情況。然而，由於其架構類似 R-CNN，所以它也具有 R-CNN 的缺點，如多階段訓練、計算量大和訓練時間長等。

3．Fast R-CNN

R-CNN 或 SPP-Net 的主要問題之一是多階段訓練。Fast R-CNN 透過建立一個點對點的訓練系統解決了這個問題。Fast R-CNN 首先將影像及其目標候選區域作為輸入，影像透過一組卷積層，並將目標候選區域映射到所獲得的特徵圖上（Girshick 還將 SPP-Net 中的 SPP 層替換為 RoI 池化層）；然後將得到的特徵經過全連接層後送入分類層和一個邊界框回歸層。另外，Fast R-CNN 將邊界框回歸損失從 L2 損失更改為 Smooth-L1 損失，以獲得更好的性能，同時引入了多工損失來訓練網路。

如圖 2.3 所示，Fast R-CNN 還使用了當時最先進的預訓練模型（如 AlexNet、VGG 和 CaffeNet）的修改版本作為主幹網絡 ConvNet 來提取特徵。Fast R-CNN 透過隨機梯度下降（SGD）和 Mini-Batchsize 進行訓練最佳化。

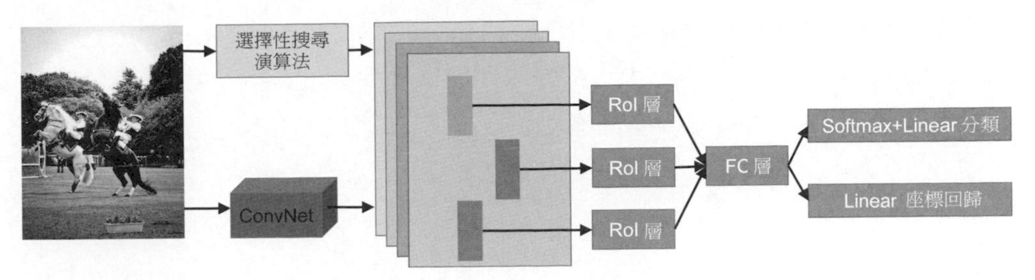

▲ 圖 2.3 Fast R-CNN 架構流程圖

Fast R-CNN 的提出是為了提高模型推理速度的，而準確度的提高是補充性的。Fast R-CNN 簡化了訓練過程，移除了 SPP 層並引入了新的損失函式。在沒有 RPN（區域候選網路）的情況下，物件辨識器實現接近即時的檢測速度，並且具有較高的準確度。

4．Faster R-CNN

儘管 Fast R-CNN 更接近即時物件辨識，但它的目標候選區域的生成速度仍然比較慢。Ren 等人提出使用卷積網路作為 Faster R-CNN 中的 RPN，採用任意輸入影像並輸出一組候選區域。每個候選區域都有一個相關的目標分數，該目標分數是用來描述目標的可能性的。

如圖 2.4 所示，與 ResNet、DPM、Fast R-CNN 等使用影像金字塔解決目標大小差異不同的問題相比，RPN 引入了 Anchor Box（錨框），使用多個具有不同長寬比的邊界框，並對它們進行回歸以定位目標。

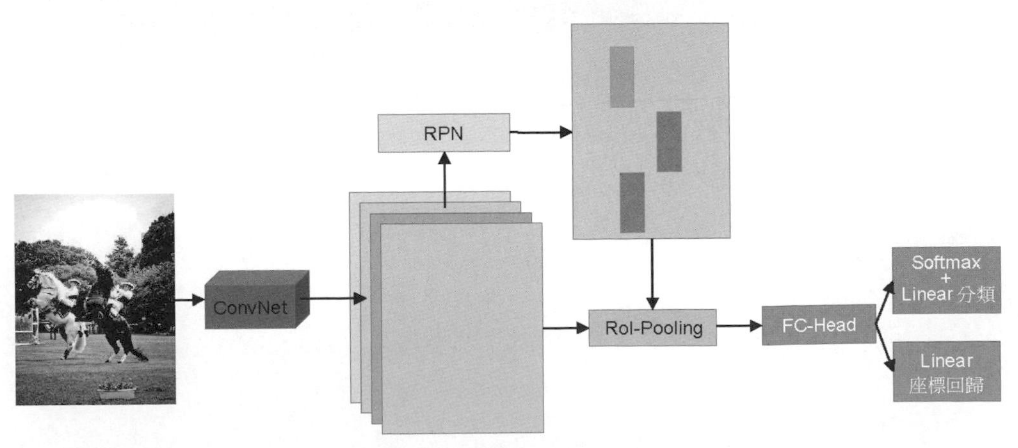

▲ 圖 2.4 Faster R-CNN 架構流程圖

簡要地說，Faster R-CNN（出自論文 *Faster R-CNN: Towards Real-Time Object Detection with Region Proposal Networks*）本質上是使用 RPN 作為區域候選模組的 Fast R-CNN。由於兩個執行不同任務的模型之間存在共用層，所以 Faster R-CNN 的訓練更加複雜。首先，RPN 在 ImageNet 資料集上進行預訓練，並在 Pascal VOC 資料集上進行微調；然後，訓練 Fast R-CNN，進而微調 RPN，得到最終的物件辨識器。

Faster R-CNN 將檢測準確度提高了 3% 以上，並且推理時間大幅減少。Faster R-CNN 改善了獲取候選區域的速度瓶頸。在候選區域中使用 CNN 的另一個優點是它可以學習生成更好的候選區域，從而提高物件辨識的準確度。

5．R-FCN

戴季峰等人在論文 *R-FCN: Object Detection via Region-based Fully Convolutional Networks* 中提出了基於區域的全卷積網路（R-FCN），它在網路內共用幾乎所有的計算，這與之前的兩階段物件辨識器不同。R-FCN 反對使用全連接層，而全部使用卷積層，因為全連接層會導致物件辨識網路的位置敏感性較差。

戴季峰等人建議使用位置敏感的分數圖，來解決物件辨識網路缺乏位置敏感性的問題。這些敏感的分數圖對相對空間資訊進行編碼，並匯集以辨識精確的定位。R-FCN 透過將感興趣區域劃分為 $k \times k$ 網格，並使用檢測類特徵圖對每個儲存格的可能性進行評分來做到這一點。這些分數圖上的分數被平均後用於預測目標類別。

如圖 2.5 所示，R-FCN 物件辨識器是 4 個卷積網路的組合。輸入影像首先透過 ResNet 提取特徵圖，然後被傳遞到 RPN 中以辨識 RoI 候選區域，而最終輸出透過卷積層的進一步處理後輸入分類器和回歸器中。分類層將生成的位置敏感圖與 RoI 候選區域相結合以生成預測，而回歸網路則輸出邊界框細節。

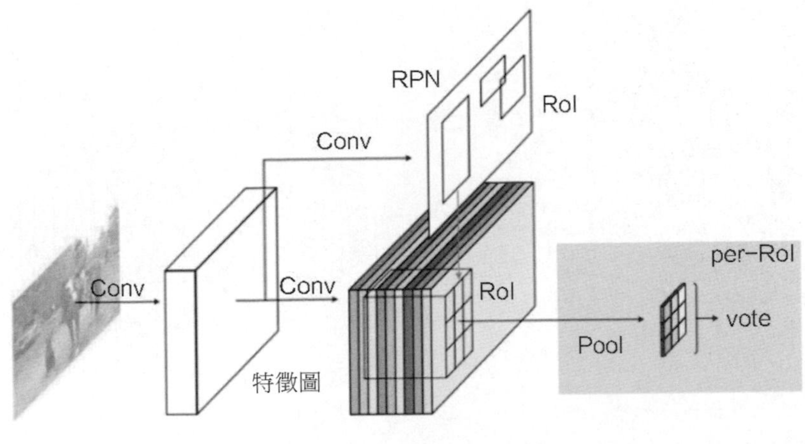

▲ 圖 2.5 R-FCN 的結構

R-FCN 以與 Faster R-CNN 類似的 4 步方式進行訓練，同時使用組合的交叉熵和邊界框回歸損失。R-FCN 還在訓練過程中採用線上困難樣本挖掘（OHEM）演算法。

R-FCN 結合了 Faster R-CNN 和 FCN 的優點，可以實現更快、更準確的檢測器。儘管 R-FCN 的準確度並沒有提高多少，但它比同類演算法快 2.5 ～ 20 倍。

6．Mask R-CNN

Mask R-CNN 在 Faster R-CNN 的基礎上進行了擴展，添加了一個像素級實例分割的分支。該分支是應用在 RoI 上的全連接網路，用於將每像素分類為具有很低的整體計算成本的部分。Mask R-CNN 使用類似 Faster R-CNN 的架構來進行目標提取，但它添加了一個與分類器和邊界框回歸器 Head 並行的 Mask Head。

如圖 2.6 所示，Mask R-CNN 相較於 Faster R-CNN 的主要區別是它使用 RoIAlign 層而非 RoIPool 層，以避免由於空間量化導致的像素級錯位情況。何凱明等人選擇 ResNext101 作為其 Backbone 網路；選擇 Feature Pyramid Network（FPN）作為 Neck，以獲得更高的準確度和速度。Faster R-CNN 的損失函式使用 Mask 損失進行更新。Mask R-CNN 的整體訓練過程類似 Faster R-CNN。

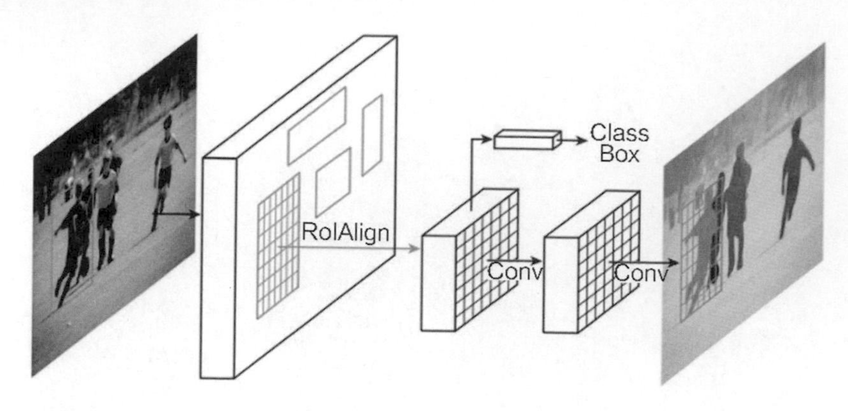

▲ 圖 2.6 Mask R-CNN 的結構

Mask R-CNN 比現有的最先進的單模型架構表現更好，它增加了實例分割的額外功能，計算銷耗很小。它易於訓練、靈活，且在關鍵點檢測、人體姿態估計等應用中具有很高的泛化性。

7．DetectoRS

許多當前的兩階段物件辨識器（如 Faster R-CNN、Cascade R-CNN）都使用先生成區域框，然後細化這些框的機制，即先計算目標建議，然後使用它們來提取特徵以檢測目標。*DetectoRS: Detecting Objects with Recursive Feature Pyramid and Switchable Atrous Convolution* 論文中提出的方法在網路的巨觀和微觀層面都應用了這種機制。

在巨觀層面，DetectoRS 提出了遞迴特徵金字塔（RFP）。RFP 由多個特徵金字塔網路（FPN）堆疊而成，將回饋連接添加到 FPN 自下而上的過程中。FPN 層的輸出在傳遞到下一個 FPN 層之前由 Atrous 空間金字塔池化（ASPP）層來處理。Fusion 模組用於透過建立注意力圖來組合來自不同模組的 FPN 輸出。

在微觀層面，DetectoRS 提出了可切換的空洞卷積（SAC），用來調節卷積的空洞率，並採用平均池化層、5×5 濾波器和 1×1 卷積作為切換函式來決定空洞卷積的空洞率，幫助骨幹網路動態檢測各種尺度的目標。

另外，DetectoRS 還將 SAC 設計在兩個全域上下文模組之間，有助實現更穩定的切換。RFP 和 SAC 的組合設計產生了 DetectoRS。DetectoRS 的提出者將上述技術與 Hybrid Task Cascade（HTC）相結合作為 Baseline 模型。

DetectoRS 結合了多個系統以提高物件辨識器的性能，並為兩階段物件辨識器設定了先進的技術。它的 RFP 和 SAC 模組都具有很高的泛化性，可用於其他物件辨識模型。但是，它不適合進行即時檢測，因為它每秒鐘只能處理大約 4 幀 (英文為 Frame，又稱「影格」，本書使用「幀」) 資料。

2.1.3 單階段物件辨識演算法簡介

1．YOLOv1

兩階段物件辨識器將物件辨識作為一個分類問題來解決，一個模組提取出一些候選區域，網路將其分類為目標或背景。然而，*You Only Look Once: Unified, Real-Time Object Detection* 論文中提出的方法 YOLOv1 將其重構為回歸問題，直接將影像像素預測為目標及其邊界框屬性。

如圖 2.7 所示，在 YOLOv1 中，輸入影像被劃分為一個 $S \times S$ 網格，目標中心所在的儲存格負責檢測目標。一個儲存格預測多個邊界框，每個預測陣列由 5 個元素組成：邊界框的中心 (x,y)、框的維度 (w,h) 和置信度分數。

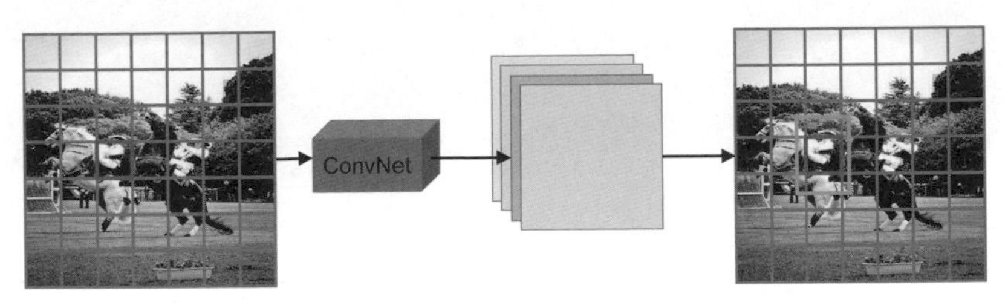

▲ 圖 2.7 YOLOv1 的結構

YOLOv1 的設計靈感來自 GoogLeNet 模型，該模型使用較小卷積網路的串聯模組。它首先在 ImageNet 資料集上進行預訓練，直到模型達到高準確度，然後透過添加隨機初始化的卷積層和全連接層進行微調。

YOLO 在準確度和速度上都以巨大的優勢超越當時的兩階段即時模型。然而，YOLO 也有明顯的缺點，即小目標或聚集目標的定位準確度不是很高。

2．SSD

SSD（Single Shot MultiBox Detector）是第一個可以與 Faster R-CNN 等兩階段物件辨識器的準確度相媲美的單階段物件辨識器，同時保持即時的檢測速度。

圖 2.8 所示為 SSD 的結構，它是基於 VGG-16 建構的。在模型的淺層，SSD 可以檢測到較小的目標；而對於較深的層，SSD 可以檢測到較大的目標。

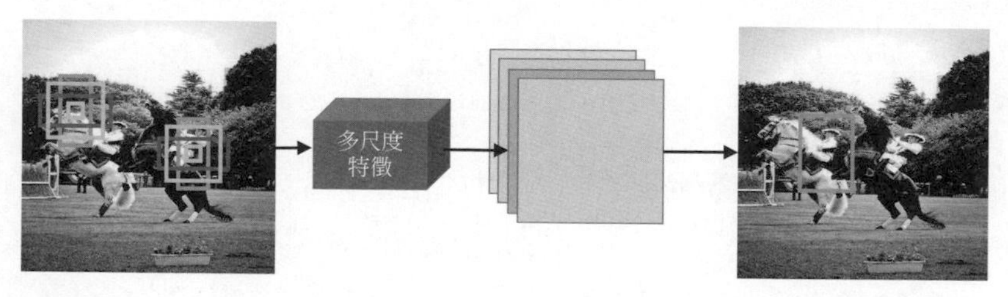

▲ 圖 2.8 SSD 的結構

在訓練期間，SSD 將每個 Ground Truth 框（標注框）與具有最佳 Jaccard 重疊的預設框相匹配，並相應地訓練網路，類似 Multi-Box。SSD 的提出者還使用了困難負樣本挖掘和大量的資料增強方法。與 DPM 類似，SSD 利用定位和置信度損失的加權和作為總的損失值來訓練、監督模型，並透過執行非最大抑制來獲得最終輸出。

儘管 SSD 比 YOLO 和 Faster R-CNN 等網路明顯更快、更準確，但 SSD 在檢測小目標方面依舊存在困難。這個問題後來透過使用更好的骨幹網路架構（如 ResNet）和其他改進方法來解決。

3 · YOLOv2

如圖 2.9 所示，YOLOv2（出自論文 *YOLO9000: Better, Faster, Stronger*）對 YOLOv1 進行了改進。YOLOv2 實現了速度和準確度之間良好的平衡。YOLOv2 用 DarkNet19 作為骨幹網路架構。YOLOv2 結合了許多令人印象深刻的技術，如結合批標準化（BN）以提高其收斂性，採用分類和檢測系統的聯合訓練以增加檢測類別，移除全連接層以提高其速度，使用學習的 Anchor Box 來提高召回率並獲得更好的先驗等專案技巧。

Redmon 等人還使用 WordNet 將分類和檢測資料集組合在層次結構中。此 WordTree 可用於預測更高的上位詞條件機率，從而提高系統的整體性能。

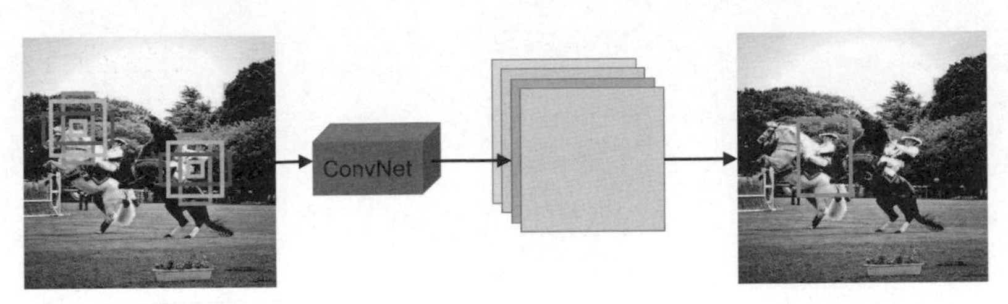

▲ 圖 2.9 YOLOv2 的結構

YOLOv2 在速度和準確度的平衡上提供了更高的靈活性，並且新模型架構的參數更少，性能更高。

4 · YOLOv3

如圖 2.10 所示，YOLOv3（出自論文 *YOLOv3: An Incremental Improve ment*）與之前的 YOLOv1、YOLOv2 相比有「增量改進」。Redmon 等人用更大的 Darknet53 網路替換了原始的 Darknet19 特徵提取網路。

這裡的 DarkNet53 相對於 DarkNet19 主要是增加了殘差結構，緩解了因網路過深帶來的梯度消失問題，這樣便可以架設更深的網路模型。

Redmon 等人還結合了各種技術，如數據增強、多尺度訓練、批標準化等。YOLOv3 的分類層中的 Softmax 被邏輯分類器取代。儘管 YOLOv3 的推理速度比 YOLOv2 更快，但在其他方面，它沒有突破性的變化。

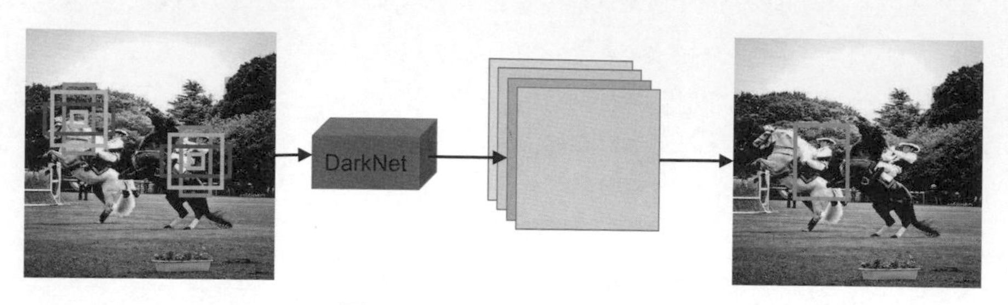

▲ 圖 2.10 YOLOv3 的工作流程

5．CenterNet

CenterNet（出自論文 *Objects as Points*）採用一種不同的方法：將目標建模為點，而不用傳統的邊界框來表示。CenterNet 將目標預測為邊界框中心的單一點。

如圖 2.11 所示，輸入影像透過高斯半徑生成機率熱度圖，其峰值對應檢測到的目標中心。CenterNet 使用 ImageNet 預訓練的 DLANet 作為特徵提取網路，並具有 3 個 Head——Heatmap Head 用於確定目標中心，Dimension Head 用於估計目標大小，Offset Head 用於校正目標點的偏移量。這 3 個 Head 的多工損失在訓練時被反向傳播到特徵提取器中。

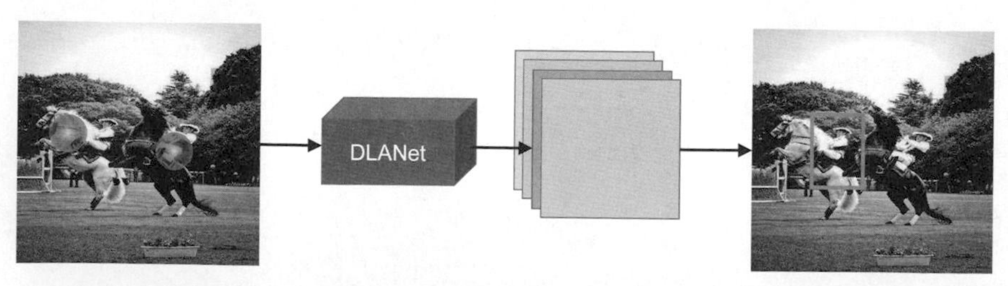

▲ 圖 2.11 CenterNet 的結構

CenterNet 帶來了全新的角度，它比之前的物件辨識演算法更準確、推理時間更短。它對 3D 物件辨識、關鍵點估計、實例分割等多項任務具有高準確度。然而，它需要不同的骨幹網路架構，因為它與其他物件辨識器配合良好的通用架構會導致其性能不佳，反之亦然。

6．EfficientDet

如圖 2.12 所示，EfficientDet（出自論文 *EfficientDet: Scalable and Efficient Object Detection*）建構了具有更高準確度和效率的可擴展的物件辨識器，並引入了高效的多尺度特徵、BiFPN 層和模型縮放技術。BiFPN 是具有可學習權重的雙向特徵金字塔網路，用於在不同尺度上將輸入特徵進行交叉連接。EfficientDet 透過刪除一個輸入節點並添加額外的橫向連接來改進需要大量訓練且具有複雜結構的 NAS-FPN，這消除了效率較低的節點，並增強了特徵融合。

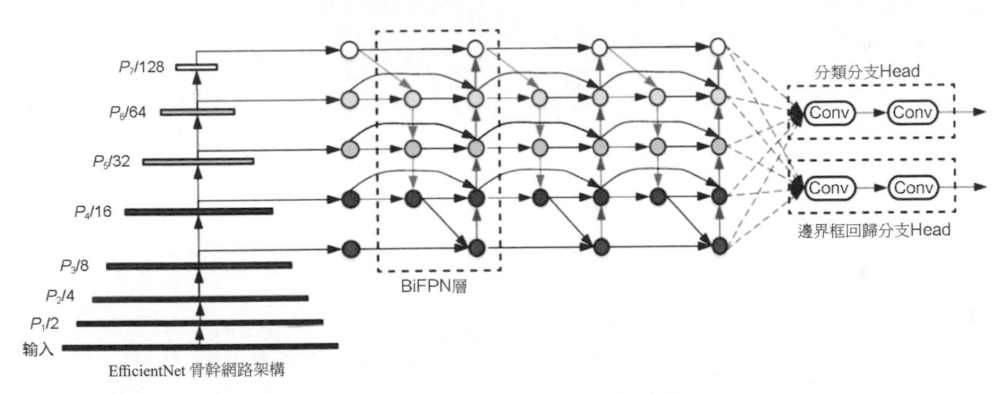

▲ 圖 2.12 EfficientDet 的結構

與現有物件辨識器透過更大、更深的骨幹網路或堆疊 FPN 層進行擴展不同，EfficientDet 引入了一個複合係數，可用於聯合擴展骨幹網路、BiFPN 網路、分類 / 框預測網路和解析度的所有維度。

EfficientDet 使用 EfficientNet 作為骨幹網路，將多組 BiFPN 層串聯堆疊起來作為特徵提取網路。最終 BiFPN 層的每個輸出都被同時送給分類網路和框預測網路。該模型使用 SGD 最佳化器和同步批標準化進行訓練，並使用 Swish 啟動函式，而非標準的 ReLU 啟動函式。Swish 啟動函式可微、更有效且具有更高的性能。

EfficientDet 相較於之前的物件辨識器實現了更高的效率和準確度，同時，它的體積更小且計算成本更低。此外，EfficientDet 更易於擴展，可以極佳地推廣到其他任務，並且是當時單階段物件辨識中最先進的檢測模型。

7．YOLOv4

YOLOv4（出自論文 *YOLOv4: Optimal Speed and Accuracy of Object Detection*，以下簡稱 *YOLOv4*）結合許多技巧設計了一種快速且易於訓練的物件辨識器。該物件辨識器可以在現有的生產系統中工作。YOLOv4 使用了「Bag of Freebies」方法，即只增加訓練時間而不影響推理時間的方法。具體來說，YOLOv4 使用了諸如資料增強技術、正則化方法、類標籤平滑、CIoULoss、Cross mini-Batch Normalization（CmBN）、自對抗訓練、餘弦退火演算法等來提高其最終的性能。

另外，YOLOv4 還使用了「Bag of Specials」方法，即僅影響推理時間的方法，具體包括 Mish 啟動函式、跨階段部分連接（CSP）、SPP-Block、PAN 路徑聚合塊、多輸入加權殘差連接（MiWRC）等。同時，YOLOv4 使用遺傳演算法搜尋超參數。

如圖 2.13 所示，YOLOv4 包含 CSPDarkNet 骨幹網路、PAFPN 模組和 YOLOv3 檢測 Head。

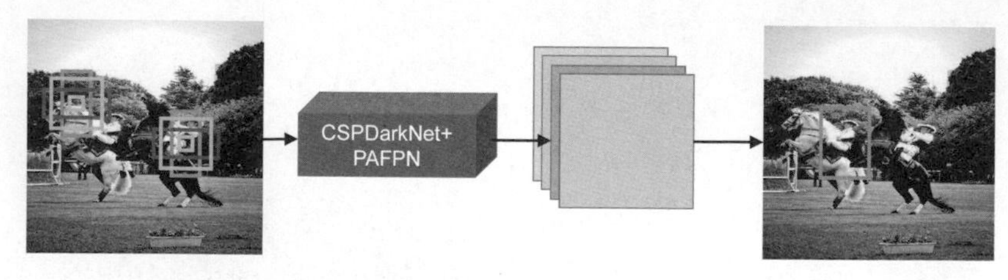

▲ 圖 2.13 YOLOv4 的結構

前面介紹的物件辨識演算法都是比較經典且具有代表性的。對於本部分內容，從前端科學研究和專案實作均衡的角度選擇當下常使用、前端的檢測演算法，因此，共選出 YOLOv5、YOLOX、YOLOv5-Lite、NanoDet 幾種物件辨識演算法來進行實際的講解、分析和相應專案的實踐簡要說明。

2.2 自動駕駛中的車輛檢測

自動駕駛中的車輛檢測涉及從車輛感測器中收集資料，並將資料處理成對車輛四周環境的理解，這與人類駕駛員的視覺感觀非常相似。車輛檢測是 ADAS 感知模組的重要組成部分，一個 ADAS 系統的車輛檢測決定了整個自動駕駛系統的安全性。

2.2.1 BDD100K 資料集簡介

資料集推動了電腦視覺的進步，而自動駕駛是電腦視覺至關重要的應用，但現有公開的自動駕駛資料集還很匱乏。隨著自動駕駛技術的不斷推進，駕駛影像也正變得越來越豐富，但是，由於使用標注工具進行標注的速度慢、標注的成本很高，導致標注資料的增長無法滿足 AI（人工智慧）模型對巨大資料量的需求。

為了解決上述問題，同時讓更多的研究人員可以更進一步地探索自動駕駛的前端演算法，BAIR 實驗室的研究人員利用真實的駕駛平臺收集和整理了一個資料集。該資料集中的資料有 4 個主要特點：大規模、多樣化、街景擷取、具有時間資訊。這裡的資料多樣化對於測試感知演算法的堅固性非常重要。

因此，在 Nexar 的幫助下，BAIR 發佈了 BDD100K 資料集，這是迄今為止用於電腦視覺領域的最大、最多樣化的開放駕駛視訊資料集。該專案由伯克利 DeepDrive 產業聯盟組織和贊助，該聯盟研究電腦視覺和機器學習在汽車應用中的最新技術。

BDD100K 資料集比以前的自動駕駛資料集在數量上高了一個數量級，由超過 10 萬幀視訊組成，這些視訊幀帶有各種標注資訊，包括影像級標記、目標邊界框、可駕駛區域、道路標線標記和全幀實例分割。該資料集具有地理、環境和天氣的多樣化特點，這對於訓練模型很有價值，因此它對新的環境也有更好的堅固性。BDD100K 資料集標注資訊如圖 2.14 所示。

與不包括不同場景類型和條件的現有流行自動駕駛資料集（如 Cityscapes 或 Camvid）相比，BDD100K 資料集具有多樣性的優勢，因為它包含有關天氣條件、白天和場景位置的資訊。其檢測標注的類別有「bike」、「bus」、「car」、「motor」、「person」、「rider」、「light」、「sign」、「train」和「truck」。

▲ 圖 2.14 BDD100K 資料集標注資訊

2.2.2 YOLOv5 演算法的原理

前面介紹了對應的資料集，這裡介紹物件辨識領域性能比較好的一種物件辨識演算法——YOLOv5。YOLOv5 在速度和準確度上能夠做到很好的平衡，即可以在保證速度的同時達到很好的準確度。

YOLOv5 是基於 Anchor Box 的單階段物件辨識演算法，其主要分為以下 5 部分。

- 輸入端：進行 Mosaic 資料增強、自我調整 Anchor Box 計算、自我調整影像縮放。
- Backbone：提取高、中、低層的特徵，使用 CSP 結構、SiLU 等操作。
- Neck：使用 FPN+PAN 結構，將各層次的特徵進行融合，並提取出大、中、小特徵圖。

- Head：進行最終檢測，在特徵圖上應用 Anchor Box，並生成帶有類別機率、類別得分和目標框的最終輸出向量。
- 損失函式：計算預測結果與 Ground Truth 之間的損失。

1．輸入端

1）Mosaic 資料增強

Mosaic 資料增強參考 2019 年年底提出的 CutMix 資料增強方式，但 CutMix 只使用了 2 幅影像進行拼接，而 Mosaic 資料增強則使用了 4 幅影像，以隨機縮放、隨機裁剪、隨機排列的方式進行拼接。

▲ 圖 2.15 CutMix 資料增強與 Mosaic 資料增強

使用 Mosaic 資料增強主要有以下 2 個優點。

- 豐富資料集：隨機使用 4 幅影像，隨機縮放，並隨機分佈拼接，大大豐富了物件辨識的資料集，特別是隨機縮放增加了很多小目標，讓網路模型對於小目標的堅固性變得更好。
- 減少 GPU 的使用：Mosaic 資料增強可以在單影像尺度的情況下直接計算 4 幅影像的資料，使得批次大小並不需要很大，即使用 1 個 GPU 就可以達到比較好的收斂效果。

2）自我調整 Anchor Box 計算

在 YOLOv3、YOLOv4 中，當訓練不同的資料集時，計算初始 Anchor Box 的值是透過單獨的程式執行的。但 YOLOv5 將此功能嵌入程式中，每次訓練時都會自我調整地計算不同訓練集中的最佳 Anchor Box。

自我調整計算 Anchor Box 的流程如下。

（1）載入資料集，得到資料集中所有資料的 w、h。

（2）將每幅影像中 w、h 的最大值等比例縮放到指定大小，較小邊也相應縮放。

（3）將 bboxes 由相對座標改成絕對座標（乘以縮放後的 w、h）。

（4）篩選 bboxes，保留 w、h 都大於或等於 2 的 bboxes。

（5）使用 K 平均值聚類演算法得到 n 個 Anchor Box。

（6）使用遺傳演算法隨機對 Anchor Box 的 w、h 進行變異，如果變異後效果變得更好，就將變異後的結果賦給 Anchor Box；如果變異後效果變差，就跳過。

3）自我調整影像縮放

在常用的物件辨識演算法中，不同影像的 w、h 值都不相同，因此常用的方式是先將原始影像統一縮放為一個標準尺寸，再送入檢測網路中。

前期 YOLO 演算法中常用 416×416、608×608 等尺寸，如對 800×600 的影像進行縮放和填充。如圖 2.16 所示，YOLOv5 的提出者認為，在專案實際應用時，很多影像的長寬比不同，因此在直接進行縮放和填充後，兩端的灰邊大小會不同，而如果填充得比較多，則存在資訊容錯，也可能會影響推理速度。

▲ 圖 2.16 前期 YOLO 演算法中的影像縮放

YOLOv5 對 Letterbox 函式進行了修改，對原始影像自我調整地添加最少的灰邊。影像自我調整縮放步驟如下。

（1）計算縮放比。這裡的縮放比選取的是寬、高方向變化範圍最小的那個：

$$\text{rate} = \min\left(\frac{\text{inp\_w}}{\text{img\_w}}, \frac{\text{inp\_h}}{\text{img\_h}}\right) \tag{2.1}$$

式中，img_w 為原始影像的寬；img_h 為原始影像的高，imp_w 為模型輸入影像的寬；imp_h 為模型輸入影像的高。

（2）計算縮放後影像的寬和高：

$$\begin{aligned} w &= \text{rate} \cdot \text{img\_w} \\ h &= \text{rate} \cdot \text{img\_h} \end{aligned} \tag{2.2}$$

（3）計算要填充的像素。這裡其實就是在計算縮放比大的那一邊需要填充的像素：

$$\text{padding\_num} = \frac{\text{dr} \cdot \left[1 - \left(s / \text{dr} - \text{int}\left(s / \text{dr}\right)\right)\right]}{2} \tag{2.3}$$

式中，dr 為模型的下採樣倍數，如 YOLOv5 的下採樣倍數為 32；padding_num 為要填充邊的填充像素的數量。

透過式（2.3）可以看出，影像自我調整縮放的目的就是得到下採樣倍數的整數倍，其實就是使填充的尺寸除以下採樣倍數小於 1，這樣就能實現填充最小的邊，進而提高檢測速度。最終的填充結果如圖 2.17 所示。

▲ 圖 2.17 最終的填充結果

注意：自我調整操作僅在推理時使用，訓練過程中不使用，具體如圖 2.18 所示。

▲ 圖 2.18 自我調整影像縮放效果

2．模型端

YOLOv5 官方程式中舉出的物件辨識網路中一共有 4 個版本（模型），分別是 YOLOv5s、YOLOv5m、YOLOv5l、YOLOv5x。下面以 YOLOv5s 模型為主線講解模型架構。

如圖 2.19 所示，為了方便下游任務的使用，這裡 CSPDarkNet53 依然使用的是類似 ResNet 的層次結構架設的思想。這裡的 CSPDarkNet53 對每個 Stage 的設定同 DarkNet53 一樣，分別是 1、2、8、8、4，對應的下採樣倍數分別為 2、4、8、16、32。

關於 CSPDarkNet53 的詳細內容已經在第 1 章中介紹過了。YOLOv5 當前版本的 Neck 與 YOLOv4 一樣，都採用 FPN+PAN 的結構，但是對網路中的其他部分進行了調整。FPN 主要是針對影像中目標的多尺度這個特點提出的。多尺度在物件辨識中非常常見，而且對應不同的問題應該設計不同的 FPN。

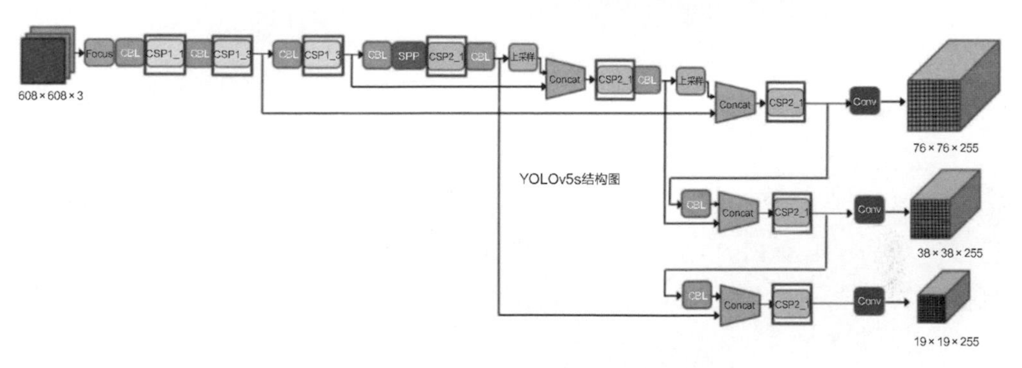

▲ 圖 2.19 YOLOv5s 模型結構圖

FPN 是 Facebook 於 2017 年提出的用於物件辨識的模組化結構，但 FPN 在很多電腦視覺任務中都有使用，如姿態估計、語義分割等。

FPN 透過構造一種獨特的特徵金字塔來避免影像金字塔中計算量過大的問題，同時能夠較好地處理物件辨識中的多尺度變化問題。圖 2.20 所示為 FPN 結構圖，對 Backbone 的特徵進行 1×1 卷積來改變特徵圖的通道數，同時對最底層的特徵進行上採樣，並將兩個特徵進行融合，得到具有更高解析度、更強語義的特徵，這樣也有利於小目標的檢測。

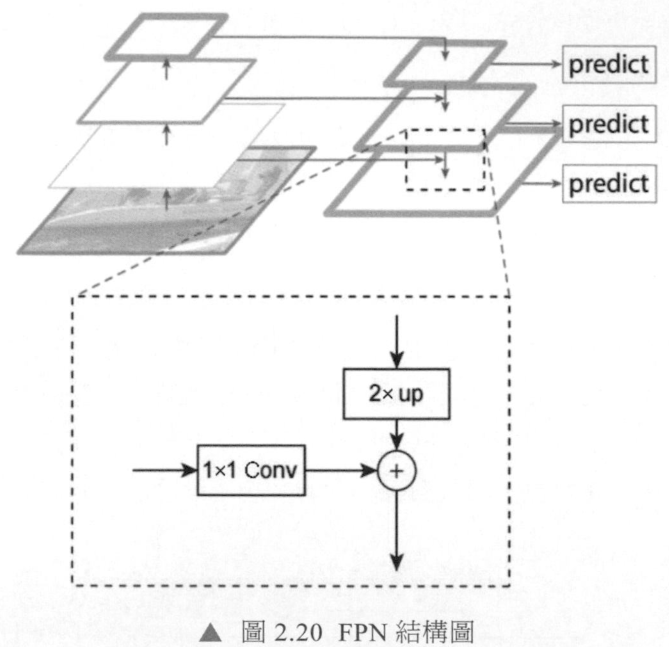

▲ 圖 2.20 FPN 結構圖

可以看到，FPN 自頂向下將高層的強語義特徵傳遞下來，對整個特徵金字塔進行增強，不過 FPN 結構只增強了特徵的語義資訊，特徵的定位資訊沒有得到很好的傳遞。因此在 YOLOv5 中還添加了 PAN 結構，用來增強定位資訊的傳遞。

FPN+PAN 參考的是 2018 年 CVPR 的 PANet（出自論文 *Path Aggregation Network for Instance Segmentation*），當時它主要應用於影像分割領域，如圖 2.21 所示。它在 FPN 的後面添加了一個自底向上的金字塔，這樣的操作是對 FPN 的補充，將底層的強定位特徵傳遞上去，既能增強高級語義資訊，又能增強特徵的定位資訊。

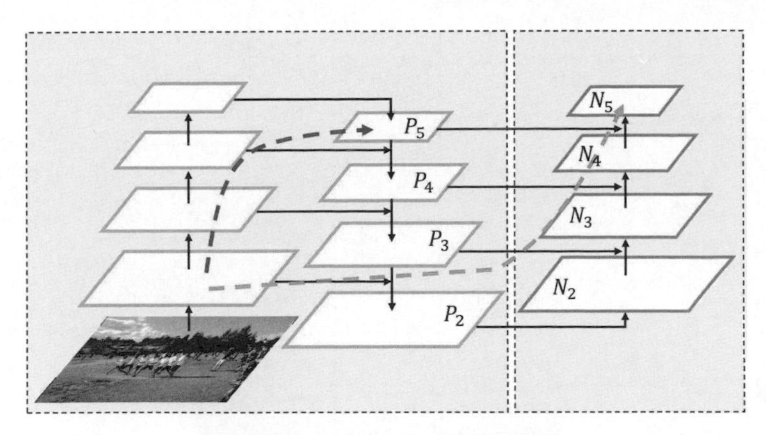

▲ 圖 2.21 FPN+PAN 結構圖

3 · 正負樣本匹配

首先，將 Ground Truth（標準框）與當前特徵圖的 3 個 Anchor Box 做比較，如果 Ground Truth 的寬與 Anchor Box 的寬的比例、Ground Truth 的高與 Anchor Box 的高的比例都處於 1/4 到 4 內，那麼當前 Ground Truth 就能與當前特徵圖相匹配。

然後，將當前特徵圖的正樣本分配給對應的儲存格。如圖 2.22 所示，YOLOv5 會將一個儲存格分為 4 個象限，針對第 1 步中匹配的 Ground Truth（見圖 2.22 中的藍色點），計算其處於 4 個象限中的哪一個，並將鄰近的兩個特徵點也作為正樣本。

如圖 2.22（a）所示，Ground Truth 偏向於右下象限，因此會將其所在儲存格的右邊、下邊儲存格也作為正樣本。而圖 2.22（b）中的 Ground Truth 偏向於左上象限，因此會將其所在儲存格的左邊、上邊儲存格也作為正樣本。

相比於 YOLOv3 和 YOLOv4 的 Ground Truth 只會匹配一個正樣本的方式，YOLOv5 能夠分配更多的正樣本，有助訓練加速收斂，以及正、負樣本的平衡。而且由於在每個特徵圖中都會將所有的 Ground Truth 與當前特徵圖的 Anchor Box 計算能否分配正樣本，說明一個 Ground Truth 可能會在多個特徵圖中都分配到正樣本。

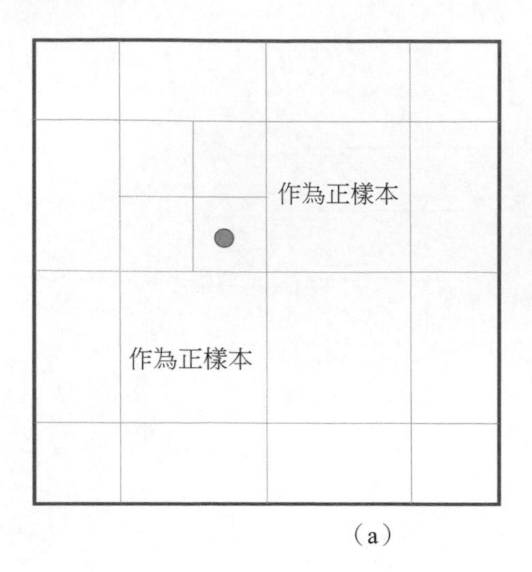

（a）

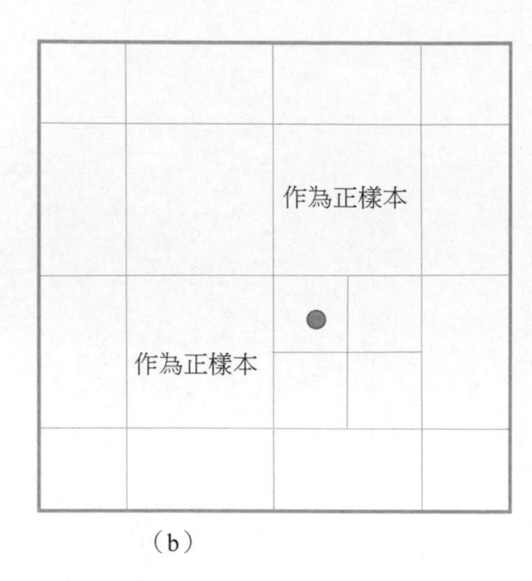

（b）

▲ 圖 2.22 YOLOv5 正樣本分配

4．座標變換

YOLOv3 和 YOLOv4 使用的是如圖 2.23 所示的座標表示形式。

YOLOv5 使用的座標表示形式與 YOLOv3 和 YOLOv4 是不一樣的，具體如圖 2.24 所示。

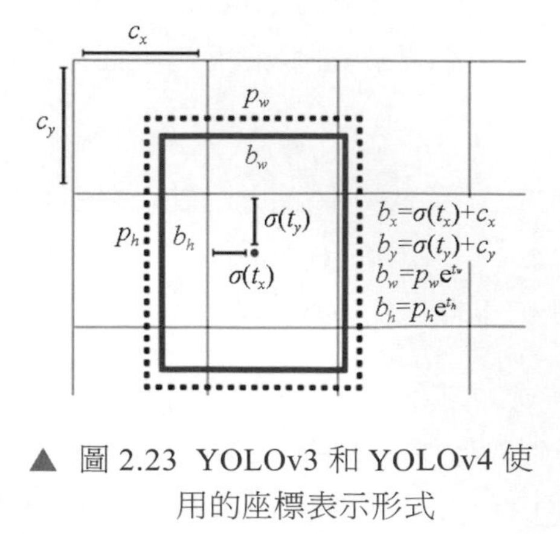

▲ 圖 2.23 YOLOv3 和 YOLOv4 使用的座標表示形式

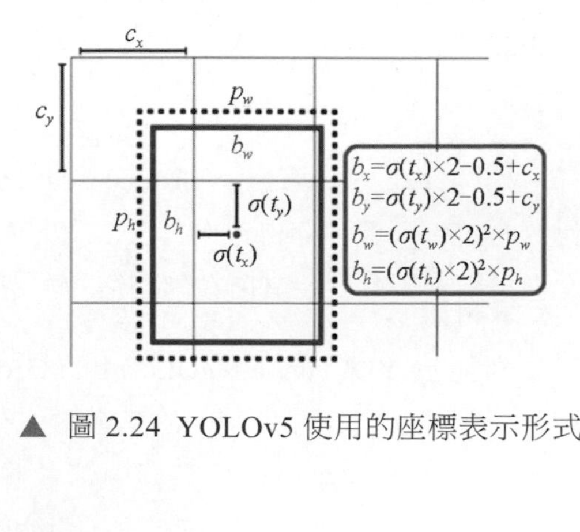

▲ 圖 2.24 YOLOv5 使用的座標表示形式

5．損失函式

YOLOv5 和 YOLOv4 一樣都採用 CIoU Loss 作為邊界框的回歸損失函式，而分類損失和目標損失都使用的是交叉熵損失。

對於回歸損失，其數學運算式如下：

$$\mathrm{CIoU_{loss}} = 1 - \mathrm{IoU} + \frac{d^2}{c^2} + \alpha v$$
$$\alpha = \frac{v}{1 - \mathrm{IoU} + v} \qquad (2.4)$$
$$v = \frac{4}{\pi^2}\left(\arctan\frac{w^{\mathrm{gt}}}{h^{\mathrm{gt}}} - \arctan\frac{w}{h}\right)^2$$

式中，d、c 分別表示預測結果和標注結果中心點的歐氏距離與框的對角線距離。這樣，$\mathrm{CIoU_{loss}}$ 就將目標框回歸函式應該考慮的 3 個重要幾何因素都考慮進去了：重疊面積、中心點距離、長寬比。

對於分類損失和目標損失，其數學運算式分別如下：

$$L_{\mathrm{cls}} = -\frac{1}{n}\sum\left(y_n \times \ln x_n + (1 - y_n) \times \ln(1 - x_n)\right) \qquad (2.5)$$
$$L_{\mathrm{obj}} = -\frac{1}{n}\sum\left(y_n \times \ln x_n + (1 - y_n) \times \ln(1 - x_n)\right)$$

2.2.3 基於 YOLOv5 的車輛檢測專案實踐

1．資料集

該專案資料集為 BDD100K 資料集的子集，從中選出具有「car」「bus」「truck」的影像進行車輛檢測，該資料集也將隨本書書附資源開放原始碼。

該資料集總共有 3 個類別，分別是「car」「bus」「truck」，總共有 69257 幅影像，其中驗證集總共有 9904 幅影像。車輛檢測資料集類別視覺化結果如圖 2.25 所示。

▲ 圖 2.25 車輛檢測資料集類別視覺化結果

2．資料增強

YOLOv5 中用到的資料增強方法有 Mosaic、Blur、MedianBlur、ToGray、HSV 資料增強和水平翻轉等。這裡挑出幾個進行程式的註釋和視覺化講解。原始影像如圖 2.26 所示，灰度化處理後的影像如圖 2.27 所示，水平翻轉後的影像如圖 2.28 所示。

這裡的資料增強是採用 albumentations 函式庫中的 ToGray API 來進行的。

YOLOv5 中還使用了 Contrast Limited Adaptive Histogram Equalization（CLAHE，限制對比度的自我調整長條圖均衡），如圖 2.29 所示。

▲ 圖 2.26 原始影像

▲ 圖 2.27 灰度化處理後的影像

▲ 圖 2.28 水平翻轉後的影像

▲ 圖 2.29 使用 CLAHE 後的影像

關於資料增強的使用，這裡使用 albumentations 函式庫來進行訓練資料的增強。albumentations 是基於高度最佳化的 OpenCV 函式庫來實現影像的快速資料增強的。針對不同的影像任務，如語義分割、物件辨識等，它均有簡單的 API 介面，並易於進行個性化訂製，也可以很容易地添加到框架中，如 PyTorch。

因此，如程式 2.1 所示，這裡使用 albumentations 進行 Blur、MedianBlur、ToGray、CLAHE、RandomBrightnessContrast、RandomGamma 和 Image Compression 操作。

➔ 程式 2.1 資料增強程式

```
1.      import albumentations as A
2.      self.transform = A.Compose([
3.                      A.Blur(p=0.01),
4.                      A.MedianBlur(p=0.01),
5.                      A.ToGray(p=0.01),
6.                      A.CLAHE(p=0.01),
7.                      A.RandomBrightnessContrast(p=0.0),
8.                      A.RandomGamma(p=0.0),
9.                      A.ImageCompression(quality_lower=75, p=0.0)],
10.                     bbox_params=A.BboxParams(format=›yolo›, label_fields=
        [ ‘class_labels’ ]))
```

YOLOv5 資料增強中最重要方法的可能還是 Mosaic 資料增強。Mosaic 資料增強方法開始是在 *YOLOv4* 論文中被提出來的，主要思想是先將 4 幅影像進行隨機裁剪，再拼接到一幅影像上作為訓練資料。這樣做的好處是豐富了影像的背景，並且 4 幅影像拼接在一起變相地提高了批次的大小。4 幅原始影像如圖 2.30 所示，Mosaic 資料增強效果如圖 2.31 所示。

▲ 圖 2.30 4 幅原始影像

▲ 圖 2.31 Mosaic 資料增強效果

程式 2.2 所示為 Mosaic 在 YOLOv5 中的實現，首先確定正常載入影像時的索引 index；其次隨機選擇另外 3 幅影像的索引 indices；然後根據第 9 行的 for 迴圈繼續 index 的遍歷，得到每幅影像；最後進行 Mosaic 的拼接和填充，填充的大小均為隨機值。

➔ 程式 2.2 Mosaic 在 YOLOv5 中的實現

```
1.     def load_mosaic(self, index):
2.         # loads images in a mosaic
3.         labels4 = []
4.         s = self.img_size
5.         # 隨機取 mosaic 的中心點
6.         yc,xc=[int(random.uniform(-x,2*s+x)) for x in self.mosaic_border]
7.         # 隨機取其他 3 幅影像的索引
8.         indices=[index]+[random.randint(0,len(self.labels)-1) for _ in range(3)]
9.         for i, index in enumerate(indices):
10.            # load_image：載入影像並根據設定的輸入大小與影像原始大小的比例進行縮放
11.            img, _, (h, w) = load_image(self, index)
12.            # 初始化大圖 img4
13.            if i == 0:  # top left（左上角）
14.                img4=np.full((s*2,s*2,img.shape[2]),114,dtype=np.uint8)
```

```
# base image with 4 tiles
15.             # 設置大圖上的位置（左上角）
16.             x1a,y1a,x2a,y2a=max(xc-w,0),max(yc-h,0),xc,yc  # xmin,ymin,
    xmax,ymax (large image)
17.             # 選取小圖上的位置
18.             x1b,y1b,x2b,y2b=w-(x2a-x1a),h-(y2a-y1a),w,h  # xmin, ymin,
    xmax, ymax (small image)
19.         elif i == 1:  # top right
20.             x1a, y1a, x2a, y2a = xc, max(yc - h, 0), min(xc + w, s * 2), yc
21.             x1b, y1b, x2b, y2b = 0, h - (y2a - y1a), min(w, x2a - x1a), h
22.         elif i == 2:  # bottom left
23.             x1a, y1a, x2a, y2a = max(xc - w, 0), yc, xc, min(s * 2, yc + h)
24.             x1b, y1b, x2b, y2b = w - (x2a - x1a), 0, w, min(y2a - y1a, h)
25.         elif i == 3:  # bottom right
26.             x1a, y1a, x2a, y2a = xc, yc, min(xc + w, s * 2),min(s*2,yc + h)
27.             x1b, y1b, x2b, y2b = 0, 0, min(w, x2a - x1a), min(y2a - y1a, h)
28.         img4[y1a:y2a, x1a:x2a] = img[y1b:y2b, x1b:x2b]
29.         # 計算小圖到大圖所產生的偏移，用來計算 Mosaic 資料增強後標籤的位置
30.         padw = x1a - x1b
31.         padh = y1a - y1b
32.         # Labels
33.         x = self.labels[index]
34.         labels = x.copy()
35.         # 根據偏移量更新目標框的位置
36.         if x.size > 0:  # Normalized xywh to pixel xyxy format
37.             labels[:, 1] = w * (x[:, 1] - x[:, 3] / 2) + padw
38.             labels[:, 2] = h * (x[:, 2] - x[:, 4] / 2) + padh
39.             labels[:, 3] = w * (x[:, 1] + x[:, 3] / 2) + padw
40.             labels[:, 4] = h * (x[:, 2] + x[:, 4] / 2) + padh
41.         labels4.append(labels)
42.     # Concat/clip labels
43.     if len(labels4):
44.         labels4 = np.concatenate(labels4, 0)
45.         np.clip(labels4[:, 1:], 0, 2 * s, out=labels4[:, 1:])
46.     # 將 4 幅影像整合到一起之後的大小為 [2*img_size,2*img_size]
47.     # 對整合後的影像進行隨機旋轉、平移、縮放、裁剪，並縮放為輸入大小 img_size
48.     img4, labels4 = random_perspective(img4, labels4,
49.                                        degrees=self.hyp['degrees'],
50.                                        translate=self.hyp['translate'],
```

```
51.                                         scale=self.hyp[ 'scale' ],
52.                                         shear=self.hyp[ 'shear' ],
53.                                         perspective=self.hyp[ 'perspective' ],
54.                                         border=self.mosaic_border)
55.         return img4, labels4
```

3．模型

如圖 2.32 所示，這裡以 YOLOv5s 的網路結構為主線建構模型，官方主要是以 YAML 檔案進行架設的，故這裡只對 YAML 檔案進行展示，具體實現可以參見官方原始程式碼或本書書附資源。

從圖 2.32 中可看出，YOLOv5s 主要包括 Backbone、Neck、Prediction 3 部分。

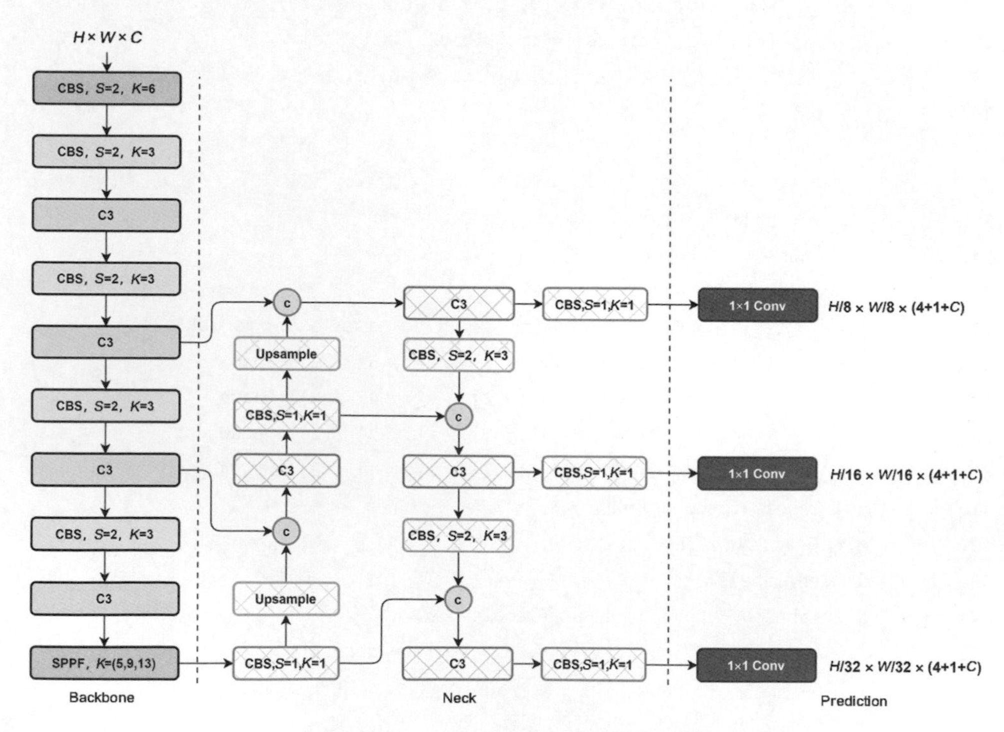

▲ 圖 2.32 YOLOv5s 的網路結構

在圖 2.32 中，S 代表卷積步進值，K 代表卷積核心的大小。

Backbone 主要是由 CSP 結構建構的 CSPDarkNet，Neck 主要是由 FPN+PAN（PAFPN）結構組成的。程式 2.3 所示為 YOLOv5s 的具體模組設定，其中，第 4 ～ 16 行為 Backbone 部分對應的網路設定，第 19 ～ 39 行為 PAFPN 和 Head 的網路設定。

➔ 程式 2.3 YOLOv5s 的具體模組設定

```
1.    # YOLOv5 v6.0 backbone
2.    depth_multiple: 0.33
3.    width_multiple: 0.50
4.    backbone:
5.      # [from, number, module, args]
6.      [[-1, 1, Conv, [64, 6, 2, 2]],  # 0-P1/2
7.       [-1, 1, Conv, [128, 3, 2]],  # 1-P2/4
8.       [-1, 3, C3, [128]],
9.       [-1, 1, Conv, [256, 3, 2]],  # 3-P3/8
10.      [-1, 6, C3, [256]],
11.      [-1, 1, Conv, [512, 3, 2]],  # 5-P4/16
12.      [-1, 9, C3, [512]],
13.      [-1, 1, Conv, [1024, 3, 2]],  # 7-P5/32
14.      [-1, 3, C3, [1024]],
15.      [-1, 1, SPPF, [1024, 5]],  # 9
16.     ]
17.
18.   # YOLOv5 v6.0 head
19.   head:
20.     [[-1, 1, Conv, [512, 1, 1]],
21.      [-1, 1, nn.Upsample, [None, 2, 'nearest' ]],
22.      [[-1, 6], 1, Concat, [1]],  # cat backbone P4
23.      [-1, 3, C3, [512, False]],  # 13
24.
25.      [-1, 1, Conv, [256, 1, 1]],
26.      [-1, 1, nn.Upsample, [None, 2, 'nearest' ]],
27.      [[-1, 4], 1, Concat, [1]],  # cat backbone P3
28.      [-1, 3, C3, [256, False]],  # 17 (P3/8-small)
29.
30.      [-1, 1, Conv, [256, 3, 2]],
```

```
31.        [[-1, 14], 1, Concat, [1]],  # cat head P4
32.        [-1, 3, C3, [512, False]],  # 20 (P4/16-medium)
33.
34.        [-1, 1, Conv, [512, 3, 2]],
35.        [[-1, 10], 1, Concat, [1]],  # cat head P5
36.        [-1, 3, C3, [1024, False]],  # 23 (P5/32-large)
37.
38.        [[17, 20, 23], 1, Detect, [nc, anchors]],  # Detect(P3, P4, P5)
39.       ]
```

如表 2.1 所示，YOLOv5 的 5 個模型設定基本上都一樣，這 5 種結構主要是透過表中的兩個參數來控制網路的深度和寬度的。其中，depth_multiple 控制網路的深度，width_multiple 控制網路的寬度。

▼ 表 2.1 不同規模 YOLOv5 模型對應的縮放參數

模型	depth_multiple	width_multiple
YOLOv5n	0.33	0.25
YOLOv5s	0.33	0.50
YOLOv5m	0.67	0.75
YOLOv5l	1.0	1.0
YOLOv5x	1.33	1.25

4．後處理

非極大值抑制（Non Maximum Suppression，NMS）的基本原理：首先，將所有的候選框（還沒處理的矩形框稱為候選框）按照不同的類別標籤進行分組，組內按分數高低進行排序，將分數最高的矩形框先放入結果序列；接著，遍歷剩餘的矩形框，計算其與當前分數最高的矩形框的交並比 IoU，若大於預設的設定值則剔除；然後，對剩餘的候選框重複上述操作，直到處理完影像內所有的候選框，即可得到最後的框序列資訊。NMS 前後對比圖如圖 2.33 所示。

▲ 圖 2.33 NMS 前後對比圖

如程式 2.4 所示，使用 PyTorch 對 NMS 進行實現，其中第 3 行首先使用 torch.argsort 對矩形框的得分進行排序，然後直接透過索引第 1 個結果找到置信度得分最高的矩形框，進一步計算該矩形框與剩餘矩形框之間的 IoU，進而透過設置的 IoU 設定值過濾掉其中不符合要求的部分。

➔ 程式 2.4 NMS 的實現

```
1.      def NMS(boxes, scores, iou_thres, GIoU=False, DIoU=False, CIoU=False):
2.          # 按置信度得分從高到低排序
3.          B = torch.argsort(scores, dim=-1, descending=True)
4.          keep = []
5.          while B.numel() > 0:
6.              # 取出置信度得分最高的矩形框
7.              index = B[0]
8.              keep.append(index)
9.              if B.numel() == 1: break
10.             # 計算 IoU，根據需求可選擇 GIoU、DIoU、CIoU
11.             iou = bbox_iou(boxes[index, :], boxes[B[1:], :], GIoU=GIoU,
        DIoU=DIoU, CIoU=CIoU)
12.             # 找到符合設定值的索引
13.             inds = torch.nonzero(iou <= iou_thres).reshape(-1)
14.             B = B[inds + 1]
15.         return torch.tensor(keep)
```

YOLOv5 車輛檢測結果如圖 2.34 所示。

▲ 圖 2.34 YOLOv5 車輛檢測結果

2.3 自動駕駛中的行人檢測

行人是自動駕駛路面上的高危群眾。歐洲每年因交通事故受傷的行人超過 15 萬人，致死的超過 6000 人。美國交通事故中有 12% 涉及行人。中國在 2004 年有 9217 人因交通事故致死，其中 1/3 是行人。為了解決這一問題，在過去的 20 年裡，行人檢測已經成為安全駕駛領域的研究熱點和重點。

2.3.1 YOLOX 演算法的原理

曠視科技在 *YOLOX: Exceeding YOLO Series in* 2021 中提出了第一個基於 Anchor-Free 的 YOLO 演算法——YOLOX。它憑藉其極具競爭優勢的「性能 + 速度」，為工業界提供了物件辨識模型的新範式。YOLOX 將 Decoupled Head、SimOTA、Mixup、NMS-Free 等策略集於一身。

YOLOX 的具體改進如下。

- 輸入端：使用了 Mosaic、Mixup、RandomHorizontalFlip、ColorJitter 資料增強方法。
- Backbone：在 DarkNet53 的基礎上添加了 SPP 模組。

- Neck：依舊是 FPN+PAN 的結構。
- Head： 使 用 了 Decoupled Head、Multi Positives、IoU-Aware 分 支、Anchor-Free 改進和 SimOTA。
- 訓練策略：使用了餘弦學習率策略、EMA。

1．輸入端

YOLOX 在輸入端主要使用了 Mosaic 和 Mixup 資料增強方法，前面已對 Mosaic 進行了講解，這裡只針對 Mixup 進行講解。

Mixup 是 YOLOX 在 Mosaic 資料增強的基礎上使用的另一種額外的增強策略。它主要來源於 2017 年的 ICLR 會議的一篇論文 *Mixup: Beyond Empirical Risk Minimization*。當時它主要應用在影像分類任務中，可以在幾乎無額外計算銷耗的情況下穩定提升 1% 的分類準確度。Mixup 的核心公式為

$$\begin{aligned}\tilde{x} &= \lambda x_i + (1-\lambda)x_j \\ \tilde{y} &= \lambda y_i + (1-\lambda)y_j\end{aligned} \tag{2.6}$$

式中，$\lambda \in [0,1]$，其中 $\lambda \sim \text{Beta}(a,a)$，$a$ 的設定值區間為 $(0, \infty)$（Beta 分佈如圖 2.35 所示）。這裡需要注意的是，用 Mixup 不僅需要線性插值樣本 x，還需要線性插值標籤 y。

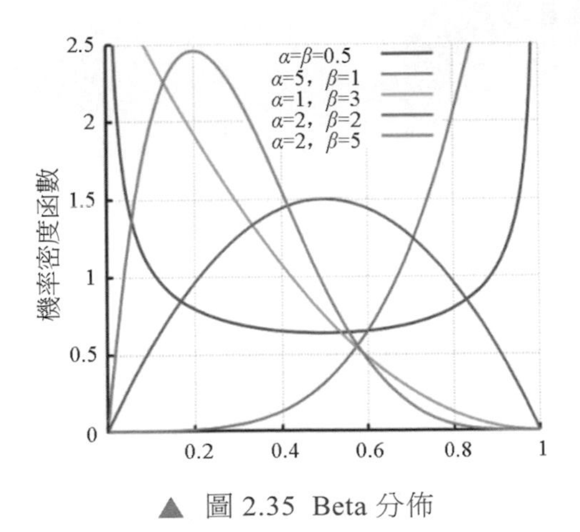

▲ 圖 2.35 Beta 分佈

Mixup 的使用方式很簡單，下面以車輛檢測影像任務為例進行講解。如圖 2.36 所示，先讀取一幅影像，對影像上、下兩側進行填充，縮放到 640×640 的大小，即 Image1；再隨機選取一幅影像，對影像上、下兩側進行填充，也縮放到 640×640 的大小，即 Image2；最後設置一個融合係數，在 YOLOX 裡設置為 0.5，將 Image1 和 Image2 進行加權融合，最終得到圖 2.36 中右面的影像。

▲ 圖 2.36 Mixup 的使用過程

2．Backbone

YOLOX 基於 YOLOv3 進行改進和升級，因此其 Backbone 依舊是 YOLOv3 中使用的 DarkNet53（見圖 2.37）。

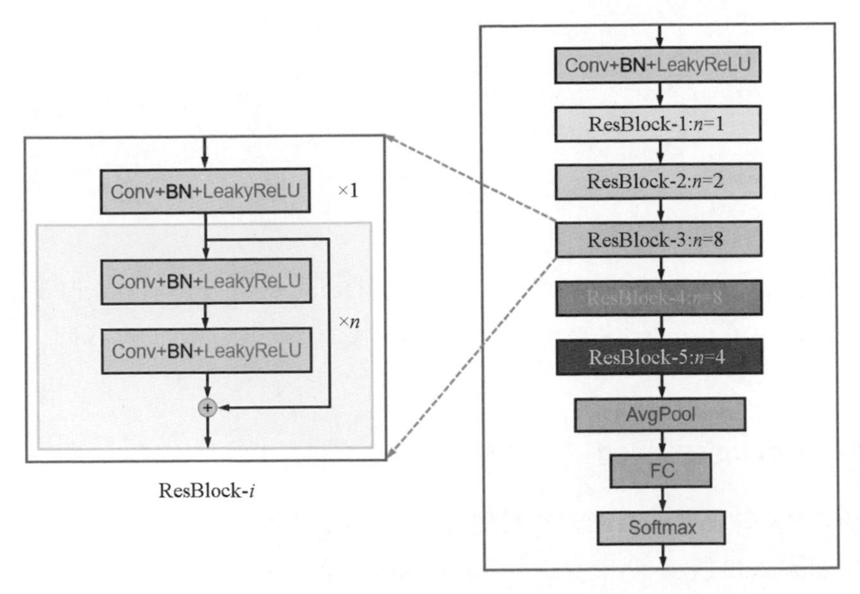

▲ 圖 2.37 DarkNet53 的結構圖

但是不同於 YOLOv3 的是，YOLOX 在 Backbone 網路的末尾使用了 SPP 結構。

如圖 2.38 所示，SPP 的主要結構是由具有不同的卷積核心尺寸的池化層組成的，池化層可以提取更高階的特徵，提升影像特徵的不變性和影像的堅固性，也可以對卷積提取出來的資訊做更進一步的降維處理。因此，SPP 可以極佳地實現局部特徵和全域特徵的融合，擴大感受野，增強最終特徵圖的表達能力，進而提高平均準確率（mAP）。

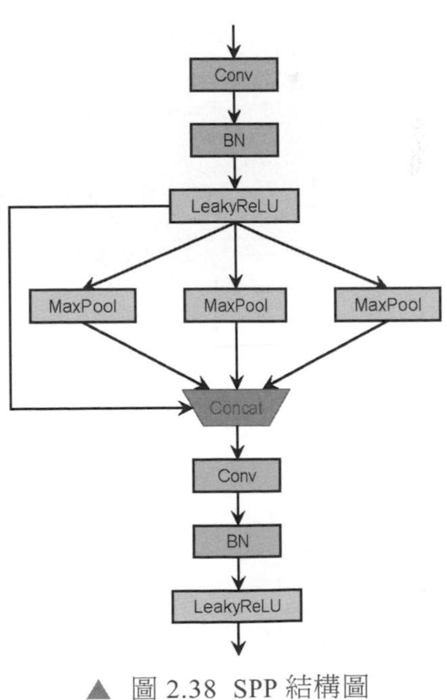

▲ 圖 2.38 SPP 結構圖

3．Neck

YOLOX 與 YOLOv5 一樣使用了 FPN+PAN 的結構，具體結構如圖 2.21 所示。

4．Head

前面提到，YOLOX 的 Head 部分使用了 Decoupled Head、Multi Positives、IoU-Aware 分支、Anchor-Free 改進和 SimOTA，接下來分別講解各個模組的原理。

1）Decoupled Head

YOLOX 的提出者透過實驗發現 Coupled Head 可能會影響物件辨識最終的性能。如圖 2.39 所示，YOLOX 在 Coupled Head 的基礎上做了改進，將預測的 Coupled Head 分支進行了解耦，獲得了 Decoupled Head，極大地改善了收斂速度，同時提升了檢測的準確度。但是將 Coupled Head 解耦為 Decoupled Head 會提升運算的複雜度，降低檢測速度。

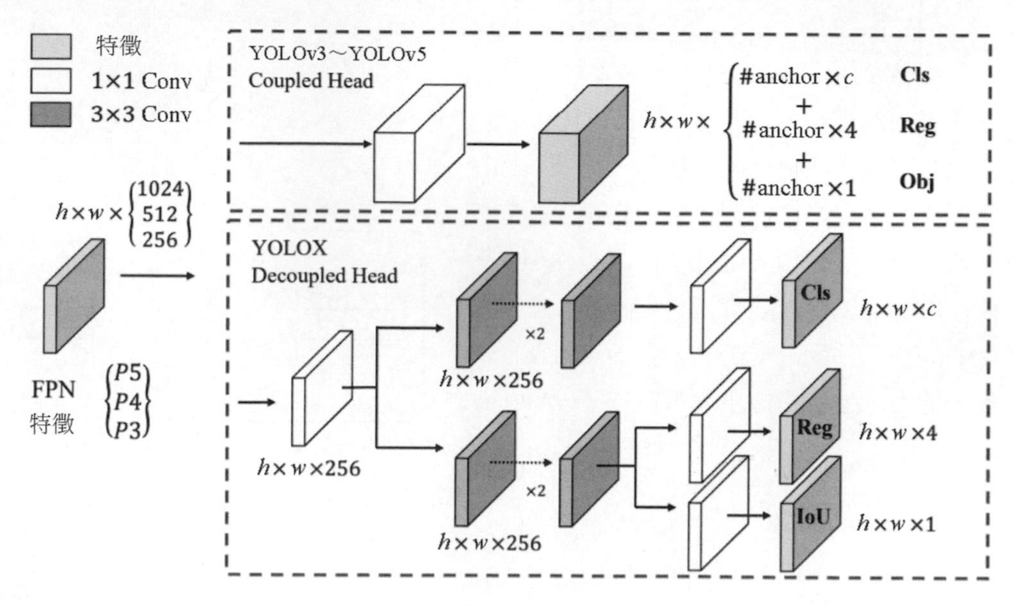

▲ 圖 2.39 YOLOv3 Head 和 Decoupled Head 之間的區別

YOLOv3 針對含有 x 個類別的物件辨識任務，每個 Anchor Box 都會對應產生 $h \times w \times x$ 維度的預測結果，其中，Cls（區分是前景背景）佔用 c 個通道，Reg（座標）佔用 4 個通道，Obj（預測是 x 個類別中的哪一個）佔用 1 個通道。

而 YOLOX 首先使用 1×1 卷積將原本具有不同通道數的特徵圖統一到 256（主要目的是降維），然後使用兩個平行分支，分別由兩個 3×3 卷積層組成，同時在 Reg 分支裡添加了 IoU-Aware（圖 2.39 中簡寫為 IoU）分支。

2）IoU-Aware 分支

IoU-Aware 出自論文 *IoU-Aware Single-stage Object Detector for Accurate Localization*。

在物件辨識問題中，模型需要輸出目標分類分數及其對應的目標定位邊界框，在以往的模型中，經常使用分類分數作為目標定位準不準的置信度，並基於此對大量候選目標邊界框進行 NMS 處理，現在越來越多的研究工作發現，分類分數高並不能保證定位準確度高。

而 IoU-Aware 的提出者認為 IoU 是反映定位準不準的直接指標，可以在物件辨識模型的分類和定位任務的基礎上添加 IoU 預測任務，也可以在一定程度上反映定位置信度。

如圖 2.40 所示，IoU-Aware 在 RetinaNet 的基礎上做了改進，在邊界框回歸分支中添加了一個並行的預測 IoU 的分支，並將分類分數和預測得到的 IoU 相乘，得到的相乘結果既能反映是不是這個目標，又能反映該位置與真實目標的可能 IoU。這樣便可以進一步提升整體的檢測性能，YOLOX 的使用也驗證了這一點。

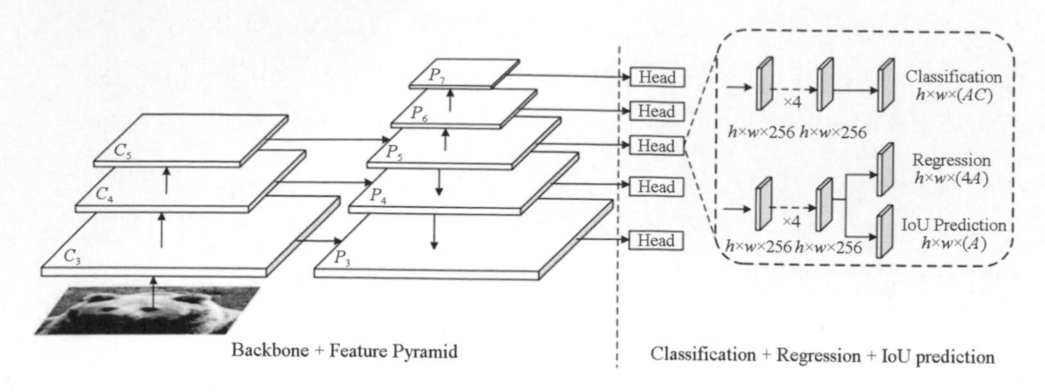

▲ 圖 2.40 使用 IoU-Aware 改進 RetinaNet

3）Anchor-Free 與 Multi Positives

Anchor-Base 方法主要的問題是在使用 Anchor Box 時，為了調優模型，需要對資料集進行聚類分析，確定最佳 Anchor Box，缺乏泛化性；同時由於 Anchor Box 機制增加了檢測 Head 的複雜度，導致每幅影像的預測結果比較多，給後處理帶來了一定的困難。

為了避免上述 Anchor-Base 方法的問題，YOLOX 去掉了 Anchor Box。如圖 2.41 所示，這裡使用下採樣 32 倍的分支進行講解，每個儲存格（在 640×640 的原始影像中代表一個 32×32 的區域）只預測一個目標。

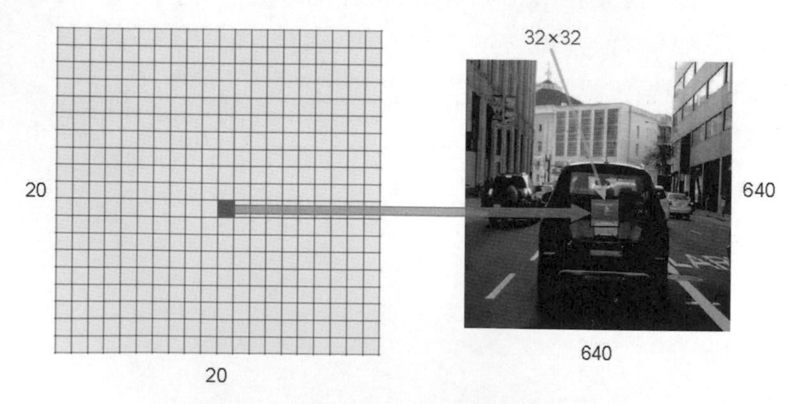

▲ 圖 2.41 每個儲存格只預測一個目標

為了與 YOLOv3 的分配規則保持一致，上述 Anchor-Free 為每個儲存格僅選擇了一個正樣本（中心位置），而忽略其他鄰近區域的高品質儲存格預測。然而，最佳化那些高品質的預測也可能帶來一定好處，這也會緩解訓練過程中正、負採樣極度不平衡的問題。

如圖 2.42 所示，YOLOX 直接將中心鄰近的 3×3 區域分配為正樣本，這樣便增加了樣本採樣的數量，進而可以加快模型訓練過程的收斂，同時在一定程度上緩解了正、負樣本採樣極度不平衡的問題，這個過程也就是論文中所說的 Multi Positives。

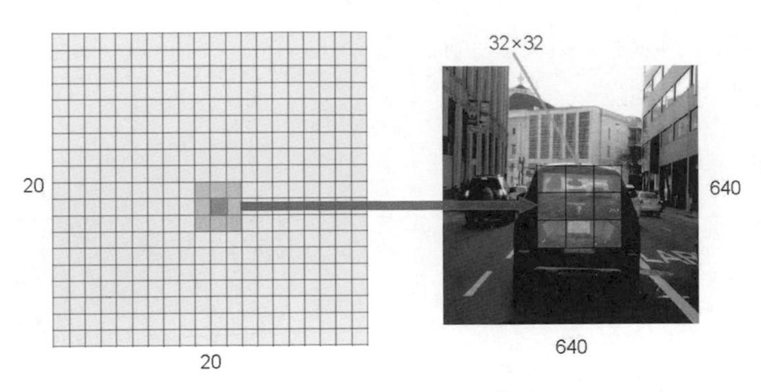

▲ 圖 2.42 3×3 區域分配為正樣本

那麼，YOLOX 是怎麼區分是否是正樣本的呢？如圖 2.43 所示，預測的 Anchor Box 的中心點落在標注對應的標籤內即可認為是正樣本，將其換為數學運算式為

$$bt,bl,br,bb \geq 0 \tag{2.7}$$

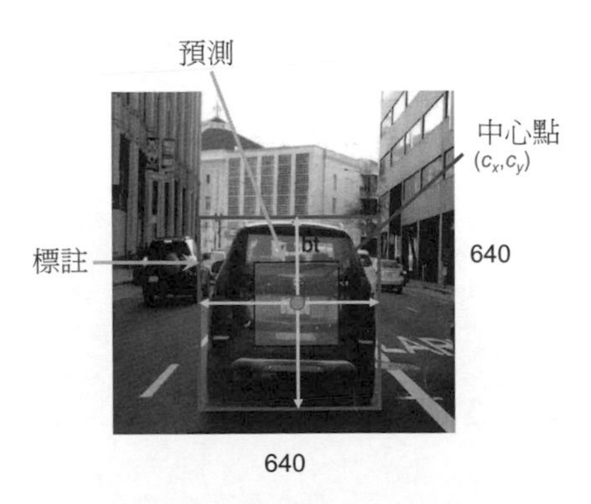

▲ 圖 2.43 正樣本的定義

4）SimOTA

為了對前面提到的正樣本分配進行進一步的細化，論文作者說：「我們不可能為同一場景下的西瓜和螞蟻分配同樣的正樣本數，如果真是那樣，那不是螞蟻會有很多低品質的正樣本，就是西瓜只有一兩個正樣本！」，其實作者想做的就是為不同規模的物體分配不同數量的正樣本，即小目標就少分配一些，大目標就多分配一些，盡可能地提升樣本分配的品質。

YOLOX 在這裡引入了 SimOTA 來進行精細化正樣本的分配。SimOTA 不僅能夠做到自動分析每個標籤要擁有多少正樣本，還能自動決定每個標籤要從哪個特徵圖來檢測。同時，相較於原始的 OTA 演算法，SimOTA 的運算速度更快，也不需要額外的超參數。

SimOTA 流程如下。

（1）確定正樣本候選區域。

（2）計算每個樣本對每個標籤的位置損失和分類損失並得到 Cost：

$$\text{Cost} = L_{\text{cls}} + \lambda \cdot L_{\text{reg}}$$
$$L_{\text{reg}} = \log(\text{IoU})$$
$$L_{\text{cls}} = \text{CrossEntropyLoss(gt,pred)} \tag{2.8}$$

（3）使用每個標籤的預測樣本確定它需要分配到的樣本數（Dynamic k）。

① 獲取與當前標籤的 IoU 居於前 10 的樣本。

② 將這 10 個樣本的 IoU 求和取整數，即當前標籤要分配的正樣本數（Dynamic $k \geq 1$）。

（4）為每個標籤取 Cost 排名最低的前 Dynamic k 個 Anchor Box 作為正樣本，其餘為負樣本。

（5）人工去除同一個樣本被分配給多個標籤的正樣本的情況（全域資訊）。

為了更進一步地理解，這裡選擇 Top-5 的計算過程，粗分配後的 Anchor Box 如圖 2.44 中的黃色框所示。

假設這裡經過粗分配後該車的標籤對應 13 個 Anchor Box，它們與當前標籤的 IoU 分別是 0.65、0.64、0.61、0.60、0.59、0.57、0.53、0.35、0.33、0.31、0.30、0.22、0.15。這裡讓預測的 Cls 的分數與 IoU 一樣，以方便計算。

▲ 圖 2.44 粗匹配後的 Anchor Box

第 1 步，透過計算位置損失和分類損失得到每個 Anchor Box 的 Cost（這裡的損失），這裡令 $\lambda=3$，根據式（2.8）可得以下結果。

L_{reg} 為 [-0.4308, -0.4463, -0.4943, -0.5108, -0.5276, -0.5621, -0.6349, -1.0498, -1.1087, -1.1712, -1.2040, -1.5141, -1.5141]。

L_{cls} 為 [0.4201, 0.4235, 0.4340, 0.4375, 0.4410, 0.4482, 0.4629, 0.5334,0.5417, 0.5501, 0.5544, 0.5892, 0.5892]。

Cost 為 [-0.8723, -0.9154, -1.0489, -1.0950, -1.1419, -1.2381, -1.4418,-2.6161, -2.7843, -2.9634, -3.0576, -3.9532, -3.9532]。

第 2 步，計算 Dynamic k，這裡只取 Top-5。

Top-5 的 IoU 的和為 0.65+0.64+0.61+0.60+0.59=3.09，對其進行取整數後的結果為 3，即 Dynamic k=3。

第 3 步，對 Cost 進行排序，並將 Dynamic k=3 的結果作為正樣本，其他均為負樣本。透過前面的 Cost 計算和排序可以知道，Top-3 的 Cost 為 [-0.8723, -0.9154, -1.0489]，它們分別對應圖 2.45 中的 3 個最佳匹配結果。

▲ 圖 2.45 SimOTA 後的 Anchor Box

5．後處理之 NMS

NMS 就是抑制不是極大值的元素，搜尋局部極大值。在最近幾年常見的物體檢測演算法（包括 R-CNN 系列、YOLO 系列等）中，最終都會從一幅影像中找出很多個可能是物體的矩形框，並對每個矩形框進行 NMS 操作。

為了更進一步地理解 NMS，這裡首先介紹 IoU 的概念。IoU 又叫交並比。所謂交並比，顧名思義，如圖 2.46 所示，就是 A、B 兩個矩形框的交集除以 A、B 兩個矩形框的並集，即

$$\text{IoU} = \frac{A \cap B}{A \cup B} \tag{2.9}$$

即圖 2.46 中紫色區域的面積除以紅色區域的面積。

了解了 IoU 的計算方法後，便可以進行 NMS 後處理過程了。NMS 後處理的具體過程如下。

（1）將所有模型預測得到的矩形框按置信度得分從高到低排序。

（2）取當前置信度得分最高的矩形框，刪除與這個矩形框的 IoU 大於設定值的矩形框。

（3）重複步驟（2），直到所有的矩形框都處理完。

處理前後對比圖如圖 2.47 所示。

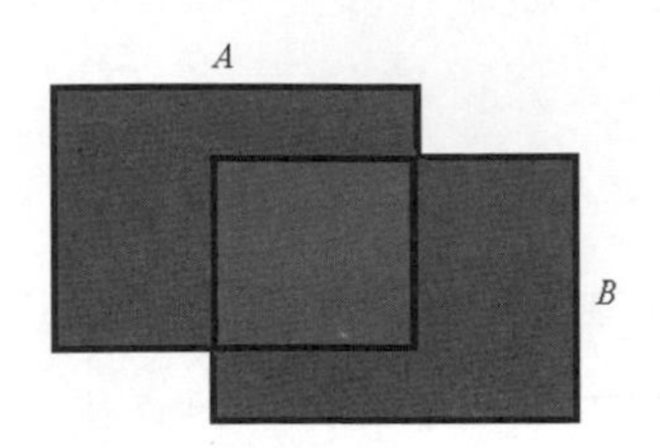

▲ 圖 2.46 IoU 計算示意圖

▲ 圖 2.47 處理前後對比圖

2.3.2 基於 YOLOX 的行人檢測專案實踐

1．CityPerson 資料集簡介

CityPerson 資料集是在 2016 年的 CVPR 會議上被提出的。CityPerson 資料集也是 Cityscapes 的子集，其中只包含行人的標注。CityPerson 資料集中有 2975 幅影像用於訓練，這 2975 幅影像分別來自 18 座城市，極佳地做到了場景的多樣性。其中，500 幅影像用於驗證，1575 幅影像用於測試。平均每幅影像中有 7 個目標，並提供了可視區域和全身標注。CityPerson 資料集標注資訊如圖 2.48 所示。

▲ 圖 2.48 CityPerson 資料集標注資訊

CityPerson 資料集標注可以分為 rider、person（other）、ignore、sitting person、person group、pedestrian 幾類。其中，person（other）是一些姿態不常見的人，而 ignore 則為一些海報上的人像、鏡中的人像等非實體人像。本專案資料集標注範例如圖 2.49 所示。

▲ 圖 2.49 本專案資料集標注範例

本專案將以上類別均合併為「Person」一個類別。資料集中的訓練資料為 2500 幅影像，其中驗證集有 441 幅，後續讀者可以根據自身的需求按照本書書附資源索引進行下載。

2·資料增強

YOLOX 中主要用到的資料增強方法有 Mosaic、Mixup 等。這裡對 Mixup 進行視覺化。Mixup 資料增強前後如圖 2.50 所示。

▲ 圖 2.50 Mixup 資料增強前後

對於 YOLOX 中使用的 Mixup 資料增強方法，這裡使用 PyTorch 進行了複現。透過圖 2.50 可以知道，其實 Mixup 操作就是對兩幅影像進行疊加，同時標注框在疊加後依舊保留，其核心程式便是程式 2.5 中的第 47 行。在此之前要對影像進行前置處理，透過程式 2.5 中的第 15 ～ 36 行對影像進行縮放、填充和裁剪操作。同時考慮到進一步增加輸入資料的多樣性，這裡也對影像進行了水平翻轉操作。

➔ 程式 2.5 Mixup 資料增強

```
1.      def mixup(self, origin_img, origin_labels, input_dim):
2.              jit_factor = random.uniform(*self.mixup_scale)
3.              FLIP = random.uniform(0, 1) > 0.5
4.              cp_labels = []
5.              while len(cp_labels) == 0:
6.                  cp_index = random.randint(0, self.__len__() - 1)
7.                  cp_labels = self._dataset.load_anno(cp_index)
8.              img, cp_labels, _, _ = self._dataset.pull_item(cp_index)
9.
10.             if len(img.shape) == 3:
11.                 cp_img=np.ones((input_dim[0],input_dim[1],3),dtype=np.uint8)*114
12.             else:
13.                 cp_img = np.ones(input_dim, dtype=np.uint8) * 114
14.             cp_scale_ratio = min(input_dim[0] / img.shape[0], input_dim[1] /
        img.shape[1])
15.             resized_img = cv2.resize(img,(int(img.shape[1] * cp_scale_ratio),
        int(img.shape[0] * cp_scale_ratio)),interpolation=cv2.INTER_LINEAR,)
16.             cp_img[: int(img.shape[0] * cp_scale_ratio), : int(img.shape
        [1] * cp_scale_ratio)] = resized_img
17.             cp_img = cv2.resize(cp_img,(int(cp_img.shape[1] * jit_factor),
         int(cp_img.shape[0] * jit_factor)),)
18.             cp_scale_ratio *= jit_factor
19.             if FLIP:
20.                 cp_img = cp_img[:, ::-1, :]
21.             # 獲取影像原始尺寸與目標尺寸
22.             origin_h, origin_w = cp_img.shape[:2]
23.             target_h, target_w = origin_img.shape[:2]
24.             # 生成空值範本
25.             padded_img = np.zeros((max(origin_h, target_h), max(origin_w,
        target_w), 3), dtype=np.uint8)
26.             # 向空值範本中填充影像
27.             padded_img[:origin_h, :origin_w] = cp_img
28.             x_offset, y_offset = 0, 0
29.             if padded_img.shape[0] > target_h:
30.                 y_offset = random.randint(0, padded_img.shape[0] - target_
        h - 1)
31.             if padded_img.shape[1] > target_w:
```

```
32.             x_offset = random.randint(0, padded_img.shape[1] - target_
    w - 1)
33.         padded_cropped_img = padded_img[y_offset: y_offset + target_h,
    x_offset: x_offset + target_w]
34.         cp_bboxes_origin_np = adjust_box_anns(cp_labels[:, :4].copy(),
    cp_scale_ratio, 0, 0, origin_w, origin_h)
35.         # 判斷是否要進行水平翻轉
36.         if FLIP:
37.             cp_bboxes_origin_np[:, 0::2] = (origin_w - cp_bboxes_origin_
    np[:, 0::2][:, ::-1])
38.         cp_bboxes_transformed_np = cp_bboxes_origin_np.copy()
39.         cp_bboxes_transformed_np[:, 0::2] = np.clip(cp_bboxes_transformed_
    np[:, 0::2] - x_offset, 0, target_w)
40.         cp_bboxes_transformed_np[:, 1::2] = np.clip(cp_bboxes_transformed_
    np[:, 1::2] - y_offset, 0, target_h)
41.         cls_labels = cp_labels[:, 4:5].copy()
42.         box_labels = cp_bboxes_transformed_np
43.         labels = np.hstack((box_labels, cls_labels))
44.         origin_labels = np.vstack((origin_labels, labels))
45.         origin_img = origin_img.astype(np.float32)
46.         # 進行 Mixup 操作
47.         origin_img=0.5*origin_img+0.5*padded_cropped_img.astype(np.float32)
48.         return origin_img.astype(np.uint8), origin_labels
```

3．模型建構

YOLOX-DarkNet53 的 Backbone 為 DarkNet53，其在 YOLOX 中的建構如圖 2.51 所示。

這裡再回顧一下 DarkNet53 的具體結構，如圖 2.37 所示，其主要是由 ResBlock 建構而成的，在 YOLOX 中由 make_group_layer 方法來完成建構。如程式 2.6 所示，ResBlock-1 為 stem、ResBlock-2 為 dark2、ResBlock-3 為 dark3、ResBlock-4 為 dark4、ResBlock-5 為 dark5，由於這裡要將 Backbone 應用到下游任務，因此只保留特徵提取部分。

這裡不同的 DarkNet 疊加不同數量的卷積模組。由程式 2.6 第 3 行中的 depth2blocks 設置可以知道，如果是 DarkNet21，那麼對應的 block 設置為 1、2、2、1；如果是 DarkNet53，那麼對應的 block 設置為 2、8、8、4。

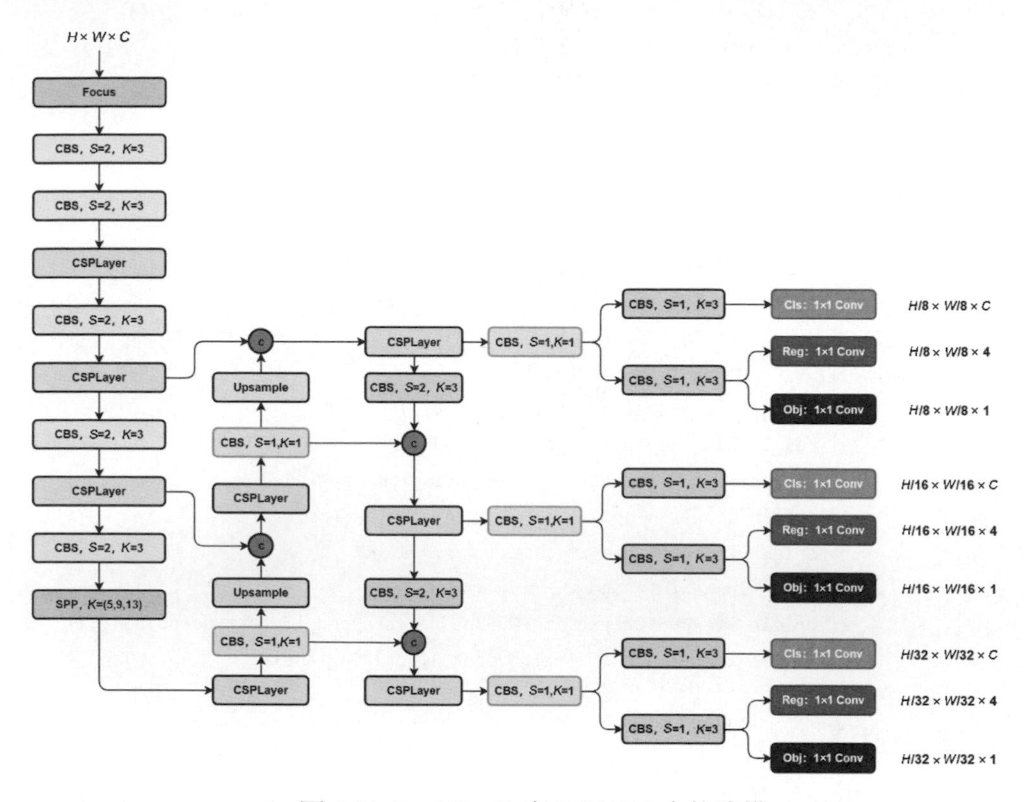

▲ 圖 2.51 DarkNet53 在 YOLOX 中的建構

➔ 程式 2.6 DarkNet 的建構

```
1.    class Darknet(nn.Module):
2.        # number of blocks from dark2 to dark5.
3.        depth2blocks = {21: [1, 2, 2, 1], 53: [2, 8, 8, 4]}
4.        def __init__(self,depth,in_channels=3,stem_out_channels=32,out_
      features=( "dark3" , "dark4" , "dark5" ),):
5.            «»»
6.            Args:
7.                depth (int): depth of darknet used in model, usually use
      [21, 53] for this param.
```

```
8.                  in_channels (int): number of input channels, for example,
       use 3 for RGB image.
9.                  stem_out_channels(int):number of output channels of darknet
       stem.
10.                     It decides channels of darknet layer2 to layer5.
11.                 out_features (Tuple[str]): desired output layer name.
12.              “” ”
13.             super().__init__()
14.             assert out_features, «please provide output features of Darknet»
15.             self.out_features = out_features
16.             self.stem = nn.Sequential(
17.                 BaseConv(in_channels, stem_out_channels, ksize=3, stride=1,
       act=" lrelu" ),
18.                 *self.make_group_layer(stem_out_channels,num_blocks=1,
       stride=2),
19.             )
20.             in_channels = stem_out_channels * 2  # 64
21.             num_blocks = Darknet.depth2blocks[depth]
22.             self.dark2 = nn.Sequential(*self.make_group_layer(in_channels,
       num_blocks[0], stride=2))
23.             in_channels *= 2  # 128
24.             self.dark3 = nn.Sequential(*self.make_group_layer(in_channels,
       num_blocks[1], stride=2))
25.             in_channels *= 2  # 256
26.             self.dark4 = nn.Sequential(*self.make_group_layer(in_channels,
       num_blocks[2], stride=2))
27.             in_channels *= 2  # 512
28.             self.dark5 = nn.Sequential(
29.                 *self.make_group_layer(in_channels, num_blocks[3], stride=2),
30.                 *self.make_spp_block([in_channels,in_channels*2],in_channels*2),
31.                 )
32.
33.         def make_group_layer(self,in_channels:int,num_blocks:int,stride:
       int=1):
34.             «starts with conv layer then has ‹num_blocks› ‹ResLayer›»
35.             return [
36.                 BaseConv(in_channels, in_channels * 2, ksize=3, stride=
       stride, act=" lrelu" ),
37.                 *[(ResLayer(in_channels * 2)) for _ in range(num_blocks)],
```

```
38.             ]
39.
40.         def make_spp_block(self, filters_list, in_filters):
41.             m = nn.Sequential(
42.                 *[
43.                     BaseConv(in_filters,filters_list[0],1,stride=1,act=" lrelu" ),
44.                     BaseConv(filters_list[0], filters_list[1], 3, stride=1,
    act=" lrelu" ),
45.                     SPPBottleneck(in_channels=filters_list[1],out_channels=
    filters_list[0],activation=" lrelu" ,),
46.                     BaseConv(filters_list[0], filters_list[1], 3, stride=1,
    act=" lrelu" ),
47.                     BaseConv(filters_list[1], filters_list[0], 1, stride=1,
    act=" lrelu" ),
48.                 ]
49.             )
50.             return m
51.
52.         def forward(self, x):
53.             outputs = {}
54.             x = self.stem(x)
55.             outputs[«stem»] = x
56.             x = self.dark2(x)
57.             outputs[«dark2»] = x
58.             x = self.dark3(x)
59.             outputs[«dark3»] = x
60.             x = self.dark4(x)
61.             outputs[«dark4»] = x
62.             x = self.dark5(x)
63.             outputs[«dark5»] = x
64.             return {k: v for k, v in outputs.items() if k in self.out_features}
```

結合如圖 2.52 所示的 SPP 結構圖和程式 2.6 中對於 DarkNet 的複現可以看到，在 dark5 模組中還加入了 SPP 結構，其具體實現如程式 2.7 所示，透過 for 迴圈和 nn.ModuleList 一併定義 self.m，其中包含 3 個最大化池操作（MaxPool），其卷積核心尺寸分別為 5、9 和 13。根據圖 2.52，卷積後將特徵送入具有不同池化尺寸的最大池化層，同時有一個 identity 分支直接將輸出特徵與具有不同卷積核心尺寸的最大池化得到的結果進行拼接，並再次經過卷積模組，這也就是 forward 函式的執行過程，具體可以參見程式 2.7 中的第 17 ～ 20 行。

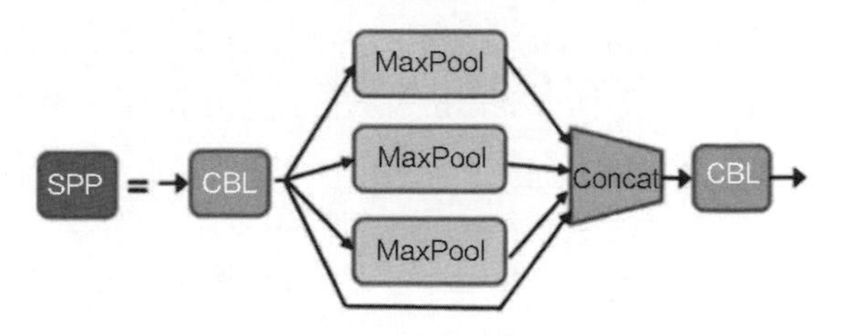

▲ 圖 2.52 SPP 結構圖

➔ 程式 2.7 SPP 結構

```
1.      class SPPBottleneck(nn.Module):
2.          «»»Spatial pyramid pooling layer used in YOLOv3-SPP»»»
3.          def __init__(self, in_channels, out_channels,kernel_sizes=(5,9,13),
        activation=" silu" ):
4.
5.              super().__init__()
6.              hidden_channels = in_channels // 2
7.              self.conv1 = BaseConv(in_channels, hidden_channels, 1, stride=1,
        act=activation)
8.              self.m = nn.ModuleList(
9.                  [
10.                     nn.MaxPool2d(kernel_size=ks, stride=1, padding=ks // 2)
11.                     for ks in kernel_sizes
12.                 ]
13.             )
14.             conv2_channels = hidden_channels * (len(kernel_sizes) + 1)
15.             self.conv2 = BaseConv(conv2_channels, out_channels, 1, stride=1,
        act=activation)
16.
17.         def forward(self, x):
18.             x = self.conv1(x)
19.             x = torch.cat([x] + [m(x) for m in self.m], dim=1)
20.             x = self.conv2(x)
21.             return x
```

經過 Backbone 和 SPP 結構對輸入影像進行特徵編碼後便進入 Neck 階段。這裡 YOLOX 依舊使用的是 PAFPN 結構。

關於 PAFPN，如程式 2.8 所示，其可以分為自下而上和從上往下兩部分，首先透過程式 2.8 的第 80 行中的 self.backbone 提取特徵；然後便進入 PAFPN 結構，第 81 ~ 91 行程式為自下而上的特徵融合階段，第 94 ~ 100 行程式為從上往下的特徵融合階段。

➔ 程式 2.8 Neck 的架設

```
1.	class YOLOPAFPN(nn.Module):
2.	    «»»
3.	    YOLOv3 model. Darknet 53 is the default backbone of this model.
4.	     “” ”
5.	    def __init__(
6.	        self,
7.	        depth=1.0,
8.	        width=1.0,
9.	        in_features=(«dark3», “dark4” , “dark5” ),
10.	        in_channels=[256, 512, 1024],
11.	        depthwise=False,
12.	        act=»silu»,
13.	    ):
14.	        super().__init__()
15.	        self.backbone = CSPDarknet(depth,width,depthwise=depthwise,act=act)
16.	        self.in_features = in_features
17.	        self.in_channels = in_channels
18.	        Conv = DWConv if depthwise else BaseConv
19.	
20.	        self.upsample = nn.Upsample(scale_factor=2, mode=” nearest” )
21.	        self.lateral_conv0 = BaseConv(
22.	            int(in_channels[2]*width),int(in_channels[1]*width),1,1,act=act
23.	        )
24.	        self.C3_p4 = CSPLayer(
25.	            int(2 * in_channels[1] * width),
26.	            int(in_channels[1] * width),
27.	            round(3 * depth),
28.	            False,
```

```
29.                 depthwise=depthwise,
30.                 act=act,
31.             )  # cat
32.
33.             self.reduce_conv1 = BaseConv(
34.                 int(in_channels[1] * width), int(in_channels[0] * width), 1,
        1, act=act
35.             )
36.             self.C3_p3 = CSPLayer(
37.                 int(2 * in_channels[0] * width),
38.                 int(in_channels[0] * width),
39.                 round(3 * depth),
40.                 False,
41.                 depthwise=depthwise,
42.                 act=act,
43.             )
44.
45.             # bottom-up conv
46.             self.bu_conv2 = Conv(
47.                 int(in_channels[0]*width),int(in_channels[0]*width),3,2,act=act
48.             )
49.             self.C3_n3 = CSPLayer(
50.                 int(2 * in_channels[0] * width),
51.                 int(in_channels[1] * width),
52.                 round(3 * depth),
53.                 False,
54.                 depthwise=depthwise,
55.                 act=act,
56.             )
57.
58.             # bottom-up conv
59.             self.bu_conv1 = Conv(
60.                 int(in_channels[1]*width),int(in_channels[1]*width),3,2,act=act
61.             )
62.             self.C3_n4 = CSPLayer(
63.                 int(2 * in_channels[1] * width),
64.                 int(in_channels[2] * width),
65.                 round(3 * depth),
66.                 False,
```

```
67.                  depthwise=depthwise,
68.                  act=act,
69.              )
70.
71.      def forward(self, input):
72.          «»»
73.          Args:
74.              inputs: input images.
75.          Returns:
76.              Tuple[Tensor]: FPN feature.
77.            “” ”
78.
79.          #  backbone
80.          out_features = self.backbone(input)
81.          features = [out_features[f] for f in self.in_features]
82.          [x2, x1, x0] = features
83.
84.          fpn_out0 = self.lateral_conv0(x0)  # 1024->512/32
85.          f_out0 = self.upsample(fpn_out0)  # 512/16
86.          f_out0 = torch.cat([f_out0, x1], 1)  # 512->1024/16
87.          f_out0 = self.C3_p4(f_out0)  # 1024->512/16
88.
89.          fpn_out1 = self.reduce_conv1(f_out0)  # 512->256/16
90.          f_out1 = self.upsample(fpn_out1)      # 256/8
91.          f_out1 = torch.cat([f_out1, x2], 1)   # 256->512/8
92.          pan_out2 = self.C3_p3(f_out1)         # 512->256/8
93.
94.          p_out1 = self.bu_conv2(pan_out2)  # 256->256/16
95.          p_out1 = torch.cat([p_out1, fpn_out1], 1)  # 256->512/16
96.          pan_out1 = self.C3_n3(p_out1)  # 512->512/16
97.
98.          p_out0 = self.bu_conv1(pan_out1)  # 512->512/32
99.          p_out0 = torch.cat([p_out0, fpn_out0], 1)  # 512->1024/32
100.       pan_out0 = self.C3_n4(p_out0)  # 1024->1024/32
101.
102.       outputs = (pan_out2, pan_out1, pan_out0)
103.       return outputs
```

此外，YOLOX 和 YOLOv5 一樣有不同的模型設定，分別是 YOLOXn、YOLOXs、YOLOXm、YOLOXl、YOLOXx。它們的 Neck 和 Head 部分都是相同的設定，主要區別就在於 Backbone 的設定不同，主要由 depth 和 width 兩個參數來控制。

如程式 2.9 所示，YOLOX 整體架構的架設也透過第 7、8 行程式的縮放參數來進行。這裡 depth=0.67、width=0.75 對應的是 YOLOXm 模型。

➔ 程式 2.9 YOLOX 整體架構的架設

```
1.     # 如果其餘參數不需要修改，那麼可以只修改 depth 和 width
2.     # yolox_m
3.     class Exp(MyExp):
4.         def __init__(self):
5.             super(Exp, self).__init__()
6.             self.num_classes = 7
7.             self.depth = 0.67 # 修改這個參數
8.             self.width = 0.75 # 修改這個參數
9.     # yolox_m
10.    class Exp(MyExp):
11.        def __init__(self):
12.            super(Exp, self).__init__()
13.            self.num_classes = 7
14.            self.depth = 1 # 修改這個參數
15.            self.width = 1 # 修改這個參數
16.    # yolox_x
17.    class Exp(MyExp):
18.        def __init__(self):
19.            super(Exp, self).__init__()
20.            self.num_classes = 7
21.            self.depth = 1.33 # 修改這個參數
22.            self.width = 1.25 # 修改這個參數
```

4．正、負樣本匹配

YOLOX 所使用的 SimOTA 流程的虛擬程式碼如下。

（1）確定正樣本候選區域。

（2）計算每個樣本對每個標籤的位置損失和分類損失並得到 Cost：

$$\begin{aligned}\text{Cost} &= L_{\text{cls}} + \lambda \cdot L_{\text{reg}} \\ L_{\text{reg}} &= \log(\text{IoU}) \\ L_{\text{cls}} &= \text{CrossEntropyLoss(gt,pred)}\end{aligned} \tag{2.10}$$

（3）使用每個標籤的預測樣本確定它需要分配到的樣本數（Dynamic k）。

① 獲取與當前標籤的 IoU 居於前 5 ～ 15 的樣本。

② 將這 5 ～ 15 個樣本的 IoU 求和取整數即當前標籤要分配的正樣本數（Dynamic $k \geq 1$）。

（4）為每個標籤取 Cost 排名最低的前 Dynamic k 個 Anchor Box 作為正樣本，其餘為負樣本。

（5）人工去除同一個樣本被分配到多個標籤的正樣本的情況（全域資訊）。

如程式 2.10 所示，結合 SimOTA 流程的虛擬程式碼，YOLOX 中的 SimOTA 的 PyTorch 具體實現為：首先透過第 4 ～ 19 行程式進行 Anchor Box 的篩選，篩選出位於標注框內的 Anchor Box 中心；然後透過第 24 ～ 41 行程式計算標準框與第一步篩選出來的 Anchor Box 的 IoU；最後透過第 43 ～ 63 行程式計算 Cost 與 dynamic_k_matching 匹配的結果。

➔ 程式 2.10 SimOTA 樣本匹配

```
1.          # 引入 SimOTA 將 OTA 簡化為動態 top-k 策略以得到一個近似解
2.          # SimOTA 不僅可以縮短訓練時間，還可以避免額外的超參數問題
3.          # 1. 篩選 Anchor Box 的中心在標注框區域內的 Anchor Box
4.          fg_mask, is_in_boxes_and_center = self.get_in_boxes_info(
5.              gt_bboxes_per_image,
```

```
6.                expanded_strides,
7.                x_shifts,
8.                y_shifts,
9.                total_num_anchors,
10.               num_gt,
11.           )
12.           bboxes_preds_per_image = bboxes_preds_per_image[fg_mask]
13.           cls_preds_ = cls_preds[batch_idx][fg_mask]
14.           obj_preds_ = obj_preds[batch_idx][fg_mask]
15.           num_in_boxes_anchor = bboxes_preds_per_image.shape[0]
16.           if mode == «cpu»:
17.               gt_bboxes_per_image = gt_bboxes_per_image.cpu()
18.               bboxes_preds_per_image = bboxes_preds_per_image.cpu()
19.           #bboxes_iou
20.           # 計算標準框與第 1 步篩選出來的 Anchor Box 索引對應的網路預測結果的 IoU，
      log 作為 pair_wise_ious_loss
21.           # 計算 pair_wise_cls_loss 和 pair_wise_ious_loss，並將 pair_wise_
      cls_loss 和 pair_wise_ious_loss 作為 Cost，計算 dynamic_k
22.           pair_wise_ious = bboxes_iou(gt_bboxes_per_image, bboxes_preds_
      per_image,False)
23.           gt_cls_per_image = (
24.               F.one_hot(gt_classes.to(torch.int64), self.num_classes)
25.               .float()
26.               .unsqueeze(1)
27.               .repeat(1, num_in_boxes_anchor, 1)
28.           )
29.           pair_wise_ious_loss = -torch.log(pair_wise_ious + 1e-8)
30.           if mode == «cpu»:
31.               cls_preds_, obj_preds_ = cls_preds_.cpu(), obj_preds_.cpu()
32.           with torch.cuda.amp.autocast(enabled=False):
33.               cls_preds_ = (
34.                   cls_preds_.float().unsqueeze(0).repeat(num_gt,1,1).sigmoid_()
35.                   * obj_preds_.unsqueeze(0).repeat(num_gt, 1, 1).sigmoid_()
36.               )
37.               pair_wise_cls_loss = F.binary_cross_entropy(cls_preds_.sqrt_(),
      gt_cls_per_image, reduction=" none" ).sum(-1)
38.           del cls_preds_
39.           # 計算 Cost
40.           cost=(pair_wise_cls_loss+3.0*pair_wise_ious_loss+100000.0*(~is_
      in_boxes_and_center))
```

```
41.             # 2. 進行 SimOTA 標籤分配
42.             # 分配時，Cost 是一個 n_gt × m_anchor 矩陣
43.             (num_fg,
44.                 gt_matched_classes,
45.                 pred_ious_this_matching,
46.                 matched_gt_inds,
47.             ) = self.dynamic_k_matching(cost, pair_wise_ious, gt_classes,
        num_gt, fg_mask)
48.             del pair_wise_cls_loss, cost, pair_wise_ious, pair_wise_ious_loss
49.             if mode == «cpu»:
50.                 gt_matched_classes = gt_matched_classes.cuda()
51.                 fg_mask = fg_mask.cuda()
52.                 pred_ious_this_matching = pred_ious_this_matching.cuda()
53.                 matched_gt_inds = matched_gt_inds.cuda()
54.             return (gt_matched_classes,
55.                 fg_mask,
56.                 pred_ious_this_matching,
57.                 matched_gt_inds,
58.                 num_fg,
59.             )
60.         # 使用 IoU 確定 dynamic_k，取與每個 gt 的 IoU 最大的前 10 個
61.         # 為每個 gt 取 Cost 排名最低的前 dynamic_k 個 Anchor Box 作為正樣本，其餘為負樣本
62.         def dynamic_k_matching(self, cost, pair_wise_ious, gt_classes, num_gt,
        fg_mask):
63.             # Dynamic K
64.             matching_matrix = torch.zeros_like(cost)
65.             ious_in_boxes_matrix = pair_wise_ious
66.             n_candidate_k = min(10, ious_in_boxes_matrix.size(1))
67.             topk_ious, _ = torch.topk(ious_in_boxes_matrix,n_candidate_k,dim=1)
68.             dynamic_ks = torch.clamp(topk_ious.sum(1).int(), min=1)
69.             for gt_idx in range(num_gt):
70.                 _, pos_idx = torch.topk(cost[gt_idx], k=dynamic_ks[gt_idx]
        .item(), largest=False)
71.                 matching_matrix[gt_idx][pos_idx] = 1.0
72.             del topk_ious, dynamic_ks, pos_idx
73.             anchor_matching_gt = matching_matrix.sum(0)
74.             if (anchor_matching_gt > 1).sum() > 0:
75.                 _, cost_argmin=torch.min(cost[:,anchor_matching_gt > 1],
        dim=0)
```

```
76.                 matching_matrix[:, anchor_matching_gt > 1] *= 0.0
77.                 matching_matrix[cost_argmin, anchor_matching_gt > 1] = 1.0
78.             fg_mask_inboxes = matching_matrix.sum(0) > 0.0
79.             num_fg = fg_mask_inboxes.sum().item()
80.             fg_mask[fg_mask.clone()] = fg_mask_inboxes
81.             matched_gt_inds = matching_matrix[:, fg_mask_inboxes].argmax(0)
82.             gt_matched_classes = gt_classes[matched_gt_inds]
83.             pred_ious_this_matching = (matching_matrix * pair_wise_ious).sum(0)[
84.                 fg_mask_inboxes
85.             ]
86.             return num_fg, gt_matched_classes, pred_ious_this_matching,
        matched_gt_inds
```

這裡不進行更多的程式講解，具體可以參考 YOLOX 的官方論文與程式。YOLOX 的行人檢測結果如圖 2.53 所示。

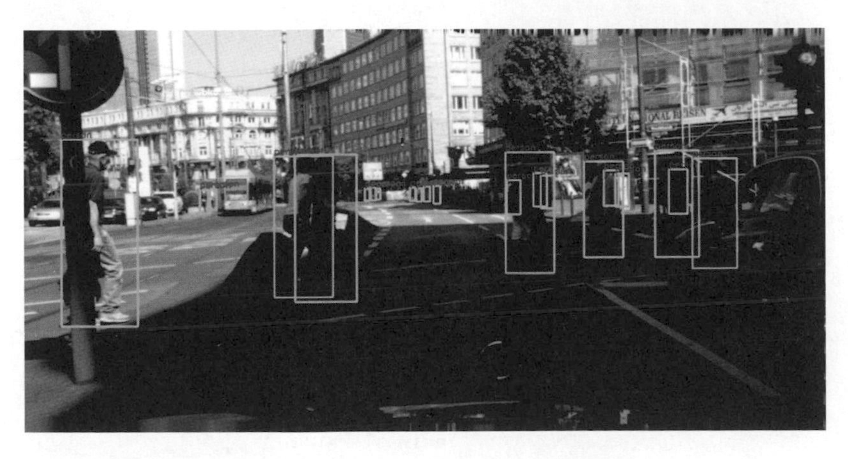

▲ 圖 2.53 YOLOX 的行人檢測結果

2.4 自動駕駛中的交通號誌檢測

交通號誌檢測與辨識（TSR）的概念最早就是作為輔助駕駛工具被提出的。TSR 系統在辨識交通號誌後，對駕駛員進行語音和視訊等方式的提醒，甚至可以在必要時對車輛駕駛系統直接做出控制，從而確保自動駕駛系統的安全。

2.4.1 NanoDet 演算法的原理

基於深度學習的物件辨識技術已經發展許久，在行動端物件辨識演算法上，YOLO 系列 Anchor-Based 模型一直佔據著主導地位，但隨著 Anchor-Free 模型的逐漸發展和突破，2020 年年底，NanoDet 專案「從天而降」，其在能夠提供不亞於 YOLO 系列性能的情況下，對行動端和嵌入式裝置非常友善，同時易於訓練和部署。

NanoDet 一經發佈，不僅登上了 GitHub 趨勢第一，還在一年內收穫了 3700 多個 star，並且引起了業界許多知名公司在輕量化物件辨識領域競相角逐，其中包括曠視科技的 YOLOX-Nano、百度的 PPYOLO 和 PicoDet 等，它們都將 NanoDet 作為超越的目標。

而在初代 NanoDet 發佈一年後，提出者結合一年內湧現的新技術和自己的研究成果推出了升級版 NanoDet-Plus，在僅增加 1ms 左右延遲時間的情況下使準確度提升了 30%，與 YOLOv5-n、YOLOX-Nano 等其他輕量化模型相比，其準確度和速度都提高了不少，同時 NanoDet 十分注重好用性。

而與 YOLO 系列的不同之處在於，NanoDet 基於 FCOS 進行改進，沒有使用複雜的輸入端資料增強策略，也沒有單獨設計新的 Backbone，所有的性能提升都來自優秀的 Neck、檢測 Head 和損失函式，將學術界的一些優秀論文方法實作到輕量化模型上，透過這些技術的組合獲得了一個兼顧準確度、速度和參數量的檢測模型。

NanoDet 的早期版本主要參考了 FCOS，論文全名為 *FCOS：Fully Convolutional One-Stage Object Detection*。FCOS 演算法是 Anchor-Free 演算法中比較成熟、結構簡單、性能優異的一種。FCOS 模型架構如圖 2.54 所示。

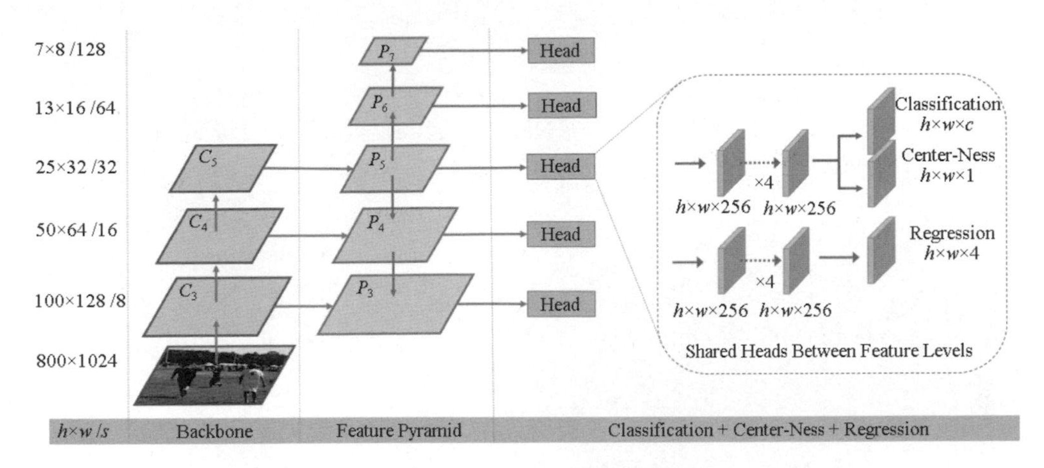

▲ 圖 2.54 FCOS 模型架構圖

FCOS 指出基於 Anchor Box 的物件辨識模型有以下缺點。

（1）Anchor Box 相關的超參數太多，如 Anchor Box 的大小、長寬比、數量等，這些超參數對演算法的性能影響很大，但它們又非常敏感，調校起來很麻煩。

（2）Anchor Box 的尺寸和長寬比固定，導致形變較大的物件辨識效果不好，如一些小目標或一個細長的目標。

（3）為了降低召回率，需要大量的 Anchor Box 防止漏檢，但這些大多都會成為負樣本，導致訓練時正、負樣本不平衡。

（4）在進行正、負樣本判斷時所使用的 IoU 計算起來很複雜。

而 FCOS 與基於 Anchor Box 的模型的不同之處在於以下幾方面。

（1）直接限定不同等級特徵的邊界框的回歸範圍來分配。

（2）在不同特徵層之間共用參數，使得檢測器的計算效率更高，性能也更好。

（3）如圖 2.54 所示，FCOS 在 Neck 後的每個特徵層上都接一個檢測 Head，且共用參數資訊，分別在該特徵圖的每像素上預測目標分類、存在性、邊界框回歸值。

NanoDet 的整體架構如圖 2.55 所示，主要包括主幹網絡、Neck（這裡選擇使用了輕量化的 PAN，即 GhostPAN）、預測 Head 和訓練輔助模組。

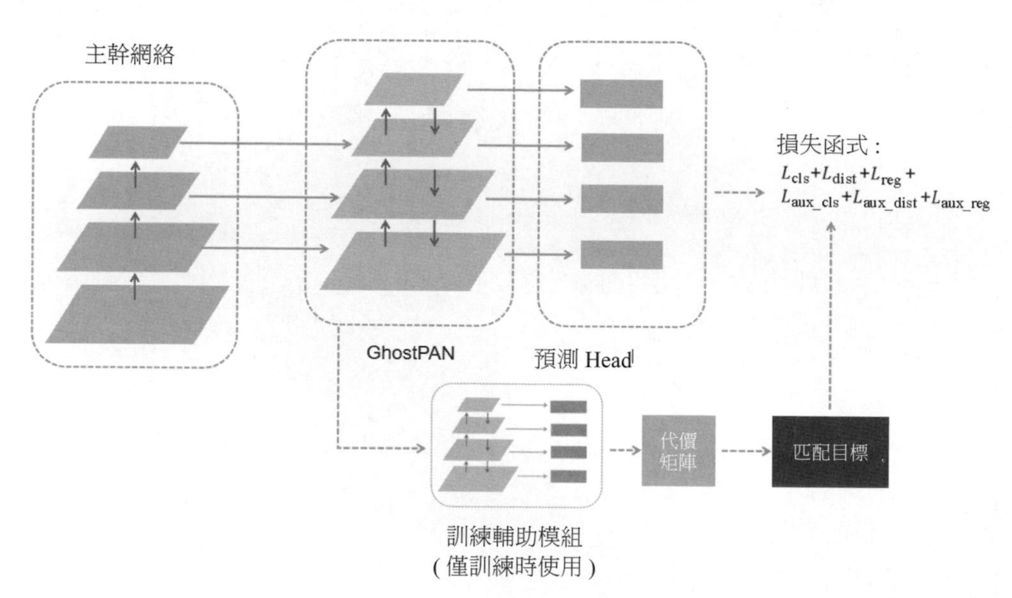

▲ 圖 2.55 NanoDet 的整體架構

NanoDet 是一個 Anchor-Free 的單階段物件辨識模型，同樣可以分為以下 5 部分。

（1）輸入端。

（2）Backbone。

（3）Neck。

（4）損失函式。

（5）Head。

1．輸入端

NanoDet 在輸入端使用的資料增強策略非常簡單，只應用了基礎的形狀和顏色資料增強。

- 形狀變換：縮放、拉伸、移動、翻轉。
- 顏色變換：亮度、對比度、飽和度。

除此以外，開發者也可以根據自身需求添加角度變換、旋轉、剪貼變換、Mosaic 等資料增強操作。

2．Backbone

隨著各大演算法公司在輕量化檢測模型領域的研發力度加大，依託神經網路結構搜尋（Neural Architecture Search，NAS）技術的強大能力，在約束了計算量、參數量和準確度的搜尋空間內搜尋出了非常強的 Backbone，如百度在 PicoDet 中使用的 ESNet 等。

在這方面，NanoDet 選擇使用 ShuffleNet v2 作為基礎 Backbone。雖然 Backbone 是整個模型中最重要的部分，但 NanoDet 依然獲得了與花費幾千個 GPU 搜尋得到的模型相媲美的檢測性能，同時，使用者在實際使用時，可以根據專案需求很容易地將 NAS 搜尋到的 Backbone 替換到 NanoDet 中使用。NanoDet ShuffleNet v2 Backbone 如圖 2.56 所示。

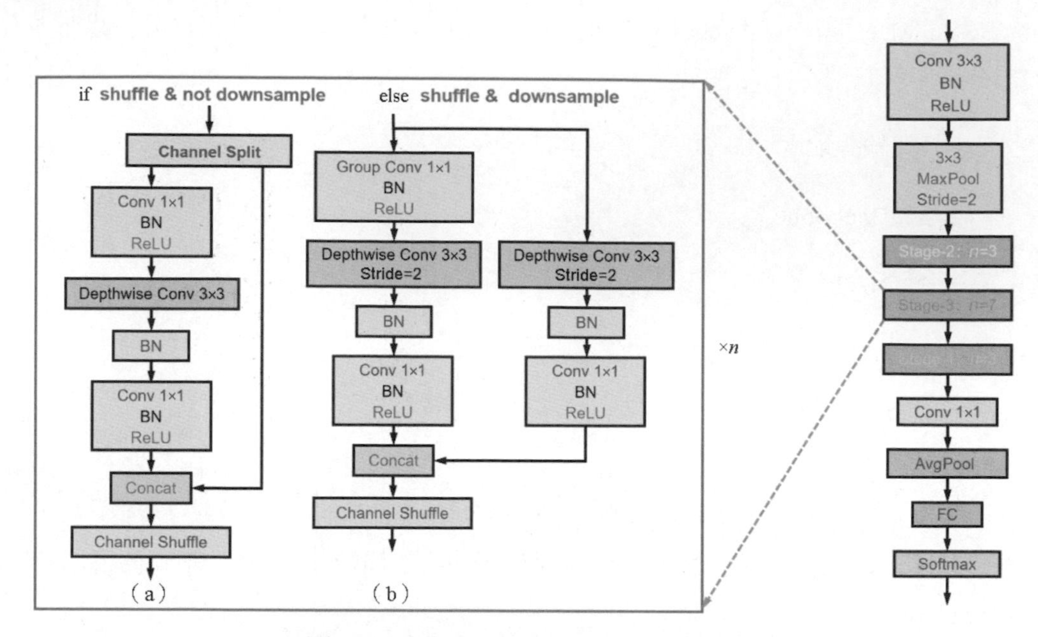

▲ 圖 2.56 NanoDet ShuffleNet v2 Backbone

3．Neck

目前針對 FPN 層的改進方案有很多，如 EfficientDet 使用了 BiFPN，YOLOX、PicoDet 和 YOLOv5 使用了 PAN 作為特徵金字塔模組。NanoDet 將 PAN 與 Ghost 模組相結合，設計了一個輕量且性能優異的 PAN（GhostPAN）。

原版的 PAN 和 YOLO 中的 PAN 都使用了步進值為 2 的卷積，進行大尺度特徵圖到小尺度特徵圖的下採樣，而 GhostPAN 則使用 GhostNet 中提出的 Ghost Block 作為處理多層之間特徵融合的模組，其基本結構單元由一組 1×1 卷積和 3×3 的深度卷積組成，參數量和計算量都非常少，因此最終整個 GhostPAN 的參數量只有 190×10^3 個。

如圖 2.57 所示，Ghost Block 是由堆疊的 Ghost BottleNeck 組成的，而 Ghost BottleNeck 則以 Ghost Module 為基本單元。

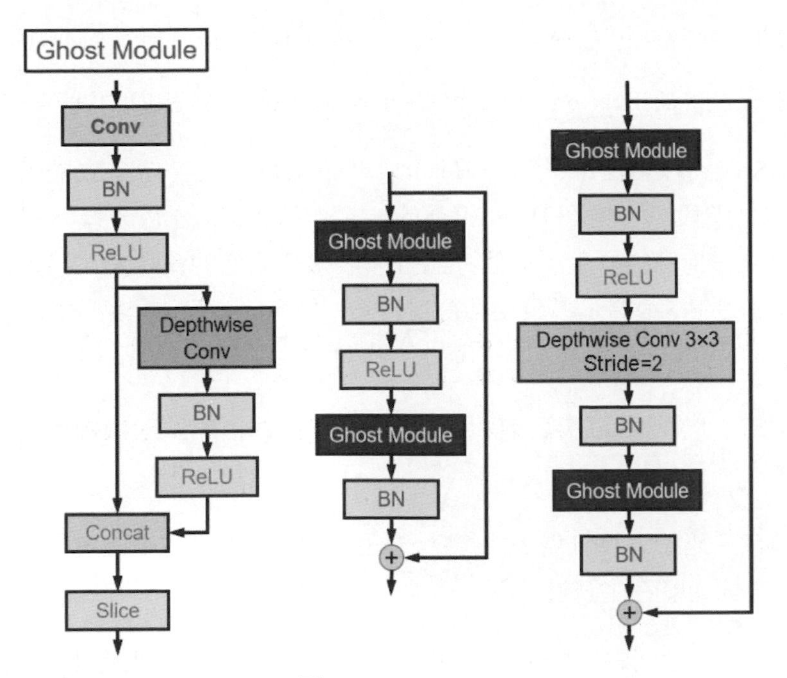

▲ 圖 2.57 Ghost Block

4．損失函式

由於網路檢測 Head 的設計直接與損失函式的選擇相關，因此在介紹檢測 Head 之前需要先介紹損失函式。NanoDet 的損失函式選擇了 Generalized Focal Loss（GFL）。*Generalized Focal Loss* 論文中提出的 GFL 完美地去掉了過去 FCOS 系列演算法的 Center-Ness 分支，並獲得顯著的性能提升，這一設計既提升了準確度，又省去了大量的計算，減少了檢測 Head 的計算銷耗，非常適合行動端的輕量化部署。

具體而言，GFL 分為兩部分，分別為 Quality Focal Loss（QFL）和 Distribution Focal Loss（DFL）。

Generalized Focal Loss 論文指出，FCOS 這樣的設計存在以下兩個問題。

問題一：Classification Score 和 Center-Ness Score 訓練與測試不一致。

FCOS 在訓練過程中，分類 Head 和 CenterHead 是各自獨立監督訓練的，但是在測試階段，將兩個 Head 相乘的結果作為 NMS 分數來進行排序。這樣便會導致一種情況的發生：一個分類置信度得分很低的負樣本由於錯誤預測出 Center-Ness Score 很高，導致相乘得到的分數較高，最終使得將它判斷為一個真正的正樣本。

問題二：邊界框回歸直接採用數值回歸的形式，無法建模複雜場景的不確定度。

在模糊、遮擋等複雜場景中，邊界框的位置有很強的不確定性，直接採用數值回歸方式的堅固性很差。

針對上述兩個問題，GFL 分別用 QFL 和 DFL 兩個方案來解決。

對於問題一，將單獨預測的分類和品質得分進行了聯合，讓 0-1 離散形式的分類標籤能監督連續值，同時保留 Focal Loss 損失函式平衡正負、難易樣本的特性，從而提出了 QFL：

$$\mathrm{QFL}(\sigma) = -|y-\sigma|\left[(1-y)\log(1-\sigma) + y\log(\sigma)\right] \tag{2.11}$$

對於問題二，使用一維機率分佈的形式來建模邊界框的位置，透過計算機率分佈的期望的形式來計算回歸值。考慮到監督資訊只是針對期望值的，而一個期望值可能對應無數種機率分佈，因此提出了 DFL 來監督機率分佈：

$$\mathrm{DFL}(S_i, S_{i+1}) = -\left[y(y_{i+1}-y)\log(S_i) + (y-y_i)\log(S_{i+1})\right] \tag{2.12}$$

最終，QFL 和 DFL 可以統一地表示為 GFL：

$$\mathrm{GFL}(p_{y_l}, p_{y_r}) = -\left|y-(y_l p_{y_l} + y_r p_{y_r})\right|^{\beta}\left[(y_r - y)\log(p_{y_l}) + (y-y_l)\log(p_{y_r})\right] \tag{2.13}$$

5．Head

由於 GFL 的加入，成功地去掉了 FCOS 的 Center-Ness 分支，因此 NanoDet 的檢測 Head 也變得非常輕量，非常適用於行動端裝置部署。同時，NanoDet 在此基礎上又提出了一個訓練輔助模組（Assign Guidance Module，AGM），只在訓練階段參與計算，當模型訓練完成後即可去除，不影響模型推理速度，配合動態軟標籤匹配（Dynamic Soft Label Assigner，DSLA）策略進一步提升了檢測網路的性能。

1）動態匹配

所謂動態匹配，簡單來說就是指直接使用模型檢測 Head 的輸出，與所有 Ground Truth 計算一個匹配得分，這個得分由分類損失和回歸損失相加得到。由特徵圖上 N 個點的預測值與 M 個 Ground Truth 計算得到一個 $N\times M$ 的矩陣，稱為代價矩陣（Cost Matrix），基於這個矩陣可以讓當前預測結果動態地尋找最佳標籤。匹配的策略有二分圖匹配、傳輸最佳化、Top-K 等，NanoDet 中直接採取了 Top-K 策略來進行匹配。

這種策略的問題在於，在網路訓練的初期，預測效果是很差的，可能根本預測不出結果。因此在動態匹配時還會加上一些位置約束。舉例來說，使用一個 5×5 的中心區域限制匹配的自由程度，並依賴神經網路天生的抗雜訊能力，只需在 Ground Truth 內隨機分配一些點，網路就能學習到一些基礎的特徵。

2）AGM

在理解了動態匹配機制後，在小模型上還有一個問題：由於小模型的檢測 Head 的參數量極少，所以模型在初期可能學習不到有意義的特徵來計算代價矩陣。因此，NanoDet 設計了一個 AGM，其實就是一個多參數量的檢測 Head，由它來完成代價矩陣的計算，並用這個結果來完成匹配，指導原本模型的檢測 Head 進行學習。隨著訓練的結束，小模型的檢測 Head 完成了訓練後，大模型的檢測 Head 也就完成了它的使命。在推理階段可以把大模型的檢測 Head 扔掉，從而做到不影響推理速度。

圖 2.58 所示的 AGM 模組是由 4 個 3×3 的卷積組成的，並使用 LeakyReLU 作為歸一化層，在不同尺度的特徵圖間共用參數。由於共用參數，並且沒有用到深度可分離卷積，因此 AGM 所消耗的運算資源非常少，幾乎不影響訓練速度。

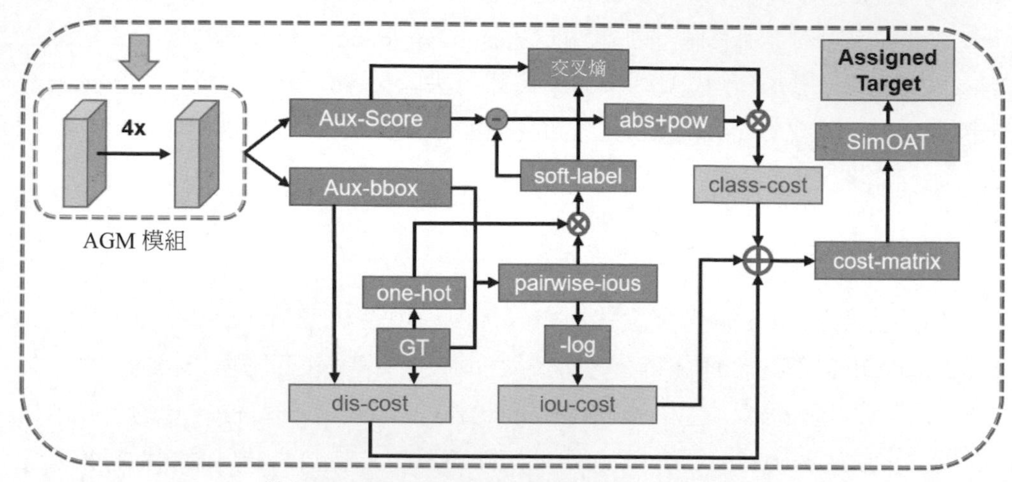

▲ 圖 2.58 Nanodet 的樣本匹配

基於以上改進，NanoDet 最終匹配的代價函式由 3 部分組成，分別為分類代價、回歸代價、分佈代價：

$$
\begin{aligned}
L_{\text{cls}} &= \text{CE}\left(P, Y_{\text{soft}}\right) \times \left(Y_{\text{soft}} - P\right)^2 \\
L_{\text{reg}} &= -\log\left(\text{IoU}\right) \\
L_{\text{dis}} &= \alpha^{\left|x_{\text{pred}} - x_{\text{gt}}\right| - \beta}
\end{aligned}
\tag{2.14}
$$

最終的代價函式為

$$
L = L_{\text{cls}} + \lambda L_{\text{reg}} + L_{\text{dis}} \tag{2.15}
$$

由於 AGM 的加入，每一項又都同時包含了小模型的檢測 Head 和大模型的檢測 Head 的損失。

2.4.2 基於 NanoDet 的交通號誌檢測專案實踐

1．TT100K 資料集簡介

Tsinghua-Tencent 100K（TT100K）是騰訊和清華合作製作的交通號誌資料集（100K 就是 10 萬幅影像的意思）。但是，該資料集中的 1 萬多幅影像包含交通號誌，其中訓練資料集裡有 6105 幅影像，測試資料集裡有 3071 幅影像，每幅影像都包含多個實例。

根據 *Traffic-Sign Detection and Classification in the Wild* 論文中提到的「一個典型的交通號誌的尺寸可能是 80×80，在 2000×2000 的影像中，或只是影像的 0.16%」。這表示交通號誌等小物體在輸入影像中所佔的比例很小。對於該實踐部分，將所有的 TT100K 類別合併為 3 個類別：指示類、禁止類、警告類。TT100K 資料集舉例如圖 2.59 所示。

▲ 圖 2.59 TT100K 資料集舉例

2．資料前置處理

在介紹 NanoDet 的資料增強之前，這裡先介紹一下仿射變換矩陣，因為在 NanoDet 中，很多變換都是使用仿射變換矩陣的形式完成的。

仿射變換（Affine Transformation）其實是線性變換和平移變換的疊加。

如圖 2.60 所示，仿射變換包括縮放（Scale，尺度變換）、平移（Transform）、翻轉（Flip）等，原來的直線仿射變換後還是直線，原來的平行線仿射變換後還是平行線。

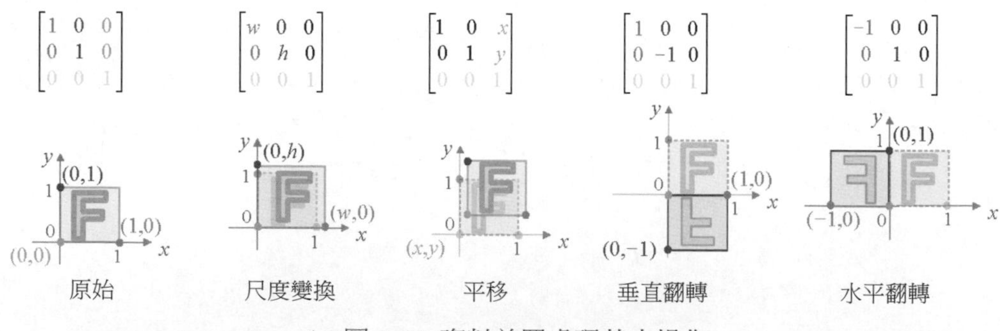

▲ 圖 2.60 資料前置處理基本操作

仿射變換中的一些性質保持不變。

（1）凸性。

（2）共線性：若幾個點變換前在一條線上，則仿射變換後它們仍然在一條線上。

（3）平行性：若兩條線變換前平行，則變換後它們仍然平行。

（4）共線比例不變性：變換前一條線上兩條線段的比例在變換後不變。

仿射變換是二維平面中一種重要的變換，在影像圖形領域有廣泛的應用。在二維影像變換中，仿射變換的一般表達為

$$\begin{bmatrix} x' \\ y' \\ 1 \end{bmatrix} = \begin{bmatrix} r_{00} & r_{01} & t_x \\ r_{10} & r_{11} & t_y \\ 0 & 0 & 1 \end{bmatrix} \begin{bmatrix} x \\ y \\ 1 \end{bmatrix} \tag{2.16}$$

式中，r_{**} 代表線性變換；t_* 代表平移變換。因此仿射變換可以看作線性變換與平移變換的疊加。

根據設定檔可以知道，NanoDet 前置處理中的資料增強使用了隨機對比度、隨機飽和度、隨機水平翻轉和隨機明亮度等。

如程式 2.11 所示，該部分為 NanoDet 的資料增強，其中包括透視變換、尺度變換、拉伸、旋轉、修剪、移位、水平翻轉、明亮度、對比度和飽和度的資料增強操作。

➔ 程式 2.11 NanoDet 的資料增強

```
1.    pipeline:
2.        # 透視變換
3.        perspective: 0.0
4.        # 尺度變換
5.        scale: [0.6, 1.4]
6.        # 拉伸
7.        stretch: [[0.8, 1.2], [0.8, 1.2]]
8.        # 旋轉
9.        rotation: 0
10.       # 修剪
11.       shear: 0
12.       # 移位
13.       translate: 0.2
14.       # 水平翻轉
15.       flip: 0.5
16.       # 明亮度
17.       brightness: 0.2
18.       # 對比度
19.       contrast: [0.6, 1.4]
20.       # 飽和度
21.       saturation: [0.5, 1.2]
```

下面以圖 2.61 為例比較進行各種資料增強操作後的效果。

尺度變換的仿射變換矩陣如下：

$$\begin{bmatrix} 1.274 & 0 & -137.689 \\ 0 & 1.274 & -96.862 \\ 0 & 0 & 1 \end{bmatrix} \tag{2.17}$$

尺度變換後的影像如圖 2.62 所示。

▲ 圖 2.61 原始影像

▲ 圖 2.62 尺度變換後的影像

拉伸資料的仿射變換矩陣如下：

$$\begin{bmatrix} 1.481 & 0 & -241.835 \\ 0 & 1.474 & -167.489 \\ 0 & 0 & 1 \end{bmatrix} \tag{2.18}$$

拉伸變換後的影像如圖 2.63 所示。

▲ 圖 2.63 拉伸變換後的影像

移位資料的仿射變換矩陣如下：

$$\begin{bmatrix} 1 & 0 & -60.310 \\ 0 & 1 & 71.660 \\ 0 & 0 & 1 \end{bmatrix} \tag{2.19}$$

移位變換後的影像如圖 2.64 所示。

水平翻轉的仿射變換矩陣如下：

$$\begin{bmatrix} -1 & 0 & 1005 \\ 0 & 1 & 0 \\ 0 & 0 & 1 \end{bmatrix} \tag{2.20}$$

水平翻轉後的影像如圖 2.65 所示。

▲ 圖 2.64 移位變換後的影像

▲ 圖 2.65 水平翻轉後的影像

隨機明亮度變換後、隨機對比度變換後、隨機飽和度變換後的影像分別如圖 2.66 ～圖 2.68 所示。

▲ 圖 2.66 隨機明亮度變換後的影像

▲ 圖 2.67 隨機對比度變換後的影像

▲ 圖 2.68 隨機飽和度變換後的影像

3．Backbone

如程式 2.12 所示，NanoDet 的 Backbone 選擇的是 ShuffleNet v2，設定中的 model_size 代表 ShuffleNet v2 的模型規模，ShuffleNet v2 有 4 種模型規模，分別是 0.5×、1.0×、1.5× 和 2.0×，這在 NanoDet 的開放原始碼專案中有所表現；out_stages 代表輸出的特徵圖。

➔ 程式 2.12 NanoDet 的 Backbone 設定

```
1.     backbone:
2.             name: ShuffleNetv2
3.             model_size: 1.5x
4.             out_stages: [2,3,4]
5.             activation: LeakyReLU
```

Shufflev2Block 主要有兩個分支，首先透過 x.chunk(2,dim=1) 將輸入的 Tensor 進行切分；然後將切分的 Tensor 分別經過兩個卷積分支，一個分支是 self.branch1，另一個分支是 self.branch2；最後將兩個分支所提取的結果透過 Channel_shuffle 進行特徵融合。Shufflev2Block 的 PyTorch 實現如程式 2.13 所示。

➔ 程式 2.13 Shufflev2Block 的 PyTorch 實現

```
1.     def channel_shuffle(x, groups):
2.         # type: (torch.Tensor, int) -> torch.Tensor
3.         batchsize, num_channels, height, width = x.data.size()
4.         channels_per_group = num_channels // groups
5.         # reshape
6.         x = x.view(batchsize, groups, channels_per_group, height, width)
7.         x = torch.transpose(x, 1, 2).contiguous()
8.
9.         # flatten
10.        x = x.view(batchsize, -1, height, width)
11.        return x
12.
13.    class ShuffleV2Block(nn.Module):
14.        def __init__(self, inp, oup, stride, activation=" ReLU" ):
15.            super(ShuffleV2Block, self).__init__()
16.
```

```
17.         if not (1 <= stride <= 3):
18.             raise ValueError(«illegal stride value»)
19.         self.stride = stride
20.
21.         branch_features = oup // 2
22.         assert (self.stride != 1) or (inp == branch_features << 1)
23.
24.         if self.stride > 1:
25.             self.branch1 = nn.Sequential(
26.                 # 使用 3×3 深度卷積
27.                 self.depthwise_conv(inp, inp, kernel_size=3, stride=
        self.stride, padding=1),
28.                 nn.BatchNorm2d(inp),
29.                 # 使用 1×1 卷積
30.                 nn.Conv2d(inp, branch_features, kernel_size=1,stride=
        1, padding=0, bias=False),
31.                 nn.BatchNorm2d(branch_features),
32.                 act_layers(activation),
33.             )
34.
35.         else:
36.             self.branch1 = nn.Sequential()
37.
38.         self.branch2 = nn.Sequential(
39.             nn.Conv2d(
40.                 inp if (self.stride > 1) else branch_features,
41.                 branch_features,
42.                 kernel_size=1,
43.                 stride=1,
44.                 padding=0,
45.                 bias=False,
46.             ),
47.             nn.BatchNorm2d(branch_features),
48.             act_layers(activation),
49.             self.depthwise_conv(
50.                 branch_features,
51.                 branch_features,
52.                 kernel_size=3,
53.                 stride=self.stride,
```

```
54.                     padding=1,
55.                 ),
56.                 nn.BatchNorm2d(branch_features),
57.                 nn.Conv2d(
58.                     branch_features,
59.                     branch_features,
60.                     kernel_size=1,
61.                     stride=1,
62.                     padding=0,
63.                     bias=False,
64.                 ),
65.                 nn.BatchNorm2d(branch_features),
66.                 act_layers(activation),
67.             )
68. 
69.         # 深度卷積的實現
70.         @staticmethod
71.         def depthwise_conv(i, o, kernel_size, stride=1, padding=0, bias=False):
72.             return nn.Conv2d(i,o,kernel_size,stride,padding,bias=bias,groups=i)
73. 
74.         def forward(self, x):
75.             if self.stride == 1:
76.                 # 切分特徵 == Channel split
77.                 x1, x2 = x.chunk(2, dim=1)
78.                 out = torch.cat((x1, self.branch2(x2)), dim=1)
79.             else:
80.                 out = torch.cat((self.branch1(x), self.branch2(x)), dim=1)
81.             # 進行通道 Shuffle
82.             out = channel_shuffle(out, 2)
83.             return out
```

4．Neck

透過 YAML 檔案可以看出，NanoDet 的 Neck 層使用的是由 Ghost Module 改進的 PAN，進一步實現了多尺度特徵融合層的輕量化設計。

如程式 2.14 所示，NanoDet 的 PAFPN 使用 Ghost 模組進行了輕量化，因此名為 GhostPAN，如第 7、8 行程式所示。另外，GhostPAN 還使用了深度卷積，同時 GhostPAN 中使用的啟動函式為 LeakyReLU。

➔ 程式 2.14 NanoDet 的 Neck 層的設定

```
1.     fpn:
2.             name: GhostPAN
3.             in_channels: [176, 352, 704]
4.             out_channels: 128
5.             kernel_size: 5
6.             num_extra_level: 1
7.             use_depthwise: True
8.             activation: LeakyReLU
```

NanoDet 推理時的架構圖如圖 2.69 所示。

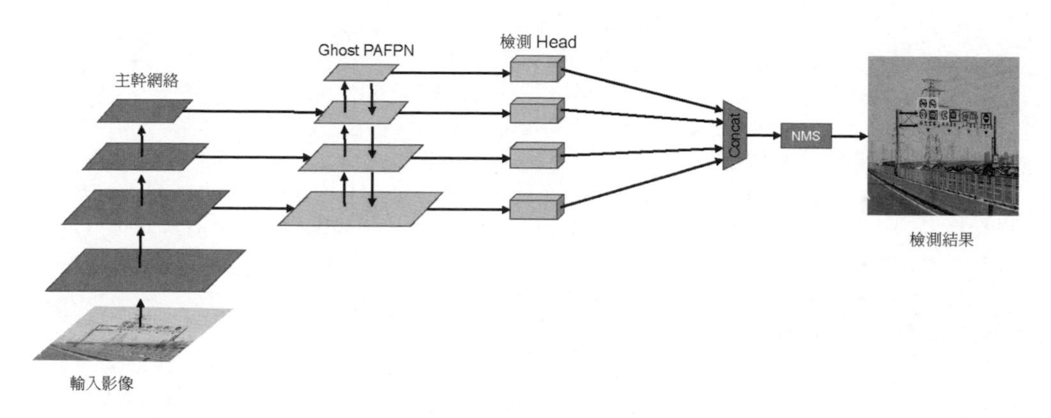

▲ 圖 2.69 NanoDet 推理時的架構圖

關於 GhostPAN，如程式 2.15 所示，其也可以分為自下而上和從上往下兩部分，在 GhostPAN 的模型定義階段，第 15 ～ 29 行程式定義了從上往下的卷積模組，其中便使用了 GhostModule 輕量化卷積模組；而第 31 ～ 44 行程式則定義了自下而上的卷積模組，其中也使用了 GhostModule 輕量化卷積模組。同時，為了進一步增強 GhostPAN 對特徵的提取能力，如程式 2.15 的第 46 ～ 56 行所示，NanoDet 的提出者另外設計了 extra_lvl_in_conv 卷積來增強特徵表達能力。

程式 2.15 的第 67 ～ 75 行為自下而上的特徵融合階段，而第 77 ～ 84 行則為從上往下的特徵融合階段。

➔ 程式 2.15 NanoDet 的 Neck 層的實現

```
1.      class GhostPAN(nn.Module):
2.          «»»Path Aggregation Network with Ghost block.
3.           “” ”
4.          def __init__(self, in_channels, out_channels, use_depthwise=False,
        kernel_size=5,
5.              expand=1, num_blocks=1, use_res=False, num_extra_level=0,
6.              upsample_cfg=dict(scale_factor=2, mode=” bilinear” ),
7.              norm_cfg=dict(type=»BN»), activation=” LeakyReLU” ,):
8.              super(GhostPAN, self).__init__()
9.              assert num_extra_level >= 0
10.             assert num_blocks >= 1
11.             self.in_channels = in_channels
12.             self.out_channels = out_channels
13.             conv = DepthwiseConvModule if use_depthwise else ConvModule
14.
15.             # build top-down blocks
16.             self.upsample = nn.Upsample(**upsample_cfg)
17.             self.reduce_layers = nn.ModuleList()
18.             for idx in range(len(in_channels)):
19.                 self.reduce_layers.append(
20.                     ConvModule(in_channels[idx], out_channels, 1,
21.                                norm_cfg=norm_cfg, activation=activation,
22.                     )
23.                 )
24.             self.top_down_blocks = nn.ModuleList()
25.             for idx in range(len(in_channels) - 1, 0, -1):
26.                 self.top_down_blocks.append(
27.                     GhostBlocks(out_channels * 2, out_channels, expand,
        kernel_size=kernel_size, num_blocks=num_blocks,use_res=use_res,activation=
        activation,
28.                     )
29.                 )
30.
31.             # build bottom-up blocks
32.             self.downsamples = nn.ModuleList()
33.             self.bottom_up_blocks = nn.ModuleList()
34.             for idx in range(len(in_channels) - 1):
```

```
35.                 self.downsamples.append(
36.                     conv(out_channels, out_channels, kernel_size,
37.                         stride=2, padding=kernel_size // 2,
38.                         norm_cfg=norm_cfg, activation=activation,
39.                     )
40.                 )
41.                 self.bottom_up_blocks.append(
42.                     GhostBlocks(out_channels * 2, out_channels, expand,
        kernel_size=kernel_size, num_blocks=num_blocks,use_res=use_res,activation=
        activation,
43.                     )
44.                 )
45.
46.             # extra layers
47.             self.extra_lvl_in_conv = nn.ModuleList()
48.             self.extra_lvl_out_conv = nn.ModuleList()
49.             for i in range(num_extra_level):
50.                 self.extra_lvl_in_conv.append(
51.                     conv(out_channels,out_channels, kernel_size,stride=2,
        padding=kernel_size // 2,
52.                         norm_cfg=norm_cfg, activation=activation,
53.                     )
54.                 )
55.                 self.extra_lvl_out_conv.append(
56.                     conv(out_channels, out_channels,kernel_size,stride=2,
        padding=kernel_size // 2, norm_cfg=norm_cfg, activation=activation,))
57.
58.         def forward(self, inputs):
59.             «»»
60.             Args:
61.                 inputs (tuple[Tensor]): input features.
62.             Returns:
63.                 tuple[Tensor]: multi level features.
64.             “” ”
65.             assert len(inputs) == len(self.in_channels)
66.             inputs = [reduce(input_x) for input_x, reduce in zip(inputs,
        self.reduce_layers)]
67.             # top-down path
68.             inner_outs = [inputs[-1]]
```

```
69.            for idx in range(len(self.in_channels) - 1, 0, -1):
70.                feat_heigh = inner_outs[0]
71.                feat_low = inputs[idx - 1]
72.                inner_outs[0] = feat_heigh
73.                upsample_feat = self.upsample(feat_heigh)
74.                inner_out = self.top_down_blocks[len(self.in_channels) -
       1 - idx](torch.cat([upsample_feat, feat_low], 1))
75.                inner_outs.insert(0, inner_out)
76.
77.            # bottom-up path
78.            outs = [inner_outs[0]]
79.            for idx in range(len(self.in_channels) - 1):
80.                feat_low = outs[-1]
81.                feat_height = inner_outs[idx + 1]
82.                downsample_feat = self.downsamples[idx](feat_low)
83.                out = self.bottom_up_blocks[idx](torch.cat([downsample_feat,
       feat_height], 1))
84.                outs.append(out)
85.
86.            # extra layers
87.            for extra_in_layer,extra_out_layer in zip(self.extra_lvl_in_conv,
       self.extra_lvl_out_conv):
88.                outs.append(extra_in_layer(inputs[-1])+extra_out_layer(outs[-1]))
89.            return tuple(outs)
```

5．動態軟標籤匹配（DSLA）

程式 2.16 所示為 NanoDet 的標籤匹配策略，DSLA 根據 pred 和 Ground Truth 的 IoU 進行軟標籤匹配，假如一個預測結果與標籤的 IoU 越大，則最終匹配給它的標籤值會越接近 1，反之會變小。

DSLA 的具體流程如下。

首先，如程式 2.16 中的第 13 ～ 34 行所示，初始化方法和匹配所需的參數。

其次，如程式 2.16 中的第 35 ～ 58 行所示，篩除不在 Ground Truth 中的 priors；FCOS 範式的網路把特徵圖上的每個網格點當作參考點，預測得到的數值是距離該參考點的 4 個數值（上、下、左、右），其做法是將每個落在

Ground Truth 範圍內的 priors 都當作正樣本，這同樣是一種先驗固定的規則。顯然，將那些處於 Ground Truth 範圍內和背景邊緣的 priors 直接作為正樣本是不太合適的。這裡，NanoDet 先將在 Ground Truth 範圍內的 priors 篩選出來，然後根據這些 priors 輸出的預測類別和位置算出代價矩陣，進一步確定是否要將其當作正樣本；同時，即使將其作為正樣本，也會有軟標籤的衰減，這麼做比原始的直接硬劃分方法會更加合理。

然後，透過程式 2.16 中的第 60 ～ 88 行計算匹配的代價矩陣，主要是把落在 Ground Truth 範圍內的 priors 篩選出來後就可以計算 IoU 損失、分類損失、距離損失了。

最後，透過 dynamic_k matching 方法並結合上一步得到的 Cost 矩陣進行動態匹配，決定哪些 priors 最終會得到正樣本的監督訓練，並在最後獲得標籤匹配的結果。

➔ 程式 2.16 NanoDet 的標籤匹配策略

```
1.     class DynamicSoftLabelAssigner(BaseAssigner):
2.         «»»Computes matching between predictions and ground truth with
3.         dynamic soft label assignment.
4.         Args:
5.             topk (int): Select top-k predictions to calculate dynamic k
6.                 best matchs for each gt. Default 13.
7.             iou_factor (float): The scale factor of iou cost. Default 3.0.
8.       “” ”
9.         def __init__(self, topk=13, iou_factor=3.0):
10.            self.topk = topk
11.            self.iou_factor = iou_factor
12.
13.        def assign(self, pred_scores, priors, decoded_bboxes, gt_bboxes,
       gt_labels,):
14.            «»»Assign gt to priors with dynamic soft label assignment.
15.            Args:
16.                pred_scores (Tensor): Classification scores of one image,
17.                    a 2D-Tensor with shape [num_priors, num_classes]
18.                priors (Tensor): All priors of one image, a 2D-Tensor with
       shape
```

```
19.                   [num_priors, 4] in [cx, xy, stride_w, stride_y] format.
20.               decoded_bboxes (Tensor): Predicted bboxes,a 2D-Tensor with shape
21.                   [num_priors, 4] in [tl_x, tl_y, br_x, br_y] format.
22.               gt_bboxes (Tensor): Ground truth bboxes of one image,a 2D-Tensor
23.                   with shape [num_gts, 4] in [tl_x, tl_y, br_x, br_y] format.
24.               gt_labels (Tensor): Ground truth labels of one image, a Tensor
25.                   with shape [num_gts].
26.           Returns:
27.               :obj:`AssignResult`: The assigned result.
28.           “” ”
29.           INF = 100000000
30.           num_gt = gt_bboxes.size(0)
31.           num_bboxes = decoded_bboxes.size(0)
32.
33.           # assign 0 by default
34.           assigned_gt_inds = decoded_bboxes.new_full((num_bboxes,), 0,
    dtype=torch.long)
35.           prior_center = priors[:, :2]
36.           lt_ = prior_center[:, None] - gt_bboxes[:, :2]
37.           rb_ = gt_bboxes[:, 2:] - prior_center[:, None]
38.           deltas = torch.cat([lt_, rb_], dim=-1)
39.           is_in_gts = deltas.min(dim=-1).values > 0
40.           valid_mask = is_in_gts.sum(dim=1) > 0
41.           valid_decoded_bbox = decoded_bboxes[valid_mask]
42.           valid_pred_scores = pred_scores[valid_mask]
43.           num_valid = valid_decoded_bbox.size(0)
44.           if num_gt == 0 or num_bboxes == 0 or num_valid == 0:
45.               # No ground truth or boxes, return empty assignment
46.               max_overlaps = decoded_bboxes.new_zeros((num_bboxes,))
47.               if num_gt == 0:
48.                   # No truth, assign everything to background
49.                   assigned_gt_inds[:] = 0
50.               if gt_labels is None:
51.                   assigned_labels = None
52.               else:
53.                   assigned_labels = decoded_bboxes.new_full((num_bboxes,),
    -1, dtype=torch.long)
54.               return AssignResult(num_gt, assigned_gt_inds, max_overlaps,
    labels=assigned_labels)
```

```
55.             pairwise_ious = bbox_overlaps(valid_decoded_bbox, gt_bboxes)
56.             iou_cost = -torch.log(pairwise_ious + 1e-7)
57.
58.             gt_onehot_label = (
59.                 F.one_hot(gt_labels.to(torch.int64), pred_scores.shape[-1])
60.                 .float()
61.                 .unsqueeze(0)
62.                 .repeat(num_valid, 1, 1)
63.             )
64.             valid_pred_scores=valid_pred_scores.unsqueeze(1).repeat(1,num_gt,1)
65.             soft_label = gt_onehot_label * pairwise_ious[..., None]
66.             scale_factor = soft_label - valid_pred_scores
67.
68.             cls_cost = F.binary_cross_entropy(valid_pred_scores, soft_label,
69.                           reduction=»none») * scale_factor.abs().pow(2.0)
70.             cls_cost = cls_cost.sum(dim=-1)
71.             cost_matrix = cls_cost + iou_cost * self.iou_factor
72.
73.             matched_pred_ious, matched_gt_inds = self.dynamic_k_matching(
74.                 cost_matrix, pairwise_ious, num_gt, valid_mask
75.             )
76.             # convert to AssignResult format
77.             assigned_gt_inds[valid_mask] = matched_gt_inds + 1
78.             assigned_labels = assigned_gt_inds.new_full((num_bboxes,), -1)
79.             assigned_labels[valid_mask] = gt_labels[matched_gt_inds].long()
80.             max_overlaps = assigned_gt_inds.new_full((num_bboxes,), -INF,
        dtype=torch.float32)
81.             max_overlaps[valid_mask] = matched_pred_ious
82.             return AssignResult(num_gt, assigned_gt_inds, max_overlaps,
        labels=assigned_labels)
83.
84.         def dynamic_k_matching(self, cost, pairwise_ious, num_gt, valid_mask):
85.             «»»Use sum of topk pred iou as dynamic k. Refer from OTA and YOLOX.
86.             Args:
87.                 cost (Tensor): Cost matrix.
88.                 pairwise_ious (Tensor): Pairwise iou matrix.
89.                 num_gt (int): Number of gt.
90.                 valid_mask (Tensor): Mask for valid bboxes.
91.              “” ”
```

```
92.             matching_matrix = torch.zeros_like(cost)
93.             # select candidate topk ious for dynamic-k calculation
94.             candidate_topk = min(self.topk, pairwise_ious.size(0))
95.             topk_ious, _ = torch.topk(pairwise_ious, candidate_topk, dim=0)
96.             # calculate dynamic k for each gt
97.             dynamic_ks = torch.clamp(topk_ious.sum(0).int(), min=1)
98.             for gt_idx in range(num_gt):
99.                 _, pos_idx=torch.topk(cost[:,gt_idx],k=dynamic_ks[gt_idx]
        .item(),largest=False)
100.                matching_matrix[:, gt_idx][pos_idx] = 1.0
101.            del topk_ious, dynamic_ks, pos_idx
102.
103.            prior_match_gt_mask = matching_matrix.sum(1) > 1
104.            if prior_match_gt_mask.sum() > 0:
105.                cost_min, cost_argmin = torch.min(cost[prior_match_gt_
        mask, :], dim=1)
106.                matching_matrix[prior_match_gt_mask, :] *= 0.0
107.                matching_matrix[prior_match_gt_mask, cost_argmin] = 1.0
108.            # get foreground mask inside box and center prior
109.            fg_mask_inboxes = matching_matrix.sum(1) > 0.0
110.            valid_mask[valid_mask.clone()] = fg_mask_inboxes
111.            matched_gt_inds = matching_matrix[fg_mask_inboxes, :].argmax(1)
112.            matched_pred_ious = (matching_matrix * pairwise_ious).sum(1)
        [fg_mask_inboxes]
113.            return matched_pred_ious, matched_gt_inds
```

NanoDet 的檢測結果如圖 2.70 所示。

▲ 圖 2.70 NanoDet 的檢測結果

2.5 自動駕駛中的交通號誌燈的檢測與辨識

交通號誌燈的檢測與辨識是無人駕駛與輔助駕駛必不可少的一部分，其辨識準確度直接關乎智慧駕駛的安全。一般而言，在實際的道路場景中擷取的交通號誌燈影像具有複雜的背景，且感興趣的交通號誌燈區域只佔很少的一部分。針對這些困難，國內外的許多研究者提出了相應的解決方案。但目前更多的是使用具有強學習能力的卷積神經網路進行檢測與辨識，這裡選擇使用具有輕量化性能的 YOLOv5-Lite 進行該專案的實施與實作。

2.5.1 YOLOv5-Lite 演算法的原理

YOLOv5-Lite 在 YOLOv5 的基礎上進行了輕量化改進，讓模型在速度和準確度間做到了進一步的平衡，可以在保證擁有比較不錯的準確度的情況下在行動端進行即時檢測與辨識。

YOLOv5-Lite 同 YOLOv5 一樣，是一個基於 Anchor Box 的單階段物件辨識架構，其主要分為以下 5 部分。

- 輸入端：Mosaic 資料增強、自我調整 Anchor Box 計算、自我調整影像縮放。
- Backbone：提取出高、中、低層特徵，使用 CSP 結構、SiLU 等操作。
- Neck：使用 FPN+PAN 結構將各層次的特徵進行融合並提取出大、中、小特徵圖。
- Head：進行最終檢測，在特徵圖上應用 Anchor Box，並生成帶有類別機率、類別得分和目標框的最終輸出向量。
- 損失函式：計算預測結果與 Ground Truth 之間的損失。

由於前面已經非常詳細地講解了 YOLOv5 的原理和改進的細節，因此對於 YOLOv5-Lite，這裡只針對其相對於 YOLOv5 改進的部分進行原理講解和說明。

透過圖 2.71 可以看出，相較於 YOLOv5，YOLOv5-Lite 的主要改進如下。

- Backbone：使用 ShuffleNet v2 作為 Backbone，使得整個模型變得更加輕量化。

- Neck：依舊使用 FPN+PAN 結構，但是其組成不再是 CSPBlock，而是更加輕量化的 Ghost Module 結構。

1．Backbone

YOLOv5-Lite 的 Backbone 選擇的是 ShuffleNet v2。為什麼是 ShuffleNet 呢？這裡先舉出 *ShuffleNet v2* 論文中關於輕量化模型設計的 4 個準則。

（1）同等通道大小可以最小化記憶體存取量。

（2）過量使用組卷積會增加 MAC。

（3）網路過於碎片化（特別是多路）會降低並行度。

（4）不能忽略元素級操作（如 Shortcut 和 Add）。

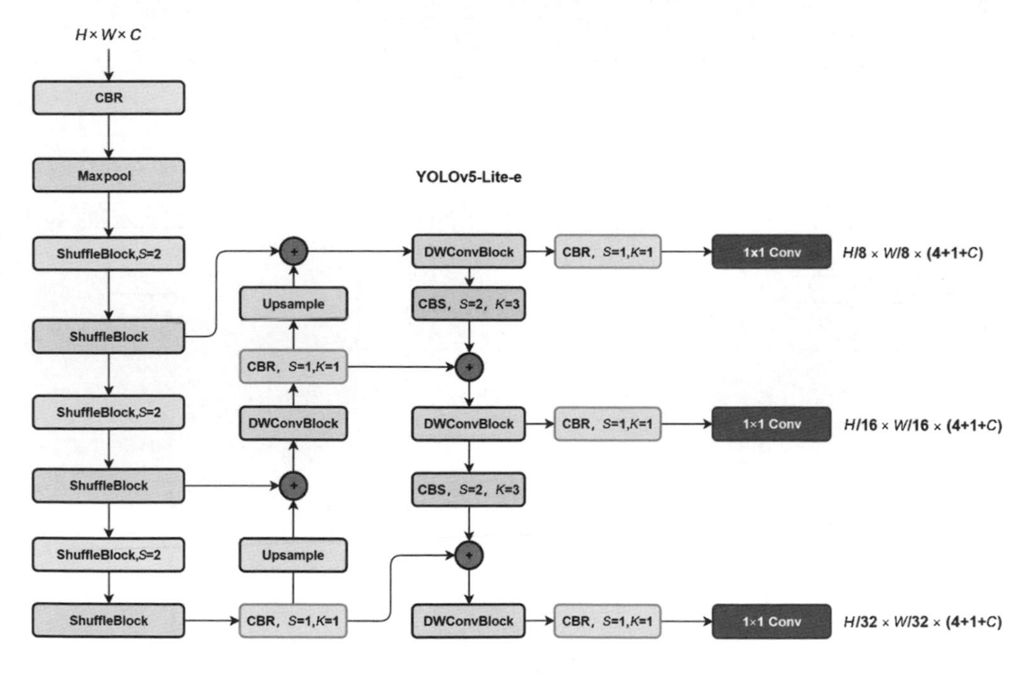

▲ 圖 2.71 YOLOv5 Lite-e 結構圖

YOLOv5-Lite 的 Backbone 如圖 2.72 所示，在實際使用時，考慮到下游任務，這裡摘除了用於分類的 Avg-Pooling、FC 和 Softmax，同時摘除了 Shufflenet v2 的 1×1 卷積。

2 · Neck

如圖 2.73 所示，YOLOv5-Lite 還避免了多次使用 C3 Layer，C3 Layer 是 YOLOv5 中被頻繁使用的模組。但 C3 Layer 採用多路卷積，試驗測試證明，頻繁使用 C3 Layer 或使用通道數較多的 C3 Layer 會佔用較多的快取空間，這對於運算能力和儲存有限的邊緣計算裝置是很不友善的，因此這裡選擇使用 DW Block 來代替 C3 Layer。DW Block 主要是由深度卷積和 BN、ReLU 組成的，不涉及 Shortcut，對記憶體比較友善。

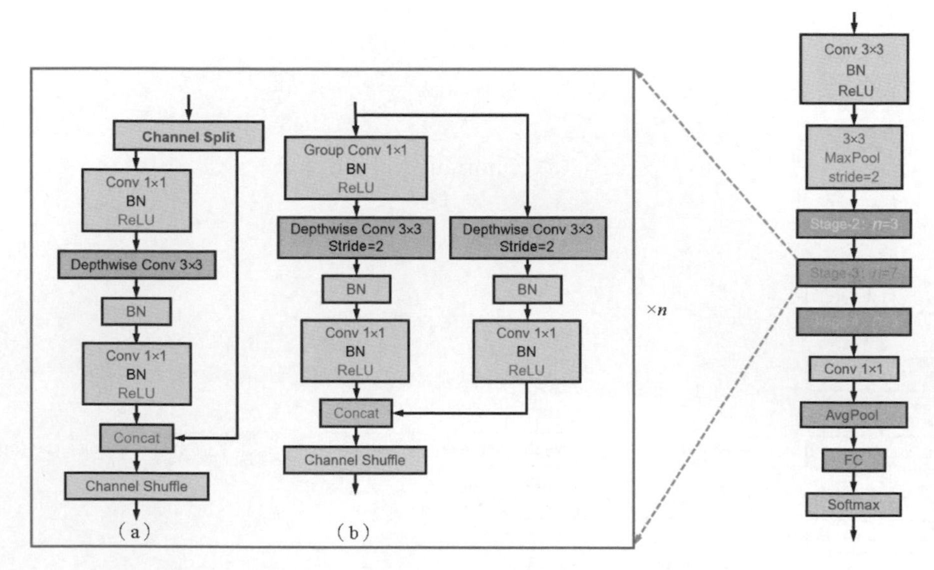

▲ 圖 2.72 YOLOv5-Lite 的 Backbone

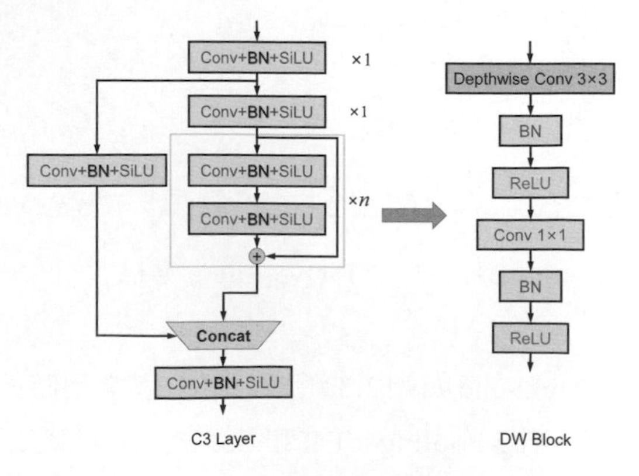

▲ 圖 2.73 YOLOv5-Lite Neck 中 C3 Layer 的改進

關於 Neck 的設計，YOLOv5-Lite 也不約而同地使用了 FPN+PAN 結構，但是 YOLOv5-Lite 對 YOLOv5 的檢測 Head 進行了通道剪枝。剪枝細則參考了 ShuffleNet v2 的設計準則，同時改進了 YOLOv4 中的 FPN+PAN 結構。具體來說，就是為了最最佳化記憶體的存取和使用，YOLOv5-Lite 選擇使用相同的通道數（e 模型的 Neck 通道數為 96）。

如圖 2.74 所示，YOLOv5-Lite 為了進一步最佳化記憶體的使用，選擇在 FPN+PAN 中將 C3 Layer 用深度卷積替代，同時將 PAN 階段的 Concat 操作和 3×3 卷積分別替換為 Add 操作與深度卷積，這樣便可以做到資訊的損失最小。

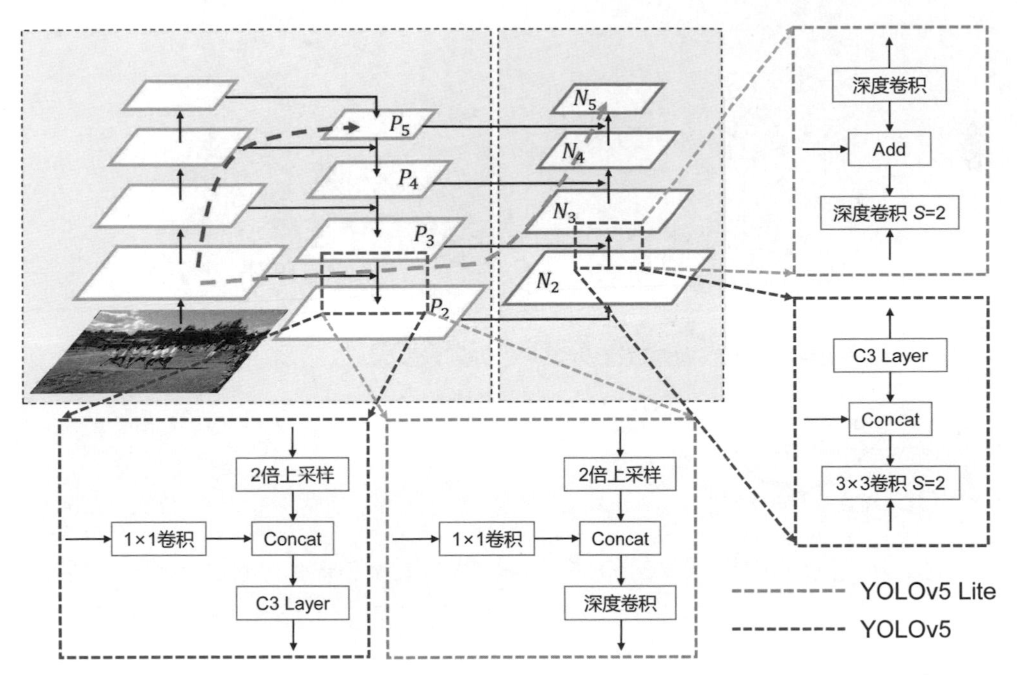

▲ 圖 2.74 YOLOv5-Lite Neck 的輕量化改進

2.5.2 基於 YOLOv5-Lite 的交通號誌燈檢測專案實踐

1．資料集

該專案資料集為 BDD100K 資料集的子集，其標籤分別是「tl_green」「tl_red」「tl_yellow」，分別代表綠燈、紅燈和黃燈，該資料集也將隨本書書附資源開放原始碼。其中，訓練集總共有 36728 幅影像，驗證集總共有 5283 幅影像。交通號誌燈檢測資料集展示如圖 2.75 所示。

▲ 圖 2.75 交通號誌燈檢測資料集展示

2．YOLOv5-Lite 模型

圖 2.76 所示的架構以 YOLOv5s 的網路結構為主線進行建構，官方主要是以 YAML 檔案進行的，這裡只對 YAML 檔案進行展示，具體實現可以參見官方原始程式碼或本書書附資源。

透過圖 2.76 可看出，YOLOv5-Lite-e 模型主要包括 Backbone、Neck、Prediction 這 3 部分。其中，Backbone 主要是由 ShuffleNetBlock 建構的 CSPDarkNet。YOLOv5-Lite 框架還有其他幾個版本的模型，分別是 Lite-c、Lite-g 和 Lite-s。

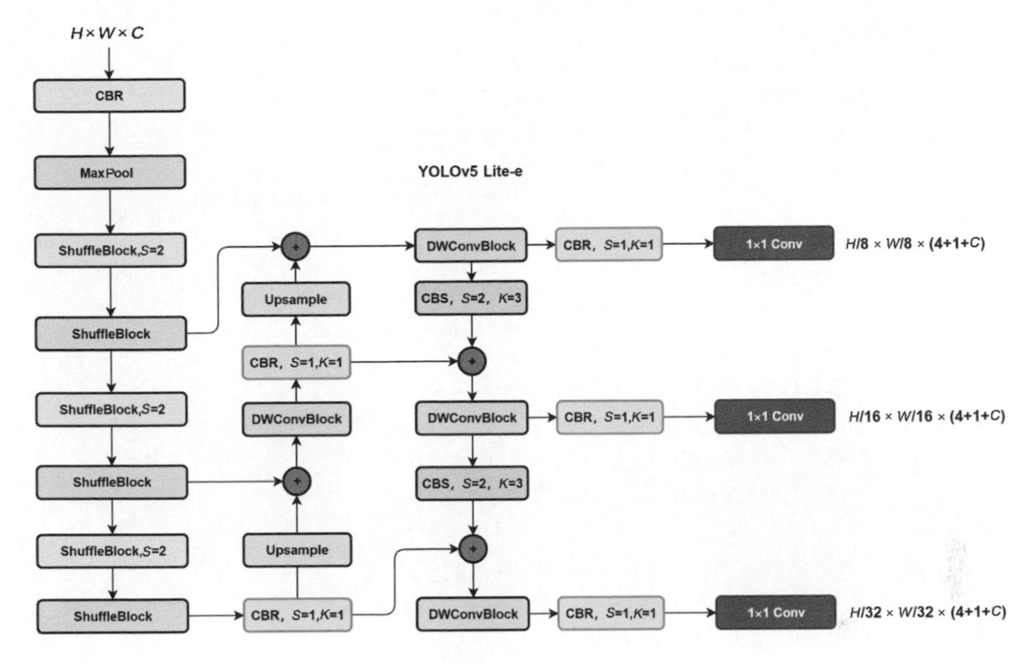

▲ 圖 2.76 YOLOv5-Lite-e 模型架構圖

YOLOv5-Lite-e 的 Neck 主要是由 FPN+PAN 結構組成的，同時針對其 C3 Layer 進行了輕量化改進，替換為了 DW Block。具體設定可以參見下面的 YAML 檔案，即程式 2.17。

如程式 2.17 所示，考慮到輕量化設計，第 11 ～ 20 行程式表明 YOLOv5-Lite-e 選擇的是 ShuffleNet v2 Backbone 網路。為了使模型更加輕量化，YOLOv5-Lite-e 對 FPN+PAN 也進行了改進，如程式 2.17 中的第 26、31、33、35、37 行所示，作者將 YOLOv5 中堆疊的卷積模組替換為了 DW Block，即深度可分離卷積模組。這樣便可以實現 Neck 部分的輕量化改進。

➔ 程式 2.17 YOLOv5-Lite-e 的整體網路結構

```
1.      # parameters
2.      nc: 3  # 總共有 3 種交通號誌燈，因此這裡的類別數量為 3
3.      depth_multiple: 1.0  # model depth multiple
4.      width_multiple: 1.0  # layer channel multiple
5.      # anchors
```

```
6.      anchors:
7.        - [ 10,13, 16,30, 33,23 ]  # P3/8
8.        - [ 30,61, 62,45, 59,119 ]  # P4/16
9.        - [ 116,90, 156,198, 373,326 ]  # P5/32
10.     # ShuffleNet v2 Backbone
11.     backbone:
12.       # [from, number, module, args]
13.       [ [ -1, 1, conv_bn_relu_maxpool, [ 32 ] ],    # 0-P2/4
14.         [ -1, 1, Shuffle_Block, [ 116, 2 ] ], # 1-P3/8
15.         [ -1, 3, Shuffle_Block, [ 116, 1 ] ], # 2
16.         [ -1, 1, Shuffle_Block, [ 232, 2 ] ], # 3-P4/16
17.         [ -1, 7, Shuffle_Block, [ 232, 1 ] ], # 4
18.         [ -1, 1, Shuffle_Block, [ 464, 2 ] ], # 5-P5/32
19.         [ -1, 1, Shuffle_Block, [ 464, 1 ] ], # 6
20.       ]
21.     # YOLOv5-Lite-e head ==> FPN+PAN
22.     head:
23.       [ [ -1, 1, Conv, [ 96, 1, 1 ] ],
24.         [ -1, 1, nn.Upsample, [ None, 2,  'nearest'  ] ],
25.         [ [ -1, 4 ], 1, Concat, [ 1 ] ],  # cat backbone P4
26.         [ -1, 1, DWConvblock, [96, 3, 1] ],  # 10
27.
28.         [ -1, 1, Conv, [ 96, 1, 1 ] ],
29.         [ -1, 1, nn.Upsample, [ None, 2,  'nearest'  ] ],
30.         [ [ -1, 2 ], 1, Concat, [ 1 ] ],  # cat backbone P3
31.         [ -1, 1, DWConvblock, [96, 3, 1] ],  # 14 (P3/8-small)
32.
33.         [-1, 1, DWConvblock, [96, 3, 2]],
34.         [ [ -1, 11 ], 1, ADD, [ 1 ] ],  # cat head P4
35.         [ -1, 1, DWConvblock, [96, 3, 1] ],  # 17 (P4/16-medium)
36.
37.         [ -1, 1, DWConvblock, [ 96, 3, 2 ] ],
38.         [ [ -1, 7 ], 1, ADD, [ 1 ] ],  # cat head P5
39.         [ -1, 1, DWConvblock, [96, 3, 1] ],  # 20 (P5/32-large)
40.         [ [ 14, 17, 20 ], 1, Detect, [ nc, anchors ] ],  # Detect(P3, P4, P5)
41.       ]
```

如果讀者只進行模型訓練而不涉及模型的改進，那麼參考程式 2.18，只需修改第 1、2 行程式的資料集路徑、資料集類別數量和資料集類別名稱，並形成一個訓練資料集的 YAML 檔案設定即可。

➔ 程式 2.18 訓練的 coco128.yaml

```
1.    train: ../traffic_light/images/train/  # 交通號誌燈資料集訓練影像位置
2.    val: ../traffic_light/images/val/      # 交通號誌燈資料集驗證影像位置
3.    # 交通號誌燈資料集類別數量
4.    nc: 3
5.    # 交通號誌燈資料集類別名稱
6.    names: [ 'tl_green' , 'tl_red' , 'tl_yellow' ]
7.    # 直接執行下面的指令即可開啟訓練
8.    python train.py --data traffic_light.yaml --cfg v5lite-e.yaml --weights
      v5lite-e.pt --batch-size 128
```

訓練結束後進行檢測，結果如圖 2.77 所示。

▲ 圖 2.77 YOLOv5-Lite 的檢測結果

2.6 3D 目標檢測

隨著 CNN 的快速發展，它在二維影像領域已經獲得了非常優秀的成果，但是擴展到 3D 領域，不管是網路參數的數量還是模型的計算複雜度，或是資料的儲存量，都影響著 CNN 在 3D 領域的應用實作和發展。與 2D 影像上的物件辨識不同，3D 物件辨識的主要任務是確定可以表示某一類目標姿態的 3D 檢測框。該 3D 檢測框不僅包含該目標在真實世界的空間位置資訊，還包含該目標的朝向、旋轉狀態等資訊。

點雲資料是一個由無序的資料點組成的集合，因此在點雲資料上進行深度學習一直是一個比較困難的任務。在使用深度學習模型處理點雲資料之前，往往需要對點雲資料進行處理。目前基於點雲資料的深度學習方法主要可以分為以下 4 類。

（1）Voxel-Based 方法：將點雲資料劃分到具有空間依賴關係的體素中。該方法透過分割將目標物體表達成體素，並進行與二維卷積類似的三維卷積，但是類似的方法因為引入了三維卷積，所以模型的計算量也在成倍地增加，運算複雜度也很高，對於實際的實作應用具有比較大的挑戰。

（2）Multi-View Based 方法：為了充分利用卷積在二維影像上的優秀表現，該方法首先將點雲資料投影到特定角度下的二維平面上，如鳥瞰圖（Bird-View，BEV）和前視圖（Front-View），然後透過多角度下的二維影像組合為三維影像。這種方法還可以融合 RGB 影像來提取特徵，但缺點是在投影的過程中往往會遺失一些點雲資訊。

（3）Point-Based 方法：直接在點雲資料上進行深度學習模型的開發。

（4）Image+Point-Based 方法：如 Lahoud 等人提出的在 RGB 影像上的三維檢測方法，它充分利用了 CNN 在二維影像上的優勢，又盡可能減少對三維資料的空間搜尋；此外，F-PointNet 也使用了類似的方法。

Voxel-Based 方法的主要代表演算法有 VoxelNet、SECOND、PointPillars 等。

Multi-View Based 方法的主要代表演算法有 DETR3D、BEVDet、BEV Former 等。

Point-Based 方法的主要代表演算法有 PointRCNN、3DSSD、SASSD 等。

Image+Point-Based 方法的主要代表演算法有 F-PointNet、F-ConvNet、Pyramid R-CNN 等。

鑑於篇幅，不能對每個演算法都進行詳細的講解，這裡只針對 Voxel-Based 方法的經典演算法 PointPillars 和 Multi-View Based 的演算法 BEVFormer 進行講解。

2.6.1 PointPillars

PointPillars: *Fast Encoders for Object Detection from Point Clouds*（以下簡稱 *PointPillars*）論文中提出了 PointPillars 演算法，其最大的貢獻是在 VoxelNet 中 Voxel 的基礎上提出了一種改進版本的點雲表徵方法 Pillar，可以將點雲轉換成偽影像（Pseudo Image），進而透過 2D 卷積實現物件辨識。

如圖 2.78 所示，PointPillars 整個網路架構分為以下 3 部分。

（1）Pillar Feature Net：將輸入的點雲資料轉為稀疏的偽影像特徵。

（2）Backbone（2D CNN）：處理偽影像特徵並得到具有高層語義資訊的特徵。

（3）Detection Head（SSD）：檢測和回歸 3D 目標框。

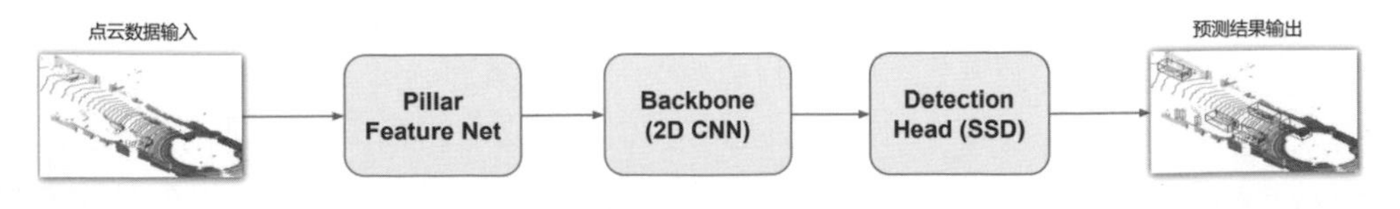

▲ 圖 2.78 PointPillars 的網路架構

1．Pillar Feature Net

如圖 2.79 所示，VoxelNet 在進行體素劃分時，是在 D、H、W 這 3 個維度上進行的，生成 4D 張量進行後續的檢測工作，但是由於 4D 張量導致 VoxelNet 必須使用 3D 卷積進行後面的特徵提取和檢測操作，導致 VoxelNet 的速度成為其實作的瓶頸。

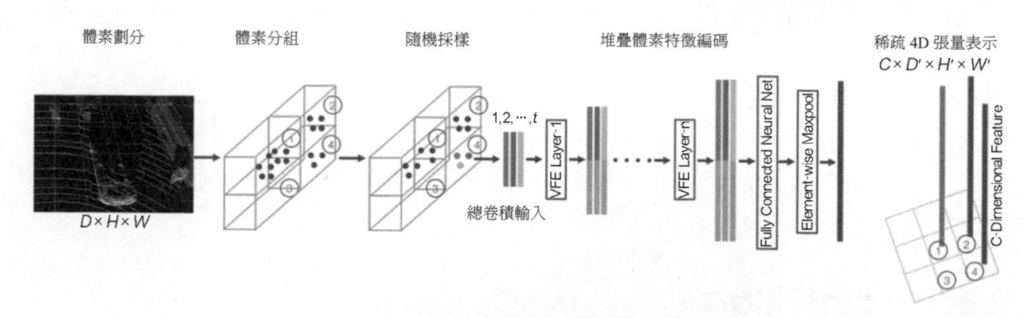

▲ 圖 2.79 VoxelNet 體素到 4D 特徵的過程

如圖 2.80 所示，PointPillars 在進行體素劃分時，是僅在 H、W 維度上進行的，直接從俯視的角度劃分 Pillar，利用 PointNet 來學習以 Pillar 組織的點雲的表示，進而組成類似影像的偽影像特徵資料。

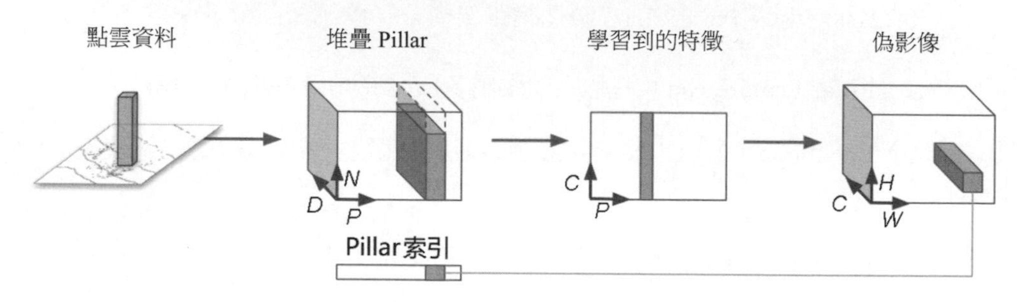

▲ 圖 2.80 PointPillars 體素到偽影像特徵的過程

PointPillars 設計的這一套編碼方式將雷射雷達輸出的三維座標轉為偽影像的具體流程如下。

（1）通常從雷射雷達中獲取的點雲表示形式一般是 x、y、z 和反射強度 r。

（2）將點雲離散到 x-y 平面的均勻間隔的網格中，從而建立一組 Pillar 集 P，且有 $|P|=B$，z 軸不需要參數進行控制。

（3）將每個 Pillar 中的點增加 x_c、y_c、z_c、x_p 和 y_p（其中，c 表示 Pillar 中心到 Pillar 中所有點的算術平均值的距離，p 表示到 Pillar x 和 y 中心的偏移量）。這樣，雷射雷達中的每個點就具有了 9 維的特徵。

（4）對每個樣本的不可為空 Pillar 數（P）和每個 Pillar 中的點數（N）施加限制，以此來建立大小為 (D,P,N) 的張量。如果 Pillar 中的資料太多，則進行隨機採樣；如果 Pillar 中的資料太少，則使用 0 填充。

（5）使用簡化版本的 PointNet 對張量化的點雲資料進行處理和特徵提取（對每個點都運用 FC 層 +BN+ReLU），以此來生成一個 $C \times P \times N$ 的張量，對於在通道上進行最大池化操作，輸出一個 $C \times P$ 的張量。

（6）編碼後的特徵透過索引變回原始的 Pillar 位置，建立形狀為 $C \times H \times W$ 的偽影像。

這樣得到的偽影像編碼特徵就可以與任何標準的 2D 卷積檢測架構一起使用了。同時，PointPillars 進一步提出了一個精簡的下游網路，在速度和準確度方面都大大優於以前的編碼器。

2．Backbone

PointPillars 使用了與 VoxelNet 類似的 Backbone 網路，如圖 2.81 所示。Backbone 網路有兩個子網路：第一個從上往下的網路用來生成具有不同解析度的特徵，第二個網路對第一個網路所產生的具有不同解析度的特徵進行上採樣並進行特徵的拼接（Concat），最終的輸出特徵的大小為 $6C \times H/2 \times W/2$。

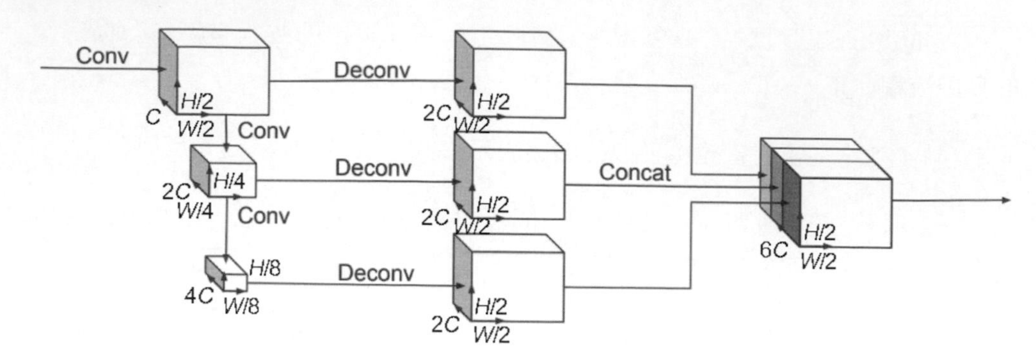

▲ 圖 2.81 PointPillars 的 Backbone 網路

3．Detection Head

在 PointPillars 中，使用 Single Shot Detector（SSD）來進行 3D 物件辨識。

對於 SSD 的先驗框與真實框的匹配原則主要有以下兩點。

（1）對於影像中的每個真實框，找到與其 IoU 最大的先驗框，該先驗框與該真實框匹配並表示為正樣本。

（2）對於剩餘未匹配的先驗框，若它與某個真實框的 IoU 大於某個設定值（一般是 0.5），那麼該先驗框也與這個真實框匹配並表示為正樣本。

PointPillasr 在樣本匹配方面與 SSD 類似，在先驗框與真實框匹配的過程中，使用的是 2D IoU 匹配方式，直接從生成的特徵圖，即 BEV 角度進行匹配，不需要考慮高度資訊。

這裡不考慮高度資訊的原因有兩個：①在 KITTI 資料集中，所有的物體都是在三維空間的同一個平面中的，不存在物體在物體上面的情況；②所有類別物體之間的高度差別不是很大，直接使用 Smooth L1Los 回歸就可以得到很好的結果。

同時要注意一點，PointPillars 針對不同的類別，對於先驗框與真實框的 IoU 匹配的設定值也是不同的，對於車、行人、自行車，其對應的 IoU 設定值分別是 0.45、0.35 和 0.35。

4．損失函式

如圖 2.82 所示，在 PointPillars 的損失函式的計算中，使用了與 SECOND 相同的損失函式計算方式，分別包括回歸損失、分類損失、方向損失。

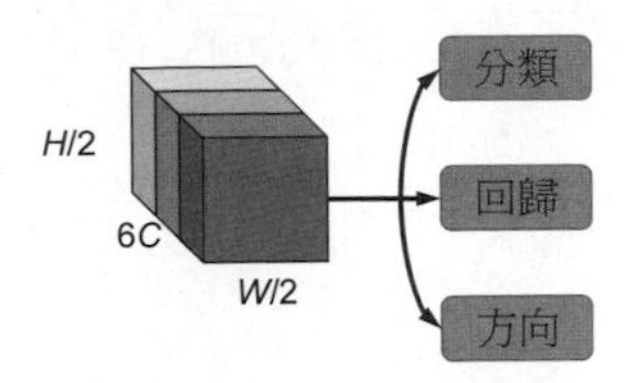

▲ 圖 2.82 PointPillars 的 Detection Head

這裡每個矩形框都包含 x、y、z、w、l、h、θ 這 7 個參數，矩形框回歸任務的回歸殘差定義如下：

$$\Delta x=\frac{x^{\mathrm{gt}}-x^a}{d^a},\ \Delta y=\frac{y^{\mathrm{gt}}-y^a}{d^a},\ \Delta z=\frac{z^{\mathrm{gt}}-z^a}{h^a}$$
$$\Delta w=\log\frac{w^{\mathrm{gt}}}{w^a},\ \Delta l=\log\frac{l^{\mathrm{gt}}}{l^a},\ \Delta h=\log\frac{h^{\mathrm{gt}}}{h^a}$$
$$\Delta\theta=\sin\left(\theta^{\mathrm{gt}}-\theta^a\right) \tag{2.21}$$

式中，x^{gt} 代表標注框的 x 長度；x^a 代表先驗框的長度資訊；d^a 代表先驗框的長度和寬度的對角線距離，定義為 $d^a=\sqrt{\left(w^a\right)^2+\left(l^a\right)^2}$ 。定位損失函式如下：

$$L_{\mathrm{loc}}=\sum_{b\in(x,y,z,w,l,h,\ )}\mathrm{Smooth}L_1\left(\Delta b\right) \tag{2.22}$$

對於分類損失，PointPillars 使用了 Focal Loss 來實現正 / 負樣本的均衡、困難樣本挖掘。分類損失定義如下：

$$L_{\mathrm{cls}}=-\alpha_a\left(1-p^a\right)^\gamma\log p^a \tag{2.23}$$

式中，α 和 γ 都與 RetinaNet 中的設置一樣，分別為 0.25 和 2。

對於方向損失，由於 PointPillars 在進行角度回歸時，不可以完全區分兩個方向完全相反的預測框，所以在實現時，PointPillars 加入了對預測框的方向分類，使用 Softmax 函式預測方向的類別：

$$L_{\text{dir}} = \sum \theta_t \log\left(\text{Softmax}\left(\theta_p\right)\right) \tag{2.24}$$

式中，θ_p 為預測結果；θ_t 為實際值。因此最終的損失函式如下：

$$L = \frac{1}{N_{\text{pos}}}\left(\beta_{\text{loc}} L_{\text{loc}} + \beta_{\text{cls}} L_{\text{cls}} + \beta_{\text{dir}} L_{\text{dir}}\right) \tag{2.25}$$

式中，β_{loc}、β_{cls}、β_{dir} 分別為回歸損失、分類損失和方向損失的調節係數。

2.6.2 BEVFormer

在自動駕駛中，根據多個攝影機的 2D 線索預測 3D 矩形框或語義圖的最直接的解決方案是基於一元框架和跨攝影機後處理。該框架的缺點是它僅能夠單獨處理不同的視圖，無法跨攝影機捕捉資訊，導致性能和效率低下。

作為一元框架的替代方案，更統一的框架是從多攝影機影像中提取整數體表示。鳥瞰圖（BEV）是一種常用的場景表示，因為它清楚地顯示了物體的位置和尺度，並且適用於各種自主駕駛任務，如感知和規劃。

儘管之前的地圖分割方法證明了 BEV 的有效性，但基於 BEV 的方法在 3D 物件辨識方面沒有顯示出比其他範式顯著的優勢，根本原因是 3D 物件辨識任務需要強大的 BEV 特徵來支援準確的 3D 邊界框預測，但從 2D 平面生成 BEV 特徵並不具有適應性，而不準確的 BEV 特徵又會嚴重影響 3D 物件辨識的最終性能。

BEVFormer: Learning Bird's-Eye-View Representation from Multi-Camera Images via Spatiotemporal Transformers 論文中提出的方法 BEVFormer 使得 BEV 特徵的生成不再依賴深度資訊和嚴格的 3D 先驗知識便可以自我調整地生成。

BEVFormer 透過預先定義的網格狀 BEV 查詢與空域和時域進行互動，從而利用空間和時間資訊。

如圖 2.83 所示，BEVFormer 同時應用 Transformer 和 Temporal 結構從多攝影機輸入生成 BEV 特徵，並利用查詢來查詢時空空間，聚合相應的時空資訊，從而獲取更有利於感知任務的強表示。

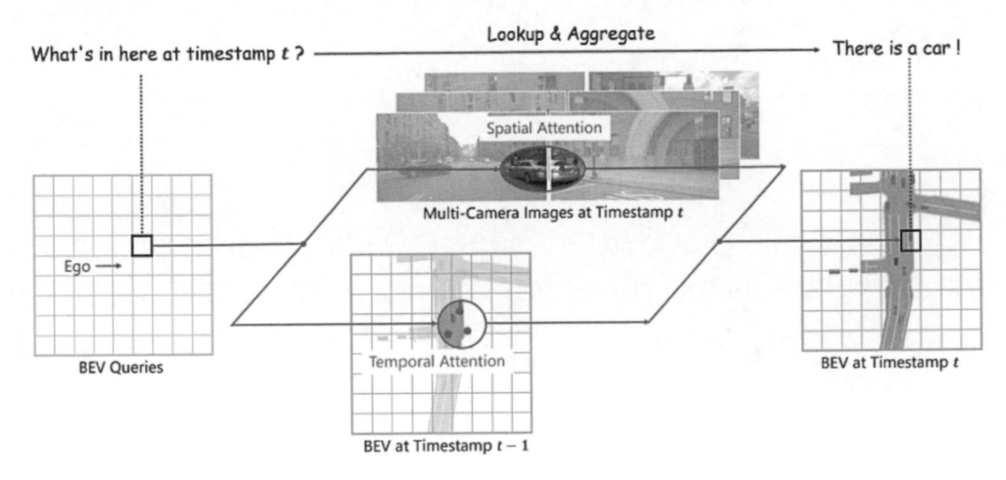

▲ 圖 2.83 BEVFormer 示意圖

BEVFormer 設計包含以下 3 個關鍵點。

（1）**網格形狀的 BEV 查詢**：透過注意力機制靈活地融合空間和時間特徵。

（2）**空間交叉注意力模組**：從多攝影機影像中聚合空間特徵。

（3）**時間自注意力模組**：從歷史 BEV 特徵中提取時間資訊，解決運動物件的速度估計和嚴重遮擋的檢測問題，同時帶來的計算銷耗可以忽略不計。

圖 2.84 是 BEVFormer 的整體架構。BEVFormer 有 6 個編碼層，除了前面提到的 3 種訂製設計，即 BEV 查詢、空間交叉注意力模組和時間自注意力模組，每個編碼層都遵循 Transformer 的傳統結構。

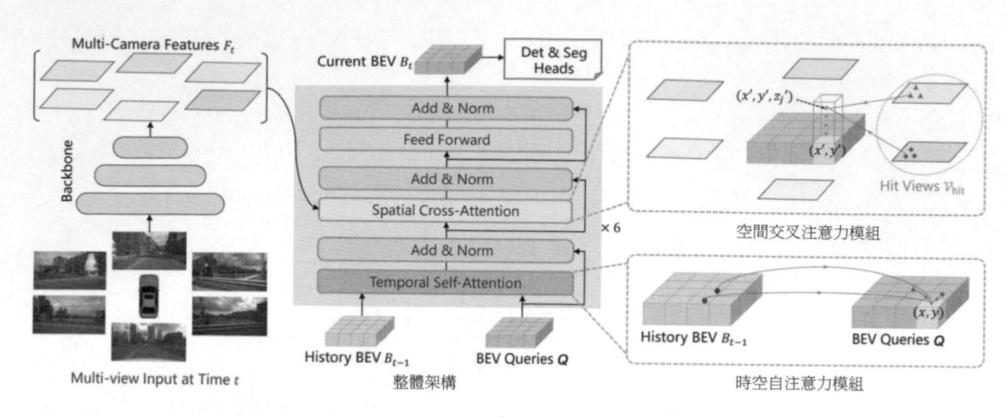

▲ 圖 2.84 BEVFormer 的整體架構

具體來說，BEV 查詢是網格狀的可學習參數，旨在透過注意力機制從多攝影機視圖中查詢 BEV 空間特徵。空間交叉注意力和時間自注意力是用於 BEV 查詢的注意力模組，根據 BEV 查詢，查詢和聚合多攝影機影像空間特徵和歷史 BEV 時空特徵。

在空間交叉注意力模組中，每個 BEV 查詢只與感興趣區域的影像特徵進行互動。空間交叉注意力的數學運算式如下：

$$\mathrm{SCA}(Q_p, F_t) = \frac{1}{|\mathcal{V}_{\mathrm{hit}}|} \sum_{i \in \mathcal{V}_{\mathrm{hit}}} \sum_{j=1}^{N_{\mathrm{def}}} \mathrm{DeformAttn}\left(Q_p, P(p,i,j), F_t^i\right)$$

$$\mathrm{DeformAttn}(q, p, x) = \sum_{i=1}^{N_{\mathrm{head}}} \sum_{j=1}^{N_{\mathrm{key}}} A_{ij} \cdot w_i' x\left(p + \Delta p_{ij}\right) \tag{2.26}$$

在時間自注意力模組中，每個 BEV 查詢與兩個特徵進行互動，即當前時間戳記的 BEV 查詢和前一時間戳的 BEV 特徵。時間自注意力的數學運算式如下：

$$\mathrm{TSA}(Q_p, F_t) = \sum_{v \in \{Q, B_{t-1}'\}} \mathrm{DeformAttn}\left(Q_p, p, V\right)$$

$$\mathrm{DeformAttn}(q, p, x) = \sum_{i=1}^{N_{\mathrm{head}}} \sum_{j=1}^{N_{\mathrm{key}}} A_{ij} \cdot w_i' x\left(p + \Delta p_{ij}\right) \tag{2.27}$$

由於 BEV 特徵是一種通用的 2D 特徵圖，所以可以基於 2D 物件辨識方法開發 3D 物件辨識的 Detection Head。

因此，對於 3D 物件辨識，BEVFormer 設計了一種基於 2D 檢測器 Deformable DETR 的點對點 3D 檢測 Head。BEVFormer 使用單尺度 BEV 特徵作為解碼器的輸入，預測 3D 邊界框和速度，而非 2D 邊界框，僅使用 L1 損失來監督 3D 邊界框回歸。

在推理階段，BEVFormer 在時間戳記 t 處把多攝影機影像送給 Backbone 網路進行各個角度影像的特徵提取（ResNet101），以獲得不同攝影機視野的特徵 $F_t = \left[F_t^i\right]_{i=1}^{N_{\text{view}}}$，其中，$F_t^i$ 是第 i 個視野的特徵，N_{view} 是所有視野的數量；與此同時，提取前一個時間戳記 t-1 的 BEV 特徵。

在每個編碼器層，首先，時間自注意力模組透過 BEV Queries $\boldsymbol{Q}$ 查詢前一個時間戳記 t-1 的 BEV 特徵的時間資訊。

其次，BEV Queries 透過空間交叉注意力模組從多攝影機特徵 F_t 中查詢空間特徵。

然後，經過前饋網路和編碼器層得到細化的 BEV 特徵，作為下一個編碼器層的輸入，經過 6 個疊加的編碼器層後得到統一的 BEV 特徵。

最後，將 BEV 特徵送入 3D 矩形框 Detection Head 進行物件辨識。圖 2.85 所示為 BEVFormer 的檢測結果。

▲ 圖 2.85 BEVFormer 的檢測結果

2.6.3 基於 OpenPCDet 的 3D 物件辨識專案實踐

1．OpenPCDet 簡介

隨著自動駕駛與機器人技術的不斷發展，基於點雲表徵的 3D 物件辨識在近年來獲得了不斷的發展。然而，層出不窮的點雲資料集（KITTI、NuScene、Lyft、Waymo、PandaSet 等）在資料格式與 3D 座標系上往往定義各不相同，各式各樣的點雲感知演算法（Point-Based、Voxel-Based、One-Stage、Two-Stage 等）也形態各異，使得相關研究者難以在一個統一的框架內進行各種組合實驗。

為此，商湯科技開放原始碼了一套基於 PyTorch 實現的點雲 3D 物件辨識程式庫 OpenPCDet。不同於影像處理，在點雲 3D 物件辨識中，不同資料集的繁多 3D 座標定義與轉換往往使研究者迷失其中。為此，OpenPCDet 定義了統一的標準化 3D 座標表示，貫穿整個資料處理與模型計算，從而將資料模組與模型處理模組完全分離，其優勢表現在以下幾方面。

（1）研究者在研發不同的結構模型時，統一使用標準化的 3D 座標系進行各種相關處理（如計算損失、RoI 池化和模型後處理等），而無須理會不同資料集的座標表示差異性。

（2）研究者在添加新資料集時，只需寫少量程式將原始資料轉化到標準化座標定義下，OpenPCDet 將自動進行資料增強並調配到各種模型中。

OpenPCDet 是一個通用的基於 PyTorch 的程式庫，用於對 3D 點雲進行物件辨識。它目前支援多種先進的 3D 物件辨識方法，並為一階段和兩階段 3D 檢測框架提供高度重構的程式。如圖 2.86 所示，OpenPCDet 能夠將點雲座標的資料與模型分離開來，可輕鬆擴展到自訂資料集，同時可以支援各種 3D 檢測模型。

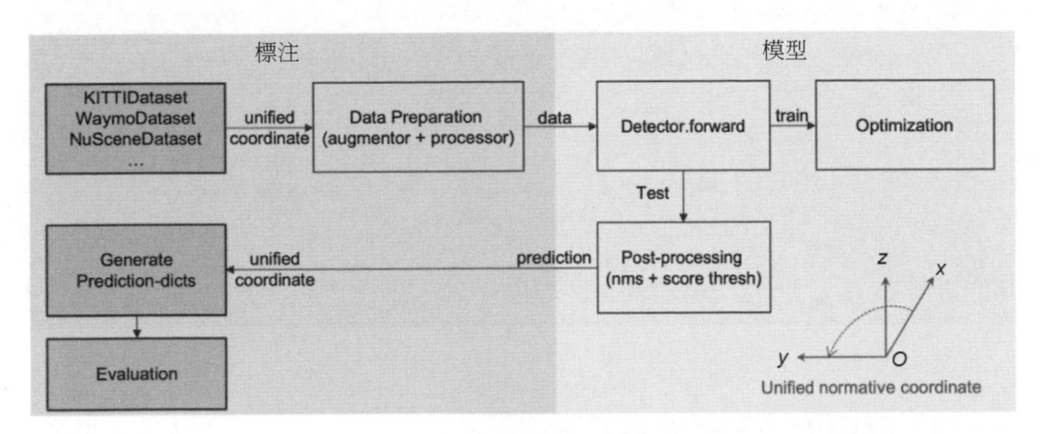

▲ 圖 2.86 OpenPCDet 資料模型分類

基於如圖 2.87 所示的靈活且全面的模組化設計在 OpenPCDet 中架設 3D 目標框架：首先只需寫 config 檔案將所需模組定義清晰，然後 OpenPCDet 將自動根據模組間的拓撲順序組合 3D 目標框架來進行訓練和測試。

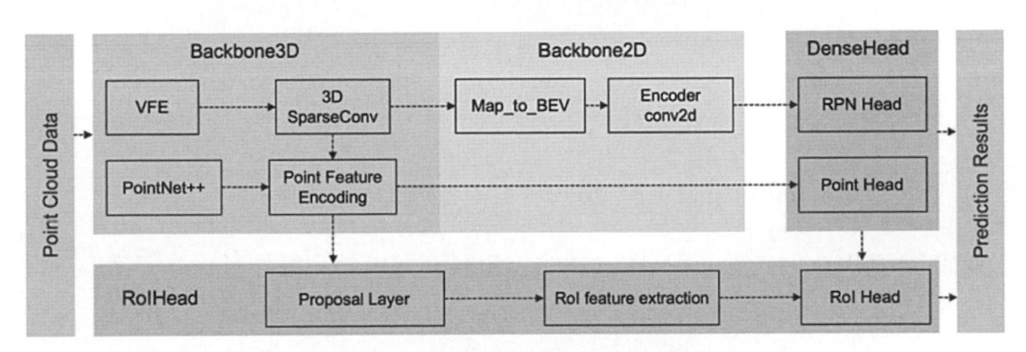

▲ 圖 2.87 OpenPCDet 模組化設計

2．KITTI 資料集簡介

KITTI 資料集是一個用於自動駕駛場景下的電腦視覺演算法測評資料集，由德國卡爾斯魯厄理工學院（KIT）和豐田工業大學芝加哥分校（TTIC）共同創立。圖 2.88 即 KITTI 資料集的視覺化結果。

▲ 圖 2.88 KITTI 資料集的視覺化結果

KITTI 資料集主要包含的場景有市區、鄉村和高速公路，資料集組成如下。

- 立體影像和光流圖：389 對。
- 視覺測距序列：39.2 km。
- 3D 標注物體的影像組成：超過 200×10^3 幅。
- 採樣頻率：10Hz。
- 3D 物體檢測類別：car、van、truck、pedestrian、pedestrian(sitting)、cyclist、tram、misc。

下面介紹 PointPillars 網路結構和資料前置處理的相關內容。

PointPillars 的處理過程是將 3D 點雲資料直接以俯視圖的形式進行獲取，在點雲中假設有 $N\times3$ 個點的資訊，這些點均在 KITTI Lidar 座標系 x、y、z 中。如圖 2.89 所示，其中的所有點都會被分配到均等大小的 x-y 平面的立方柱中，這個立方柱就稱為 Pillar。

▲ 圖 2.89 Pillar 的劃分

如程式 2.19 所示，KITTI 的點雲資料是 4 維資料 (x, y, z, r)，其中，x、y、z 是該點在點雲中的座標，r 是該點的反射強度（與物體材質和雷射入射角度等有關）；並且在將所有點放入每個 Pillar 中時，不需要像 Voxel 那樣考慮高度，可以將一個 Pillar 理解為一個 z 軸上的所有 Voxel 組在一起。

在進行 PointPillars 資料增強時，需要對 Pillar 中的資料進行增強操作，需要將每個 Pillar 中的點增加 5 個維度的資料，包含 x_c 、y_c 、z_c 、x_p 和 y_p ，其中，下標 c 代表每個點雲到該點所對應 Pillar 中所有點平均值的偏移量，p 代表該點距離所在 Pillar 中心點 (x, y) 的偏移量。經過資料增強後，每個點的維度是 9，包含 x、y、z、r、 x_c 、 y_c 、 z_c 、 x_p 和 y_p 。

經過上述操作後，就可以把原始 N×3 的點雲結構變換成 D×P×N，其中，D 代表每個點雲的特徵維度，即每個點雲的 9 個特徵；P 代表所有不可為空的 Pillar；N 代表每個 Pillar 中點雲資料的個數。

➔ 程式 2.19 將點雲轉化為 Voxel

```
1.     def transform_points_to_voxels(self, data_dict=None, config=None):
2.             # 將初始化點雲轉換成 Pillar 需要的參數
3.             if data_dict is None:
4.                 # KITTI 截取的點雲範圍是 [0, -39.68, -3, 69.12, 39.68, 1]
5.                 # 得到 [69.12, 79.36, 4]/[0.16, 0.16, 4] = [432, 496, 1]
6.                 grid_size=(self.point_cloud_range[3:6]-self.point_cloud
       range[0:3])/np.array(config.VOXEL_SIZE)
7.                 self.grid_size = np.round(grid_size).astype(np.int64)
8.                 self.voxel_size = config.VOXEL_SIZE
9.                 # just bind the config, we will create the VoxelGeneratorWrapper
       later,
10.                # to avoid pickling issues in multiprocess spawn
11.                return partial(self.transform_points_to_voxels, config=config)
12.            if self.voxel_generator is None:
13.                self.voxel_generator = VoxelGeneratorWrapper(
14.                    # 給定每個 Pillar 的大小：[0.16, 0.16, 4]
15.                    vsize_xyz=config.VOXEL_SIZE,
16.                    # 給定點雲的範圍：[0, -39.68, -3, 69.12, 39.68, 1]
17.                    coors_range_xyz=self.point_cloud_range,
18.                    # 給定每個點雲的特徵維度，這裡是 x、y、z、r
```

```
19.                 num_point_features=self.num_point_features,
20.                 # 給定每個 Pillar 中最多能有多少個點，這裡是 32
21.                 max_num_points_per_voxel=config.MAX_POINTS_PER_VOXEL,
22.                 # 最多選取多少個 Pillar，因為生成的 Pillar 中很多是裡面沒有點的
23.                 # 從視覺化影像中查看到這裡只需得到不可為空的 Pillar 即可
24.                 max_num_voxels=config.MAX_NUMBER_OF_VOXELS[self.mode],
25.             )
26.         points = data_dict[‹points›]
27.         # 生成 Pillar 輸出
28.         voxel_output = self.voxel_generator.generate(points)
29.         # 假設 1 份點雲資料是 N×4，那麼經過 Pillar 生成後會得到 3 份資料
30.         # voxels 代表每個生成的 Pillar 資料，維度是 (M,32,4)
31.         # coordinates 代表每個 Pillar 所在的 x 軸、y 軸、z 軸座標，維度是 (M,3)，其
    中 z 恆為 0
32.         # num_points 代表每個生成的 Pillar 中有多少個有效的點維度是 (M,)，因為不滿
    32 會被 0 填充
33.         voxels, coordinates, num_points = voxel_output
34.         if not data_dict[‹use_lead_xyz›]:
35.             voxels = voxels[..., 3:]  # remove xyz in voxels(N, 3)
36.         data_dict[‹voxels›] = voxels
37.         data_dict[‹voxel_coords›] = coordinates
38.         data_dict[‹voxel_num_points›] = num_points
39.         return data_dict
```

如程式 2.20 所示，在經過如程式 2.19 所示的前置處理之後，就獲得了一個 (D,P,N) 張量；接下來這裡使用了一個簡化版的 PointNet 對點雲資料進行特徵提取（如 PFNLayer 先將這些點透過 MLP 升維，然後接 BN 層和 ReLU 啟動層），便可以得到一個 (C,P,N) 形狀的張量；之後使用最大池化操作提取每個 Pillar 中最能代表該 Pillar 的點。那麼輸出張量的形狀由 (C,P,N) 變為 (C,P)；經過上述操作編碼後的點需要重新被放回原來對應 Pillar 的 (x,y) 位置上，生成偽影像資料。

➜ 程式 2.20 Pillar Feature Network

```
1.  class PFNLayer(nn.Module):
2.      def __init__(self, in_channels, out_channels, use_norm=True, last_
    layer=False):
3.          super().__init__()
4.          self.last_vfe = last_layer
```

```
5.          self.use_norm = use_norm
6.          if not self.last_vfe:
7.              out_channels = out_channels // 2
8.          if self.use_norm:
9.              # 根據 PointPillars 論文，這是簡化版 PointNet 網路層的初始化
10.             self.linear = nn.Linear(in_channels, out_channels, bias=False)
11.             self.norm = nn.BatchNorm1d(out_channels,eps=1e-3,momentum=0.01)
12.         else:
13.             self.linear = nn.Linear(in_channels, out_channels, bias=True)
14.         self.part = 50000
15.
16.     def forward(self, inputs):
17.         if inputs.shape[0] > self.part:
18.             # nn.Linear performs randomly when batch size is too large
19.             num_parts = inputs.shape[0] // self.part
20.             part_linear_out=[self.linear(inputs[num_part*self.part:
    (num_part + 1) * self.part]) for num_part in range(num_parts + 1)]
21.             x = torch.cat(part_linear_out, dim=0)
22.         else:
23.             # x 的維度由 (M, 32, 10) 升維成了 (M, 32, 64)
24.             x = self.linear(inputs)
25.         torch.backends.cudnn.enabled = False
26.         # BatchNorm1d 層：(M, 64, 32) --> (M, 32, 64)
27.         x=self.norm(x.permute(0,2,1)).permute(0,2,1) if self.use_norm
    else x
28.         torch.backends.cudnn.enabled = True
29.         x = F.relu(x)
30.         # 完成 PointNet 的最大池化操作，找出每個 Pillar 中最能代表該 Pillar 的點
31.         x_max = torch.max(x, dim=1, keepdim=True)[0]
32.         if self.last_vfe:
33.             # 傳回經過簡化版 PointNet 處理的 Pillar 的結果
34.             return x_max
35.         else:
36.             x_repeat = x_max.repeat(1, inputs.shape[1], 1)
37.             x_concatenated = torch.cat([x, x_repeat], dim=2)
38.             return x_concatenated
39.
40. class PillarVFE(VFETemplate):
41.     def __init__(self, model_cfg, num_point_features, voxel_size, point_
```

```
        cloud_range, **kwargs):
42.             super().__init__(model_cfg=model_cfg)
43.             self.use_norm = self.model_cfg.USE_NORM
44.             self.with_distance = self.model_cfg.WITH_DISTANCE
45.             self.use_absolute_xyz = self.model_cfg.USE_ABSLOTE_XYZ
46.             num_point_features += 6 if self.use_absolute_xyz else 3
47.             if self.with_distance:
48.                 num_point_features += 1
49.             self.num_filters = self.model_cfg.NUM_FILTERS
50.             assert len(self.num_filters) > 0
51.             num_filters = [num_point_features] + list(self.num_filters)
52.             pfn_layers = []
53.             for i in range(len(num_filters) - 1):
54.                 in_filters = num_filters[i]
55.                 out_filters = num_filters[i + 1]
56.                 pfn_layers.append(PFNLayer(in_filters, out_filters, self.use_
        norm, last_layer=(i >= len(num_filters) - 2)))
57.             # 加入線性層，將 10 維特徵變為 64 維特徵
58.             self.pfn_layers = nn.ModuleList(pfn_layers)
59.             self.voxel_x = voxel_size[0]
60.             self.voxel_y = voxel_size[1]
61.             self.voxel_z = voxel_size[2]
62.             self.x_offset = self.voxel_x / 2 + point_cloud_range[0]
63.             self.y_offset = self.voxel_y / 2 + point_cloud_range[1]
64.             self.z_offset = self.voxel_z / 2 + point_cloud_range[2]
65.
66.         def get_output_feature_dim(self):
67.             return self.num_filters[-1]
68.
69.         def get_paddings_indicator(self, actual_num, max_num, axis=0):
70.             «»»
71.             計算 padding
72.             Args:
73.                 actual_num: 每個 voxel 實際點的數量 (M,)
74.                 max_num:voxel 最大點的數量 (32,)
75.             Returns:
76.                 paddings_indicator: 表明 pillar 中哪些是真實資料，哪些是填充的 0 資料
77.             “” ”
78.             # 擴展維度變為 (M,1)
```

```
79.           actual_num = torch.unsqueeze(actual_num, axis + 1)
80.           max_num_shape = [1] * len(actual_num.shape)
81.           max_num_shape[axis + 1] = -1
82.           max_num = torch.arange(max_num, dtype=torch.int, device=
      actual_num.device).view(max_num_shape)
83.           paddings_indicator = actual_num.int() > max_num
84.           return paddings_indicator
85.
86.       def forward(self, batch_dict, **kwargs):
87.           voxel_features,voxel_num_points,coords=batch_dict[‹voxels›],
88.                                                   batch_dict[ ‘voxel_num_points’ ],
89.                                                   batch_dict[‹voxel_coords›]
90.           # 求每個 Pillar 中所有點雲的和 (M,32,3)->(M,1,3)，設置 keepdim=True，保
      留原來的維度資訊
91.             # 使用求和資訊除以每個點雲中有多少個點來求每個 Pillar 中所有點雲的平均值
      points_mean shape：(M, 1, 3)
92.           points_mean = voxel_features[:, :, :3].sum(dim=1, keepdim=
      True) / voxel_num_points.type_as(voxel_features).view(-1, 1, 1)
93.           # 每個點雲資料減去該點對應 Pillar 的平均值得到差值 xc、yc、zc
94.           f_cluster = voxel_features[:, :, :3] - points_mean
95.           # 建立每個點雲到該 Pillar 的座標中心點偏移量空資料 xp、yp、zp
96.           f_center = torch.zeros_like(voxel_features[:, :, :3])
97.           # 每個點的 x、y、z 減去對應 Pillar 的座標中心點，得到每個點到該點中心點的偏
      移量
98.           f_center[:, :, 0] = voxel_features[:, :, 0] - (coords[:, 3]
      .to(voxel_features.dtype).unsqueeze(1) * self.voxel_x + self.x_offset)
99.           f_center[:, :, 1] = voxel_features[:, :, 1] - (coords[:, 2]
      .to(voxel_features.dtype).unsqueeze(1) * self.voxel_y + self.y_offset)
100.        f_center[:, :, 2] = voxel_features[:, :, 2] - (coords[:, 1].to
      (voxel_features.dtype).unsqueeze(1) * self.voxel_z + self.z_offset)
101.          # 如果使用絕對座標，就直接組合
102.          if self.use_absolute_xyz:
103.              features = [voxel_features, f_cluster, f_center]
104.          # 不然取 voxel_features 的 3 維後組合
105.          else:
106.              features = [voxel_features[..., 3:], f_cluster, f_center]
107.
108.          # 如果使用距離資訊
109.          if self.with_distance:
```

```
110.                points_dist=torch.norm(voxel_features[:,:,:3],2,2,keepdim=True)
111.                features.append(points_dist)
112.            # 就將特徵在最後一維拼接得到維度為 (M,32,10) 的張量
113.            features = torch.cat(features, dim=-1)
114.            # 每個 Pillar 中點雲的最大數量
115.            voxel_count = features.shape[1]
116.            # 得到 mask 的維度是 (M,32)
117.            # mask 中指明了每個 Pillar 中哪些是需要被保留的資料
118.            mask = self.get_paddings_indicator(voxel_num_points, voxel_count,
        axis=0)
119.            # （M， 32）->(M, 32, 1)
120.            mask = torch.unsqueeze(mask, -1).type_as(voxel_features)
121.            # 將 features 中被填充資料的所有特徵置 0
122.            features *= mask
123.            for pfn in self.pfn_layers:
124.                features = pfn(features)
125.            # (M, 64)，每個 Pillar 抽象出一個 64 維特徵
126.            features = features.squeeze()
127.            batch_dict[‹pillar_features›] = features
128.            return batch_dict
```

如程式 2.21 所示，經過上面的映射操作，將原來的 Pillar 提取最大的數值並放回相應的座標後，就可以得到偽影像資料；只有在 Pillar 不可為空的座標處有提取的點雲資料，其餘地方資料都是 0，因此得到的張量還是稀疏的。

➔ 程式 2.21 BEVBackbone

```
1.      class BaseBEVBackbone(nn.Module):
2.          def __init__(self, model_cfg, input_channels):
3.              super().__init__()
4.              self.model_cfg = model_cfg
5.              # 讀取下採樣層參數
6.              if self.model_cfg.get( ‘LAYER_NUMS’ , None) is not None:
7.                  assert len(self.model_cfg.LAYER_NUMS) == len(self.model_
        cfg.LAYER_STRIDES) == len(self.model_cfg.NUM_FILTERS)
8.                  layer_nums = self.model_cfg.LAYER_NUMS
9.                  layer_strides = self.model_cfg.LAYER_STRIDES
10.                 num_filters = self.model_cfg.NUM_FILTERS
11.             else:
```

```
12.             layer_nums = layer_strides = num_filters = []
13.         # 讀取上採樣層參數
14.         if self.model_cfg.get( 'UPSAMPLE_STRIDES' , None) is not None:
15.             assert len(self.model_cfg.UPSAMPLE_STRIDES) == len(self
.model_cfg.NUM_UPSAMPLE_FILTERS)
16.             num_upsample_filters = self.model_cfg.NUM_UPSAMPLE_FILTERS
17.             upsample_strides = self.model_cfg.UPSAMPLE_STRIDES
18.         else:
19.             upsample_strides = num_upsample_filters = []
20.         num_levels = len(layer_nums)  # 2
21.         c_in_list = [input_channels, *num_filters[:-1]]  # (256, 128)
input_channels:256, num_filters[:-1]：64,128
22.         self.blocks = nn.ModuleList()
23.         self.deblocks = nn.ModuleList()
24.         for idx in range(num_levels):  # (64,64)-->(64,128)-->(128,256)
# 這裡為 cur_layers 的第一層且 stride=2
25.             cur_layers = [
26.                 nn.ZeroPad2d(1),
27.                 nn.Conv2d(c_in_list[idx], num_filters[idx], kernel_size=3,
stride=layer_strides[idx], padding=0, bias=False),
28.                 nn.BatchNorm2d(num_filters[idx], eps=1e-3, momentum=0.01),
29.                 nn.ReLU()
30.             ]
31.             for k in range(layer_nums[idx]):  # 根據 layer_nums 堆疊卷積層
32.                 cur_layers.extend([
33.                    nn.Conv2d(num_filters[idx],num_filters[idx],kernel_
size=3,padding=1,bias=False),
34.                     nn.BatchNorm2d(num_filters[idx],eps=1e-3,momentum=0.01),
35.                     nn.ReLU()
36.                 ])
37.             # 在 blocks 中添加該層
38.             # * 作用是將列表解開成幾個獨立的參數，傳入函式。類似的運算子還有兩個星
號（**），是將字典解開成獨立的元素作為形參
39.             self.blocks.append(nn.Sequential(*cur_layers))
40.             if len(upsample_strides) > 0:  # 構造上採樣層  # (1, 2, 4)
41.                 stride = upsample_strides[idx]
42.                 if stride >= 1:
43.                     self.deblocks.append(nn.Sequential(
44.                         nn.ConvTranspose2d(num_filters[idx], num_
```

```
upsample_filters[idx], upsample_strides[idx], stride=upsample_strides
[idx], bias=False),
45.                         nn.BatchNorm2d(num_upsample_filters[idx],
eps=1e-3, momentum=0.01),
46.                         nn.ReLU()
47.                     ))
48.                 else:
49.                     stride = np.round(1 / stride).astype(np.int)
50.                     self.deblocks.append(nn.Sequential(
51.                         nn.Conv2d(num_filters[idx], num_upsample_
filters[idx],stride, stride=stride, bias=False),
52.                         nn.BatchNorm2d(num_upsample_filters[idx],
eps=1e-3, momentum=0.01),
53.                         nn.ReLU()
54.                     ))
55.         c_in = sum(num_upsample_filters)  # 512
56.         if len(upsample_strides) > num_levels:
57.             self.deblocks.append(nn.Sequential(
58.                 nn.ConvTranspose2d(c_in, c_in, upsample_strides[-1],
stride=upsample_strides[-1], bias=False),
59.                 nn.BatchNorm2d(c_in, eps=1e-3, momentum=0.01),
60.                 nn.ReLU(),
61.             ))
62.         self.num_bev_features = c_in
63.
64.     def forward(self, data_dict):
65.         «»»
66.         Args:
67.             data_dict:
68.                 spatial_features : (4, 64, 496, 432)
69.         Returns:
70.          “” ”
71.         spatial_features = data_dict[‹spatial_features›]
72.         ups = []
73.         ret_dict = {}
74.         x = spatial_features
75.         for i in range(len(self.blocks)):
76.             x = self.blocks[i](x)
77.             stride = int(spatial_features.shape[2] / x.shape[2])
```

```
78.                 ret_dict[‹spatial_features_%dx› % stride] = x
79.                 if len(self.deblocks) > 0:
80.                     ups.append(self.deblocks[i](x))
81.                 else:
82.                     ups.append(x)
83.
84.             # 如果存在上採樣層，就將上採樣結果連接
85.             if len(ups) > 1:
86.                 «»»
87.                  最終經過所有上採樣層得到 3 個尺度的資訊
88.                  每個尺度的形狀都是 (batch_size, 128, 248, 216)
89.                  在第一個維度上進行拼接得到 x 的維度是 (batch_size, 384, 248, 216)
90.                   “” ”
91.                 x = torch.cat(ups, dim=1)
92.             elif len(ups) == 1:
93.                 x = ups[0]
94.             if len(self.deblocks) > len(self.blocks):
95.                 x = self.deblocks[-1](x)
96.             # 將結果儲存在 spatial_features_2d 中並傳回
97.             data_dict[‹spatial_features_2d›] = x
98.             return data_dic
```

PiontPillars 中的 Detection Head 採用了類似 SSD 的 Detection Head 設定，在 OpenPCDet 的實現中，直接使用一個網路來訓練車、人、自行車 3 個類別，而沒有像原論文中那樣對車、人使用兩種不同的網路結構。因此，在 Detection Head 的先驗框設置上，一共有 3 個類別的先驗框，每個先驗框都有兩個方向，分別是 BEV 角度下的 0° 和 90°，每個類別的先驗框只有一種尺度資訊，分別是車 [3.9, 1.6, 1.56]、人 [0.8, 0.6, 1.73]、自行車 [1.76, 0.6, 1.73]（單位：m）。

在 Anchor Box 匹配 Ground Truth 的過程中，使用的是 2D IoU 匹配方式，直接從生成的特徵圖即 BEV 角度進行匹配。每個 Anchor Box 被設置為正、負樣本的 IoU 設定值分別如下。

（1）車匹配 IoU 設定值大於或等於 0.65 為正樣本，小於 0.45 為負樣本，中間的不計算損失。

（2）人匹配 IoU 設定值大於或等於 0.5 為正樣本，小於 0.35 為負樣本，中間的不計算損失。

（3）自行車匹配 IoU 設定值大於或等於 0.5 為正樣本，小於 0.35 為負樣本，中間的不計算損失。

每個 Anchor Box 都需要預測 7 個參數，分別是 x、y、z、w、l、h、θ，其中，x、y、z 預測一個 Anchor Box 的中心座標在點雲中的位置，w、l、h 分別預測一個 Anchor 的長、寬、高資料，θ 預測 3D 矩形框的旋轉角度。

同時，在進行角度預測時，不可以區分兩個完全相反的 box，因此 PiontPillars 的 Detection Head 中還添加了對 Anchor Box 的方向預測。

如程式 2.22 所示，檢測 Head 被定義為 AnchorHeadSingle 類別，其初始化了 3 個任務的 Head，分別為 self.conv_cls、self.conv_box 和 self.conv_dir_cls，分別表示分類頭、回歸頭和方向預測頭。

➔ 程式 2.22 檢測 Head 程式

```
1.      class AnchorHeadSingle(AnchorHeadTemplate):
2.          «»»
3.          Args:
4.              model_cfg: AnchorHeadSingle 的設定
5.              input_channels: 384 輸入通道數
6.              num_class: 3
7.              class_names: [ 'Car' ,' Pedestrian' ,' Cyclist' ]
8.              grid_size: (432, 496, 1)
9.              point_cloud_range: (0, -39.68, -3, 69.12, 39.68, 1)
10.             predict_boxes_when_training: False
11.         "" "
12.         def __init__(self, model_cfg, input_channels, num_class, class_names,
        grid_size, point_cloud_range,predict_boxes_when_training=True, **kwargs):
13.             super().__init__(
14.                 model_cfg=model_cfg, num_class=num_class, class_names=
        class_names, grid_size=grid_size,
15.                 point_cloud_range=point_cloud_range,
16.                 predict_boxes_when_training=predict_boxes_when_training)
17.             # 每個點有 3 個尺度的先驗框，每個先驗框都有兩個方向（0° ，90° ）
```

```
     num_anchors_per_location:[2, 2, 2]
18.         self.num_anchors_per_location = sum(self.num_anchors_per_location)
     # sum([2, 2, 2])
19.         self.conv_cls = nn.Conv2d(
20.             input_channels, self.num_anchors_per_location * self.num_class,
21.             kernel_size=1)
22.         self.conv_box = nn.Conv2d(
23.             input_channels, self.num_anchors_per_location * self.box_
     coder.code_size, kernel_size=1)
24.         # 如果存在方向損失，則添加方向卷積層 Conv2d(512,12,kernel_size=(1,1),
     stride=(1,1))
25.         if self.model_cfg.get( 'USE_DIRECTION_CLASSIFIER' , None) is not
     None:
26.             self.conv_dir_cls = nn.Conv2d(input_channels,
27.                 self.num_anchors_per_location * self.model_cfg.NUM_DIR_BINS,
28.                 kernel_size=1)
29.         else:
30.             self.conv_dir_cls = None
31.         self.init_weights()
32.     # 初始化參數
33.     def init_weights(self):
34.         pi = 0.01
35.         # 初始化分類卷積偏置
36.         nn.init.constant_(self.conv_cls.bias, -np.log((1 - pi) / pi))
37.         # 初始化分類卷積權重
38.         nn.init.normal_(self.conv_box.weight, mean=0, std=0.001)
39.     def forward(self, data_dict):
40.         # 從字典中取出經過 Backbone 處理的資訊
41.         # spatial_features_2d 的維度為 (batch_size, 384, 248, 216)
42.         spatial_features_2d = data_dict[‹spatial_features_2d›]
43.         # 每個座標點上面 6 個先驗框的類別預測 --> (batch_size, 18, 200, 176)
44.         cls_preds = self.conv_cls(spatial_features_2d)
45.         # 每個座標點上面 6 個先驗框的參數預測 --> (batch_size, 42, 200, 176)
            # 其中每個先驗框需要預測 7 個參數，分別是 x、y、z、w、l、h、θ
46.         box_preds = self.conv_box(spatial_features_2d)
47.          # 維度調整，將類別放置在最後一維上 [N,H,W,C]-->(batch_size,200,176,18)
48.         cls_preds = cls_preds.permute(0, 2, 3, 1).contiguous()
49.     #維度調整，將先驗框調整參數放置在最後一維上 [N,H,W,C]-->(batch_
     size,200,176,42)
```

```
50.         box_preds = box_preds.permute(0, 2, 3, 1).contiguous()
51.         # 將類別和先驗框調整預測結果放入前向傳播字典中
52.         self.forward_ret_dict[ 'cls_preds' ] = cls_preds
53.         self.forward_ret_dict[ 'box_preds' ] = box_preds
54.         # 進行方向分類預測
55.         if self.conv_dir_cls is not None:
56.           # 每個先驗框都要預測為兩個方向中的其中一個 -->(batch_size,12,200,176)
57.             dir_cls_preds = self.conv_dir_cls(spatial_features_2d)
58.           # 將類別和先驗框方向預測結果放到最後一維上 [N, H, W, C] --> (batch_
    size, 248, 216, 12)
59.             dir_cls_preds = dir_cls_preds.permute(0, 2, 3, 1).contiguous()
60.             # 將方向預測結果放入前向傳播字典中
61.             self.forward_ret_dict[ 'dir_cls_preds' ] = dir_cls_preds
62.         else:
63.             dir_cls_preds = None
64.         «»»
65.         如果是在訓練模式下，則需要為每個先驗框分配 Ground Truth 來計算損失
66.           “” ”
67.         if self.training:
68.             targets_dict=self.assign_targets(gt_boxes=data_dict[ 'gt_boxes' ])
69.             # 將 Ground Truth 分配結果放入前向傳播字典中
70.             self.forward_ret_dict.update(targets_dict)
71.         # 如果不是訓練模式，則直接進行 3D 矩形框的預測
72.         if not self.training or self.predict_boxes_when_training:
73.             # 根據預測結果，解碼生成最終結果
74.             batch_cls_preds, batch_box_preds=self.generate_predicted_boxes(
75.                 batch_size=data_dict[‹batch_size›],
76.                 cls_preds=cls_preds, box_preds=box_preds, dir_cls_preds=
    dir_cls_preds)
77.             data_dict[‹batch_cls_preds›] = batch_cls_preds
    # (1, 211200, 3)
78.             data_dict[‹batch_box_preds›] = batch_box_preds
    # (1, 211200, 7)
79.             data_dict[‹cls_preds_normalized›] = False
80.         return data_dict
```

透過前面 3D 檢測器的檢測 Head 輸出的結果舉出 main 函式，並進行最終 3D 物件辨識的視覺化，如程式 2.23 所示。

➔ 程式 2.23 main 函式

```
1.    def main():
2.        args, cfg = parse_config()
3.        logger = common_utils.create_logger()
4.        demo_dataset = DemoDataset(
5.          dataset_cfg=cfg.DATA_CONFIG,class_names=cfg.CLASS_NAMES,training=False，
6.            root_path=Path(args.data_path), ext=args.ext, logger=logger)
7.        logger.info(f›Total number of samples: \t{len(demo_dataset)}›)
8.       model=build_network(model_cfg=cfg.MODEL,num_class=len(cfg.CLASS_NAMES),
      dataset=demo_dataset)
9.        model.load_params_from_file(filename=args.ckpt,logger=logger,to_cpu=True)
10.       model.cuda()
11.       model.eval()
12.       with torch.no_grad():
13.           for idx, data_dict in enumerate(demo_dataset):
14.               logger.info(f›Visualized sample index: \t{idx + 1}›)
15.               data_dict = demo_dataset.collate_batch([data_dict])
16.               load_data_to_gpu(data_dict)
17.               pred_dicts, _ = model.forward(data_dict)
18.              V.draw_scenes(points=data_dict[‹points›][:,1:],ref_boxes=
      pred_dicts[0][ 'pred_boxes' ],ref_scores=pred_dicts[0][ 'pred_scores' ],
      ref_labels=pred_dicts[0][ 'pred_labels' ])
19.               if not OPEN3D_FLAG:
20.                   mlab.show(stop=True)
```

PointPillars 的檢測結果如圖 2.90 所示。

▲ 圖 2.90 PointPillars 的檢測結果

2.7 本章小結

本章主要介紹了自動駕駛常用的2D物件辨識與3D物件辨識的相關演算法，首先對物件辨識的基本發展狀況，以及物件辨識演算法的演進過程進行了簡單介紹。

關於2D物件辨識，本章不僅介紹了兩階段物件辨識演算法，如R-CNN、Fast R-CNN、Faster R-CNN，還對單階段物件辨識演算法進行了介紹，如YOLOv3、YOLOv4、YOLOv5、YOLOX等。同時，考慮到實作的輕量化設計，本章也詳細介紹了輕量化物件辨識演算法YOLOv5-Lite和NanoDet。針對2D物件辨識的實踐專案，主要是基於BDD100K資料集、CityPerson資料集、交通號誌資料集，以及交通號誌燈資料集分別使用YOLOv5、YOLOX、NanoDet和YOLOv5-Lite進行實踐與講解。

對於3D物件辨識，本章不僅介紹了基於雷射的3D物件辨識演算法PointPillars；還介紹了類似特斯拉純視覺方案的BVEFormer，它主要是基於環視影像來進行3D物件辨識的，在一定程度上解決了基於雷射3D物件辨識的成本問題。

第 3 章 語義分割在自動駕駛中的應用

車輛的可行駛區域包括結構化的路面、半結構化的路面和非結構化的路面。結構化的路面一般指有道路邊緣線且路面結構單一的路面，如城市主幹道、高速路、國道、省道等。半結構化的路面是指一般的非標準化路面，路面的顏色和材質差異較大，如停車場、廣場、一些分支道路等。非結構化的路面沒有結構層，屬於天然的道路場景。自動駕駛要想實現路徑規劃，就必須實現對可行駛區域的劃分。對於城市車輛，自動駕駛只需解決結構化路面和非結構化路面的劃分與辨識即可；而對於野外的無人駕駛車輛，自動駕駛需要解決非結構化路面的檢測。

可行駛區域的劃分主要為自動駕駛提供路徑規劃協助工具，這樣不僅可以實現整個路面的劃分，還可以只提取出部分道路資訊，如只提取前方一定區域內的道路走向或道路中點，進而結合高精度地圖來實現道路路徑規劃和障礙物躲避。

對於可行駛區域的劃分，主要有兩種方法：一種是基於傳統方法的可行駛區域劃分，另一種是基於深度學習方法的可行駛區域劃分。在此，僅針對目前比較經典的基於深度學習的語義分割方法進行闡述和實踐。

語義分割是電腦視覺中的基本任務。在語義分割中，需要將視覺輸入分為不同的語義可解釋類別。舉例來說，我們可能需要區分影像中屬於路面的所有像素，並把這些像素塗成藍色。

傳統的分割演算法，如設定值選擇、超像素等利用手工製作的特徵在影像中分配像素級標籤。隨著卷積神經網路的發展，基於 FCN 的方法在各種基準測試中獲得了良好的效果。

DeepLab v3 採用了一個帶有空洞卷積的空間金字塔池化模組來捕捉多尺度上下文。SegNet 利用編碼器 - 解碼器結構來恢復高解析度特徵圖。PSPNet 設計了一個金字塔池化層來捕捉帶有空洞卷積主幹網絡上的局部和全域上下文資訊。帶有空洞卷積主幹網絡和編碼器 - 解碼器的結構可以同時學習低級細節資訊與高級語義資訊。然而，由於高解析度特徵和複雜的網路連接，所以大多數方法都需要較高的計算成本。

近期，由於邊緣裝置的普及和實作需求，即時語義分割的應用也在快速增長。在這種情況下，有兩種主流網路用於設計有效的分割方法。

（1）**輕量化骨幹網路**：DFANet 採用輕量化骨幹網路來降低計算成本，並設計了跨級特徵聚合模組來提高性能。DFANet 透過「Partial Order Pruning」的設計獲得了輕量化骨幹網路和高效的解碼器。

（2）**多分支網路結構**：ICNet 設計了多尺度影像串聯網路，以實現良好的速度和準確度的平衡。BiSeNetV1 和 BiSeNetV2 分別提出了 Low-Level 細節資訊與 High-Level 上下文資訊的雙流路徑。

面對當前很多流行的卷積演算法，以及 Vision Transformer 的大行其道，這裡選擇較流行的兩個語義分割演算法介紹，分別為輕量化模型 STDC 和基於 Transformer 設計的 TopFormer。

3.1 STDC 演算法的原理

為了減少語義分割演算法的耗時，DFANet、BiSeNet 等語義分割演算法使用輕量化骨幹網路來進行特徵編碼，並且均直接使用分類任務設計的骨幹網路；而 STDC 演算法的提出者認為，專為分類任務設計的骨幹網路並不能在語義分割領域充分發揮它們的性能。同時，BiSeNet 使用了多分支網路結構融合低層特徵和高層特徵，而多分支網路結構會增加網路的執行時間。因此，STDC 做了以下設計和改進。

（1）設計了 Short-Term Dense Concatenate（STDC）模組。

（2）重新設計了語義分割網路架構。

3.1.1 STDC 模組

下面首先舉出 STDC 模組的結構，如圖 3.1 所示。

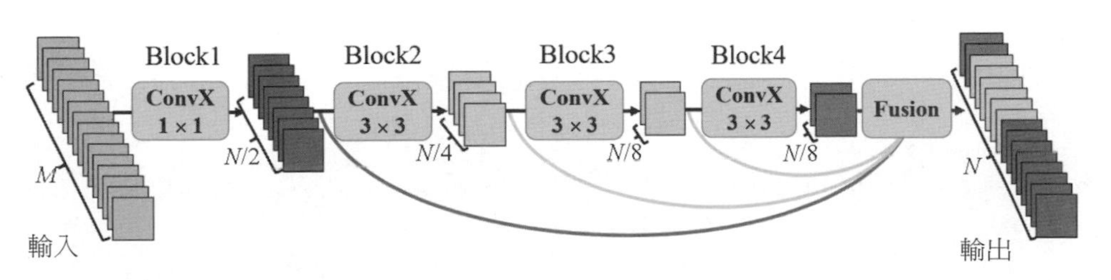

（a）步進值 =1 的 STDC 模組

▲ 圖 3.1　STDC 模組的結構

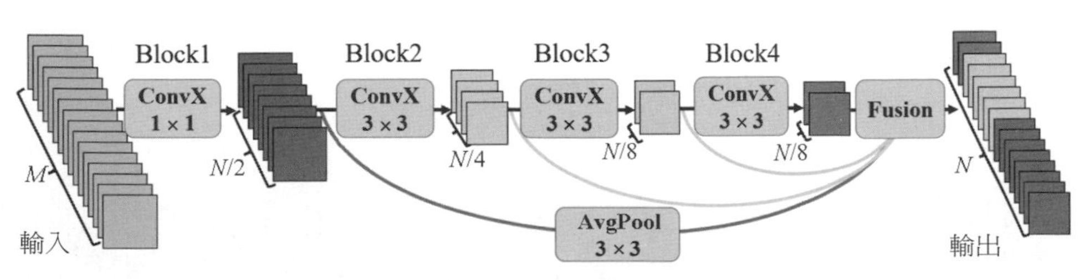

（b）步進值 =2 的 STDC 模組

▲ 圖 3.1　STDC 模組的結構（續）

圖 3.1（a）所示為步進值 =1 的 STDC 模組，其中，ConvX 表示「卷積+BN+ReLU」操作，M 表示輸入特徵通道數，N 表示輸出特徵通道數。

在 STDC 模組中，第 1 個 Block 的卷積核心尺寸為 1×1，其餘 Block 的卷積核心尺寸均為 3×3。若 STDC 模組的最終輸出特徵通道數為 N，則除最後一個 Block 外，該模組內第 i 個 Block 的輸出特徵通道數為 $N/2^i$，最後一個 Block 的輸出特徵通道數與倒數第 2 個 Block 保持一致。

不同於傳統的骨幹網路，STDC 模組中的深層特徵通道數少，淺層特徵通道數多。STDC 的提出者認為，淺層需要更多通道的特徵編碼細節資訊，而深層則更加關注高層語義資訊，過多的特徵通道數會導致資訊容錯。

STDC 模組最終的輸出為各 Block 輸出特徵的融合，即

$$x_{\text{output}} = F\left(x_1, x_2, \cdots, x_n\right) \tag{3.1}$$

式中，F 表示融合函式；$x_1, x_2, \cdots, x_n$ 表示 n 個 Block 的輸出。這裡 STDC 模組的作用是使用 Concat 操作來融合 n 個 Block 的特徵。

圖 3.1（b）所示為步進值 =2 的 STDC 模組。對於該模組，在 Block2 中進行下採樣操作。為了在融合時保證特徵圖的尺寸一致，對大尺寸的特徵圖使用步進值 =2、卷積核心尺寸為 3×3 的平均池化操作進行下採樣，並進行特徵融合。

透過上述描述可看出 STDC 模組主要有以下幾個特點。

（1）隨著網路的加深，逐漸減少特徵通道數，從而減少計算量。

（2）STDC 的輸出融合了多個 Block 的輸出特徵圖，包含了多尺度資訊。

STDC 骨幹網路如圖 3.2 所示。

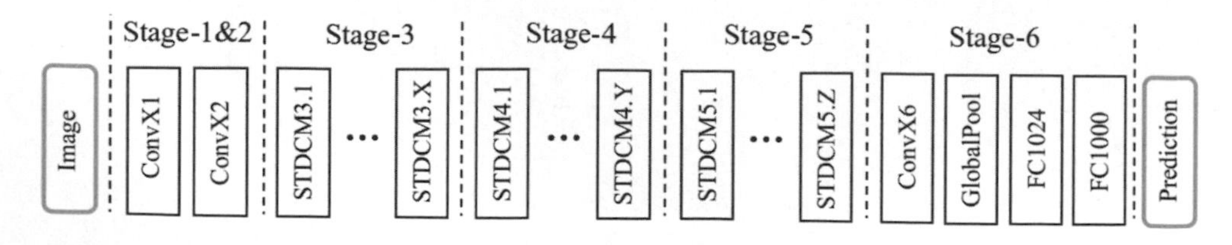

▲ 圖 3.2 STDC 骨幹網路

3.1.2 STDC 語義分割網路

如圖 3.3 所示，STDC 語義分割網路架構依舊參考了 BiSeNet 架構的思想，使用 Context Path 來提取上下文資訊，但是去除了 BiSeNet 中的 Spatial Path，添加了只在訓練階段使用的 Detail Guidance 模組，同時把骨幹網路修改為專為語義分割設計的 STDC 骨幹網路，進而建構 STDC 語義分割網路。

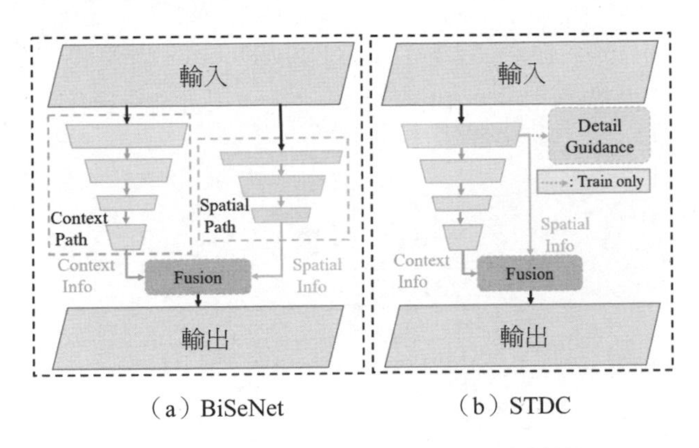

▲ 圖 3.3 BiSeNet 與 STDC 的對比

STDC 語義分割網路如圖 3.4 所示。

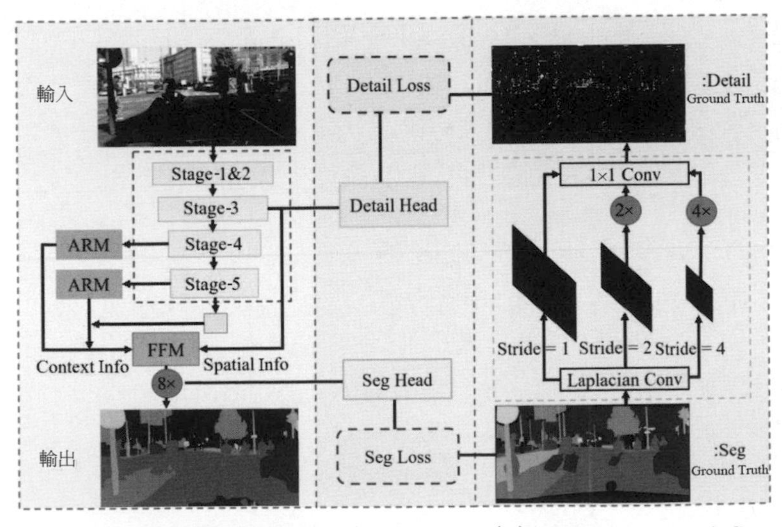

▲ 圖 3.4 STDC 語義分割網路

網路中的 Stage-3、Stage-4 和 Stage-5 均對特徵圖進行了下採樣操作，並使用全域平均池化操作提取全域上下文資訊。使用 U 型結構上採樣特徵，並與 Stage-4、Stage-5 後面的 ARM（Attention Refine Module，參考自 BiSeNet）輸出進行融合，將融合的結果作為 FFM（Feature Fusion Module，參考自 BiSeNet）的輸入，為 FFM 提供高層語義資訊。FFM 的另外一個輸入為 Stage-3 輸出的特徵，該特徵為 FFM 提供低層細節資訊。

FFM 的輸出特徵透過 8 倍上採樣進入 Seg/Detail Head，如圖 3.5 所示，Seg Head 包括 1 個 3×3 卷積、BN 和 ReLU 操作，以及 1 個 1×1 卷積，最終輸出 N 維特徵，其中 N 為語義分割的類別數。

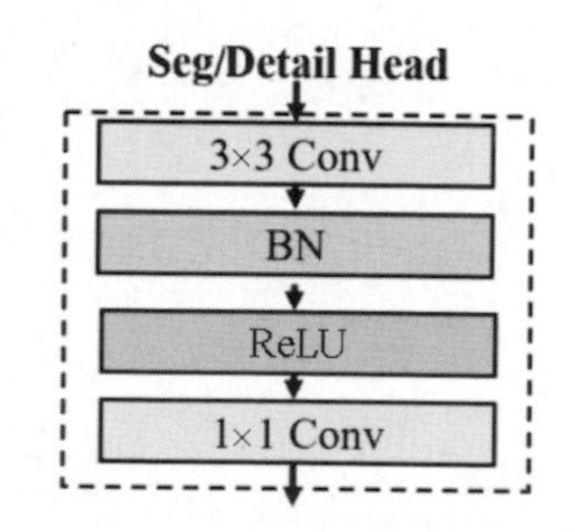

▲ 圖 3.5 Seg/Detail Head 的結構

同時，為了彌補由於去除 BiSeNet 中的 Spatial Path 造成的細節損失，STDC 在 Stage-3 後面插入了 Detail Head，使得 Stage-3 能夠學到細節資訊。需要注意的是，Detail Head 只在訓練時使用，目的是讓 Stage-3 輸出的特徵圖包含更多的細節資訊，以便與 Context Path 的高層語義特徵進行融合。

STDC 首先使用如圖 3.6 所示的結構得到 Detail Head 的 Ground Truth，即對標籤分別做步進值為 1、2、4 與固定 Laplacian Kernel 的 Laplacian 卷積；然後分別對步進值為 2 和 4 的輸出結果進行 2 倍、4 倍上採樣；最後使用 1×1 卷積進行融合，並透過 0.1 的設定值輸出最終的二值化 Ground Truth。

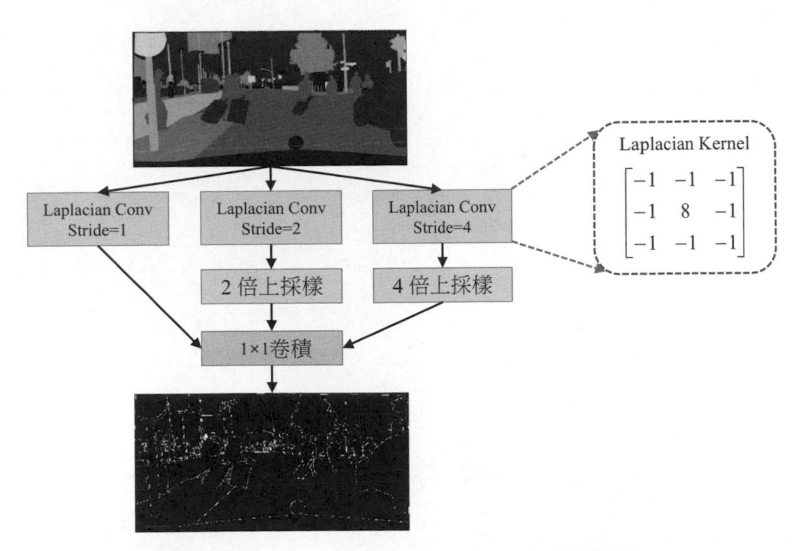

▲ 圖 3.6 二值化 Ground Truth 的獲取

ARM 模組和 FFM 模組都參考了 BiSeNet，在此簡單介紹一下。如圖 3.7 所示，ARM 模組借助全域平均池化來捕捉全域資訊，並計算注意力向量以指導特徵學習。這一設計可以最佳化 Context Path 中每個階段的特徵，無須執行任何上採樣操作即可整合全域資訊，同時其計算成本幾乎可忽略。

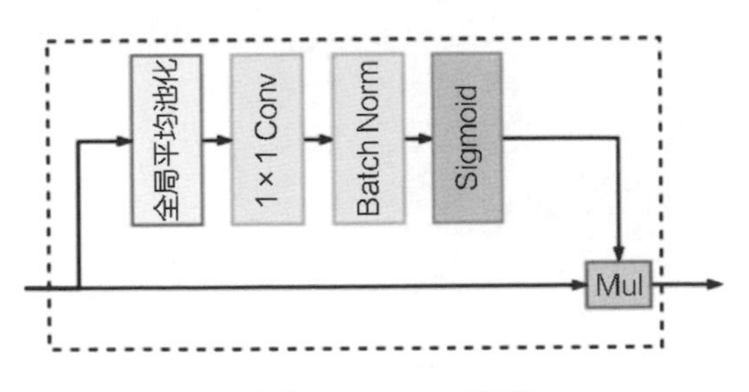

▲ 圖 3.7 ARM 模組

FFM模組如圖3.8所示，BiSeNet的多分支結構所產生的特徵層次是不同的，因此論文作者提出了一個特徵融合模組用於融合這些特徵，仿照SENet設計了FFM模組來進行特徵的選擇和融合。

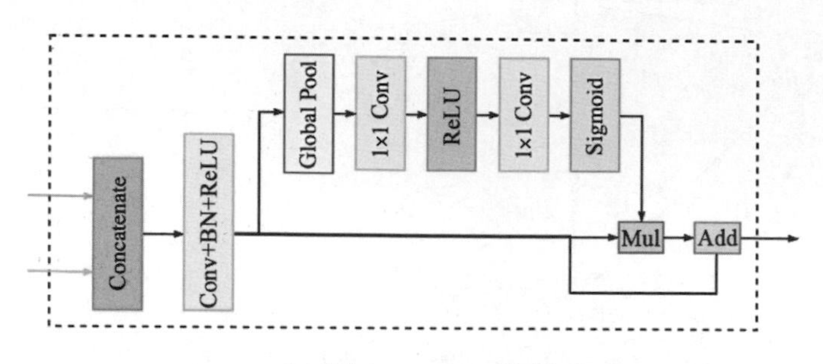

▲ 圖3.8 FFM模組

關於損失函式，STDC使用的是交叉熵損失與Dice損失的結合。之前已經介紹過交叉熵損失，這裡不進行過多的描述，只進行Dice損失的講解。Dice損失的數學運算式為

$$L_{\text{dice}} = 1 - \frac{2\sum_{i}^{H\times W} p_{\text{d}}^{i} g_{\text{d}}^{i} + \varepsilon}{\sum_{i}^{H\times W}\left(p_{\text{d}}^{i}\right)^{2} + \sum_{i}^{H\times W}\left(g_{\text{d}}^{i}\right)^{2} + \varepsilon} \tag{3.2}$$

Dice係數是一種集合相似度度量函式，通常用於計算兩個樣本點的相似度〔見式（3.3）〕，其範圍為[0, 1]。

$$S = \frac{2\left|X \cap Y\right|}{\left|X\right| + \left|Y\right|} \tag{3.3}$$

式中，$|X \cap Y|$表示X和Y之間的交集，$|X|$和$|Y|$分別表示X與Y的元素個數。其中，分子中的係數之所以為2，是因為分母重複計算了X和Y之間的共同元素。為了便於理解，這裡也用集合的形式繪製了Dice損失函式的示意圖，如圖3.9所示。

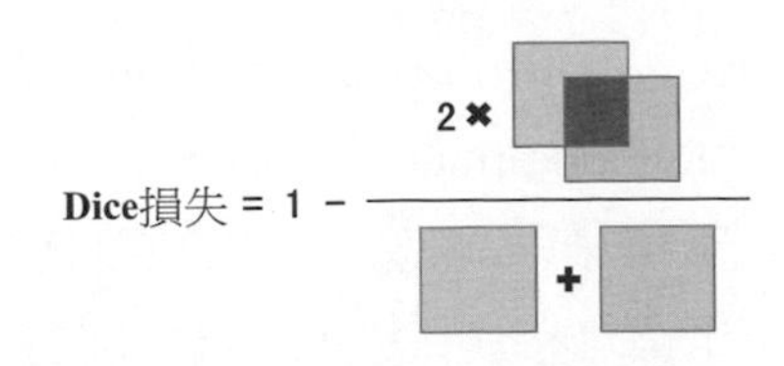

▲ 圖 3.9 Dice 損失函式的示意圖

在圖 3.9 中，藍色代表預測結果，綠色代表 Ground Truth，紅色代表預測結果與 Ground Truth 的交集。

注意：Dice 損失和 IoU 損失很像，但是它們之間還是有區別的，在使用時需要注意區分。

3.2 TopFormer 演算法的原理

前面討論了 Transformer 在電腦視覺中的應用，不過更多的是對 Backbone 的介紹。雖然 Vision Transformer（ViT）在電腦視覺方面獲得了巨大的成功，但較高的計算成本阻礙了其在密集預測任務中的應用，如在行動裝置上進行語義分割。

為了提高效率，一些關於 ViT 的研究工作，如 Swin-Transformer、Shuffle-Transformer、Twins 和 HR-Former 都在計算局部 / 視窗區域的自注意力。然而，視窗分區在行動裝置上依然是非常耗時的。此外，Token Slimming 和 Mobile-Former 透過減少 Token 的數量降低了計算複雜度，但犧牲了準確度。

在這些 ViT 中，MobileViT 和 Mobile-Former 是專門為行動裝置設計的。它們都融合了 CNN 和 ViT 的優勢。在影像分類方面，MobileViT 比與其參數量相似的 MobileNets 具有更好的性能。Mobile-Former 在比 MobileNets 具有更少的 FLOPs 的情況下獲得了更好的性能。然而，與 MobileNets 相比，MobileViT 和 Mobile-Former 在行動裝置的實際延遲方面並沒有顯示出優勢。

因此，這裡提出了一個問題：是否能設計出行動友善型網路，在行動語義分割任務中獲得更好的性能呢？

TopFormer: Token Pyramid Transformer for Mobile Semantic Segmentation 論文作者受到 MobileViT 和 Mobile-Former 的啟發，提出了 TopFormer。TopFormer 利用 CNN 和 ViT 的優勢建構了一個基於 CNN 的模組，稱為 Token Pyramid Module，用於處理高解析度影像，以快速生成局部特徵金字塔。考慮到行動裝置非常有限的運算能力，TopFormer 使用了一些堆疊的輕量化 MobileNet V2 Block 和 Fast Down-Sampling 策略來建構一個 Token Pyramid。

為了獲得豐富的語義和較大的感受野，TopFormer 中還建構了一個基於 ViT 的模組，即 Semantics Extractor，並將 Token 作為輸入。為了進一步降低計算成本，它使用平均池化運算元將 Token 的數量減少到非常小，如輸入大小為 1/(64×64)。

與 ViT、T2T-ViT、LeViT 使用嵌入層的最後一個輸出維度作為輸入 Token 不同，TopFormer 將來自不同尺度（階段）的 Token 池化到非常低的解析度，並沿著通道維度進行拼接，新的 Token 被輸入 Transformer Block 中，以產生全域語義。由於 Transformer Block 中的殘差連接學習到的語義與 Token 的尺度有關，因此該模組被表示為 Scale-Aware Global Semantics。

為了獲得密集預測任務的強大層次特徵，首先將尺度感知的全域語義透過不同尺度的 Token 通道進行分割；然後將標度感知的全域語義與相應的 Token 融合，以增強表示；最後將增強的 Token 用作分割 Head 的輸入。

如圖 3.10 所示，TopFormer 設計的模組如下。

（1）Token Pyramid Module。

（2）Scale-Aware Semantics Extractor。

（3）Semantic Injection Module。

（4）Segmentation Head（Seg Head）。

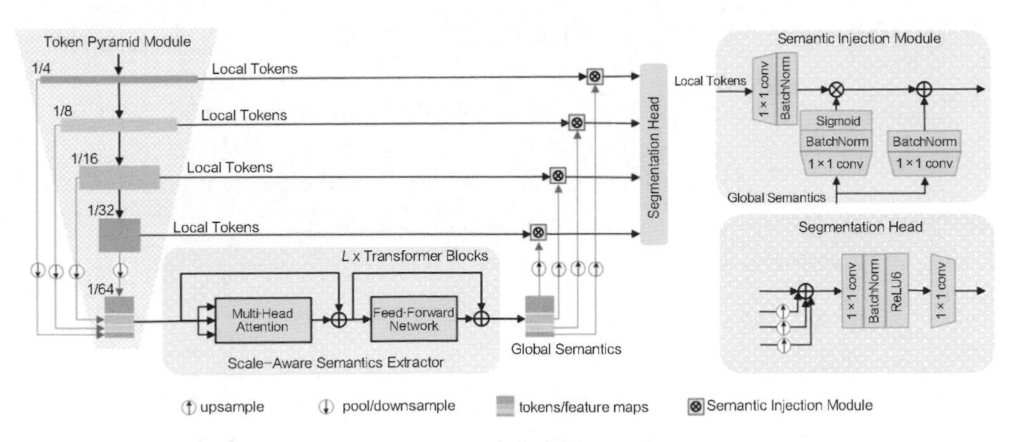

▲ 圖 3.10 TopFormer 的架構

3.2.1 Token Pyramid Module

受 MobileNets 的啟發，TopFormer 提出的 Token Pyramid Module 由堆疊的 MobileNet Block 組成。與 MobileNets 不同，Token Pyramid Module 的目的並不是獲得豐富的語義和較大的感受野，而是使用更少的 Block 來建構 Token Pyramid。

如圖 3.10 所示，把一幅影像 $\boldsymbol{I} \in \mathbf{R}^{3\times H\times W}$ 作為輸入，其中，3、H、W 分別表示 RGB 影像的通道數、高度和寬度。

首先，透過一些 MobileNet V2 Block 產生一系列的 Token。

然後，將 Token 平均池化到目標尺寸大小。

最後，將來自不同尺度的 Token 沿著通道維度連接起來，產生新的 Token，並將新的 Token 輸入 ViT，以產生具有尺度感知功能的語義特徵。

由於新的 Token 的數量較少，因此即使新的 Token 具有較多的通道，ViT 也能夠以非常低的計算成本執行。

3.2.2 Scale-Aware Semantics Extractor

Scale-Aware Semantics Extractor 由 L 個堆疊的 Transformer Block 組成。

如圖 3.11 所示，Transformer Block 由 Multi-Head Self-Attention 模組、MLP Block 和殘差連接組成。為了保持 Token 的空間形狀和減少重塑的數量，這裡將線性層替換為 1×1 的卷積層。此外，在 ViT 中，所有的非線性啟動函式都是 ReLU6，而非 GELU。

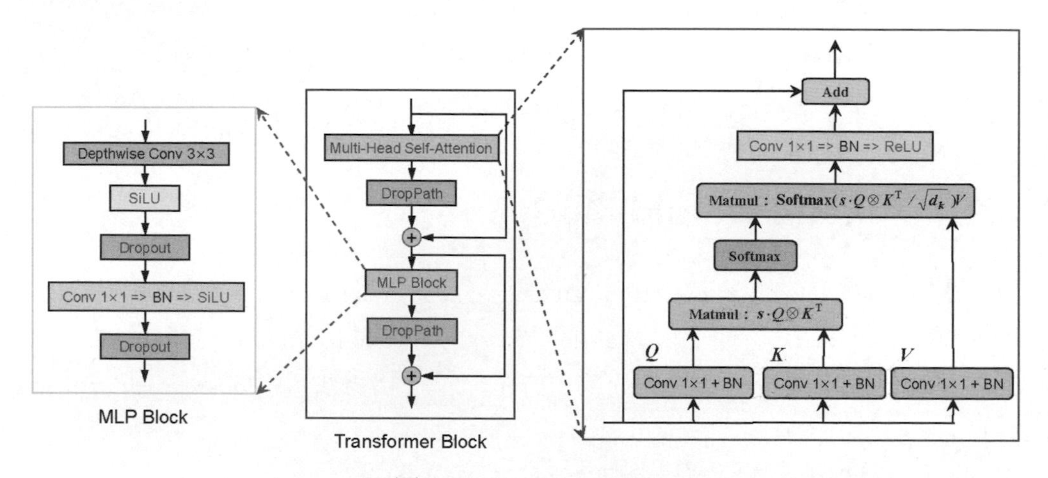

▲ 圖 3.11 Transformer Block

Multi-Head Self-Attention 模組遵循 LeViT 的設定，將 Key $\boldsymbol{K}$ 和 Query $\boldsymbol{Q}$ 的 Head 尺寸設置為 D=16，將 Value $\boldsymbol{V}$ 的 Head 設置為 2D=32。在計算 Attention Map 和輸出時，減少 $\boldsymbol{K}$ 和 $\boldsymbol{Q}$ 的通道數將降低計算成本。另外，它還去掉了 Layer Normalization，並向每個卷積添加了 Batch Normalization。在推理過程中，Batch Normalization 可以與前面的卷積融合。

對於 FFN，透過在兩個 1×1 卷積層之間插入一個深度卷積來增強 ViT 的局部連接。同時，將 FFN 的擴展係數設為 2，以降低計算成本。

3.2.3 Semantics Injection Module

獲得尺度感知語義資訊後，直接將它們與其他 Token 相加。然而，在 Token 和尺度感知語義資訊之間存在著顯著的語義差距。為此，引入 Semantics Injection Module 來緩解在融合這些 Token 之前的語義資訊間的差距。

如圖 3.12 所示，Semantics Injection Module（SIM）以 Token Pyramid Module 的局部 Token 和 ViT 的全域語義作為輸入。

局部 Token 透過 1×1 卷積層並進行批標準化生成要注入的特徵。

全域語義輸入 1×1 卷積層 + 批標準化層 +H-Sigmoid 層產生語義權重，同時全域語義也透過 1×1 卷積層 + 批標準化層。

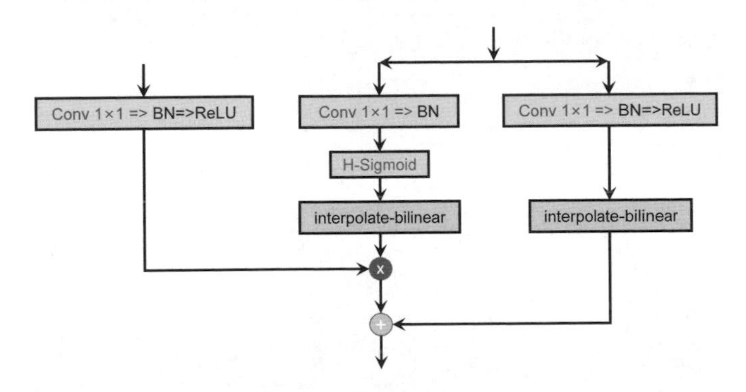

▲ 圖 3.12 Semantics Injection Module

3.2.4 Segmentation Head

經過 Semantics Injection Module 後，來自不同尺度的增強 Token 同時捕捉了豐富的空間資訊和語義資訊，這對語義分割至關重要。此外，Semantics Injection Module 還緩解了 Token 之間的語義差距。

TopFormer 提出的 Segmentation Head 首先將低解析度 Token 上採樣到與高解析度 Token 相同的大小，然後按元素方式對所有尺度的 Token 進行求和，最後將該特徵透過兩個卷積層，生成最終的分割圖。

3.3 基於 TopFormer 的可行駛區域分割專案實踐

3.3.1 Cityscapes 資料集簡介

Cityscapes 資料集是專門針對城市街道場景的資料集，整個資料集由 50 座城市的街景組成，包括 5000 幅精標注的影像和 20000 幅粗標注的影像。

其中，精標注的影像主要用於強監督學習，可分為訓練集、驗證集和測試集；而粗標注的影像則主要用於弱監督語義分割演算法的訓練與測試。在 Cityscapes 資料集中，通常使用 19 種常用的類別來進行類別分割準確度的評估。

Cityscapes 資料集標注資訊如圖 3.13 所示。

▲ 圖 3.13 Cityscapes 資料集標注資訊

3.3.2 TopFormer 模型實現

圖 3.14 所示為 TopFormer 的結構示意圖，主要包含以下結構。

（1）MobileNet V2 Block。

（2）Transformer Block。

（3）Injection Multi-Sum。

（4）Pyramid Pool Agg。

（5）Segmentation Head。

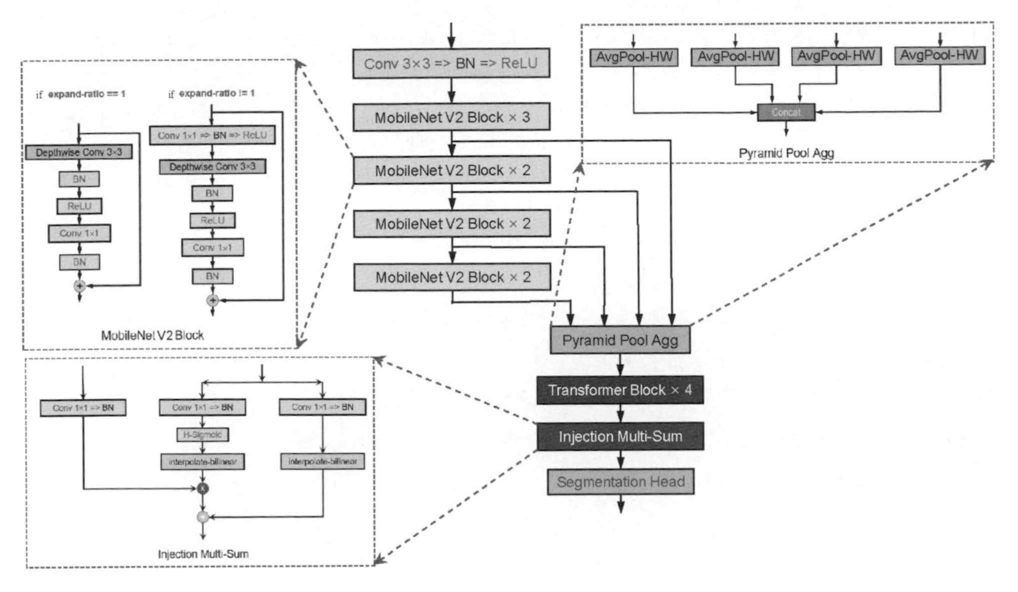

▲ 圖 3.14 TopFormer 的結構示意圖

這裡首先看一下 MobileNet V2 Block 的實現。

透過圖 3.14 可以看到，MobileNet V2 Block 基本上由 1×1 卷積、BN、ReLU 和深度卷積組成。具體的 PyTorch 實現如程式 3.1 所示：首先定義了 Conv2d_BN 基礎模組，然後定義了轉置殘差模組 InvertedResidual，以完成 MobileNet V2 Block 的架設。

➔ 程式 3.1 卷積 +BN 模組

```
1.    class Conv2d_BN(nn.Sequential):
2.        def __init__(self, a, b, ks=1, stride=1, pad=0, dilation=1, groups=1,
      bn_weight_init=1,norm_cfg=dict(type=' BN' , requires_grad=True)):
3.            super().__init__()
4.            self.inp_channel = a
5.            self.out_channel = b
6.            self.ks = ks
```

```
7.          self.pad = pad
8.          self.stride = stride
9.          self.dilation = dilation
10.         self.groups = groups
11.         self.add_module( 'c' , nn.Conv2d(a, b, ks, stride, pad, dilation,
    groups, bias=False))
12.         bn = build_norm_layer(norm_cfg, b)[1]
13.         nn.init.constant_(bn.weight, bn_weight_init)
14.         nn.init.constant_(bn.bias, 0)
15.         self.add_module( 'bn' , bn)
16.
17.  class InvertedResidual(nn.Module):
18.      def __init__(
19.          self,
20.          inp: int,
21.          oup: int,
22.          ks: int,
23.          stride: int,
24.          expand_ratio: int,
25.          activations = None,
26.          norm_cfg=dict(type=›BN›, requires_grad=True)
27.      ) -> None:
28.          super(InvertedResidual, self).__init__()
29.          self.stride = stride
30.          self.expand_ratio = expand_ratio
31.          assert stride in [1, 2]
32.          if activations is None:
33.              activations = nn.ReLU
34.          hidden_dim = int(round(inp * expand_ratio))
35.          self.use_res_connect = self.stride == 1 and inp == oup
36.          layers = []
37.          if expand_ratio != 1:
38.              # 逐點卷積
39.              layers.append(Conv2d_BN(inp,hidden_dim,ks=1,norm_cfg=norm_cfg))
40.              layers.append(activations())
41.          layers.extend([
42.              # 深度卷積
43.              Conv2d_BN(hidden_dim, hidden_dim, ks=ks, stride=stride, pad=
    ks//2, groups=hidden_dim, norm_cfg=norm_cfg),
```

```
44.                 activations(),
45.                 # 線性層代替啟動函式
46.                 Conv2d_BN(hidden_dim, oup, ks=1, norm_cfg=norm_cfg)])
47.             self.conv = nn.Sequential(*layers)
48.             self.out_channels = oup
49.             self._is_cn = stride > 1
50.
51.         def forward(self, x):
52.             if self.use_res_connect:
53.                 return x + self.conv(x)
54.             else:
55.                 return self.conv(x)
```

透過圖 3.11 可以看到，Transformer Block 的元件有 Multi-Head Self-Attention、MLP Block、DropPath、Depthwise、BN 和 ReLU 等。具體的 PyTorch 實現如程式 3.2 所示。

透過圖 3.11 可以知道，DropPath 是一個基礎的模組；MLP Block 也是 Transformer Block 的重要組成部分；至於 MLP Block，其主要包含 Depthwise Conv、SiLU、Dropout 和 BN 層。

從第 41 行開始便是建構 Multi-Head Self-Attention 模組的程式。其主要先使用前面宣告的 Conv2d_BN 來分別映射 to_q、to_k、to_v；然後透過 to_q 與 to_k 相乘得到結果，並經過 Softmax 得到注意力圖，進而與 to_v 映射的結果相乘來得到最終的結果。

程式 3.2 最為核心的部分便是 Transformer Block 的架設。首先分別定義了 Multi-Head Self-Attention 模組、MLP Block 和 DropPath 模組，然後在 forward 中進行一次特徵傳遞。

➔ 程式 3.2 DropPath 與 MLP Block 模組

```
1.      def drop_path(x, drop_prob: float = 0., training: bool = False):
2.          if drop_prob == 0. or not training:
3.              return x
4.          keep_prob = 1 - drop_prob
5.          shape = (x.shape[0],) + (1,) * (x.ndim - 1)
```

```
6.          random_tensor=keep_prob+torch.rand(shape,dtype=x.dtype,device=x.device)
7.          random_tensor.floor_()  # binarize
8.          output = x.div(keep_prob) * random_tensor
9.          return output
10.
11.     # DropPath 模組
12.     class DropPath(nn.Module):
13.         def __init__(self, drop_prob=None):
14.             super(DropPath, self).__init__()
15.             self.drop_prob = drop_prob
16.         def forward(self, x):
17.             return drop_path(x, self.drop_prob, self.training)
18.
19.     # MLP Block
20.     class Mlp(nn.Module):
21.         def __init__(self, in_features, hidden_features=None, out_features=
        None, act_layer=nn.ReLU, drop=0., norm_cfg=dict(type=' BN' , requires_
        grad=True)):
22.             super().__init__()
23.             out_features = out_features or in_features
24.             hidden_features = hidden_features or in_features
25.             self.fc1=Conv2d_BN(in_features, hidden_features, norm_cfg=norm_cfg)
26.             self.dwconv = nn.Conv2d(hidden_features, hidden_features, 3, 1,
        1, bias=True, groups=hidden_features)
27.             self.act = act_layer()
28.             self.fc2 =Conv2d_BN(hidden_features,out_features,norm_cfg=norm_cfg)
29.             self.drop = nn.Dropout(drop)
30.
31.         def forward(self, x):
32.             x = self.fc1(x)
33.             x = self.dwconv(x)
34.             x = self.act(x)
35.             x = self.drop(x)
36.             x = self.fc2(x)
37.             x = self.drop(x)
38.             return x
39.
40.     # Multi-Head Self-Attention 模組
41.     class Attention(torch.nn.Module):
```

```
42.     def __init__(self, dim, key_dim, num_heads, attn_ratio=4, activation=
    None,norm_cfg=dict(type=' BN' , requires_grad=True),):
43.         super().__init__()
44.         self.num_heads = num_heads
45.         self.scale = key_dim ** -0.5
46.         self.key_dim = key_dim
47.         self.nh_kd = nh_kd = key_dim * num_heads # num_head key_dim
48.         self.d = int(attn_ratio * key_dim)
49.         self.dh = int(attn_ratio * key_dim) * num_heads
50.         self.attn_ratio = attn_ratio
51.         self.to_q = Conv2d_BN(dim, nh_kd, 1, norm_cfg=norm_cfg)
52.         self.to_k = Conv2d_BN(dim, nh_kd, 1, norm_cfg=norm_cfg)
53.         self.to_v = Conv2d_BN(dim, self.dh, 1, norm_cfg=norm_cfg)
54.         self.proj = torch.nn.Sequential(activation(), Conv2d_BN(
55.             self.dh, dim, bn_weight_init=0, norm_cfg=norm_cfg))
56.
57.     def forward(self, x):  # x (B,N,C)
58.         B, C, H, W = get_shape(x)
59.         qq = self.to_q(x).reshape(B, self.num_heads, self.key_dim, H *
    W).permute(0, 1, 3, 2)
60.         kk=self.to_k(x).reshape(B, self.num_heads, self.key_dim, H * W)
61.         vv=self.to_v(x).reshape(B,self.num_heads,self.d,H*W).permute(0,
    1,3,2)
62.         attn = torch.matmul(qq, kk)
63.         attn = attn.softmax(dim=-1) # dim = k
64.         xx = torch.matmul(attn, vv)
65.         xx = xx.permute(0, 1, 3, 2).reshape(B, self.dh, H, W)
66.         xx = self.proj(xx)
67.         return xx
68.
69. # Transformer Block
70. class Block(nn.Module):
71.     def __init__(self, dim, key_dim, num_heads, mlp_ratio=4., attn_ratio=
    2., drop=0.,drop_path=0.,act_layer=nn.ReLU,norm_cfg=dict(type=' BN2d' ,
    requires_grad=True)):
72.         super().__init__()
73.         self.dim = dim
74.         self.num_heads = num_heads
75.         self.mlp_ratio = mlp_ratio
```

```
76.             # Multi-Head Self-Attention 模組
77.             self.attn = Attention(dim, key_dim=key_dim, num_heads=num_heads,
        attn_ratio=attn_ratio, activation=act_layer, norm_cfg=norm_cfg)
78.             # DropPath
79.             self.drop_path=DropPath(drop_path) if drop_path > 0. else nn
        .Identity()
80.             mlp_hidden_dim = int(dim * mlp_ratio)
81.             # MLP Block
82.             self.mlp = Mlp(in_features=dim, hidden_features=mlp_hidden_
        dim, act_layer=act_layer, drop=drop, norm_cfg=norm_cfg)
83.
84.         def forward(self, x1):
85.             # 第 1 個殘差結構
86.             x1 = x1 + self.drop_path(self.attn(x1))
87.             # 第 2 個殘差結構
88.             x1 = x1 + self.drop_path(self.mlp(x1))
89.             return x1
```

程式 3.3 所示為 Injection Multi-Sum 模組的 PyTorch 實現，其主要由局部嵌入 self.local_embedding、self.global_embedding 和 self.global_act 組成，如程式 3.3 中的第 17 ~ 26 行程式所示：首先透過第 18 行程式的局部嵌入來提取輸入的局部特徵，接著使用全域啟動和插值操作對提取的局部特徵進行編碼，然後使用全域嵌入來提取輸入的全域特徵，最後使用插值操作與具有局部特徵的編碼結果進行統一，以進行局部特徵和全域特徵的融合。

➔ 程式 3.3 Injection Multi-Sum 模組

```
1.      class InjectionMultiSum(nn.Module):
2.          def __init__(self,inp:int,oup:int,norm_cfg=dict(type=' BN' ,requires_grad=
        True),
3.              activations = None,) -> None:
4.              super(InjectionMultiSum, self).__init__()
5.              self.norm_cfg = norm_cfg
6.              self.local_embedding=ConvModule(inp,oup,kernel_size=1,norm_cfg=
        self.norm_cfg,act_cfg=None)
7.              self.global_embedding=ConvModule(inp,oup,kernel_size=1,norm_
        cfg=self.norm_cfg,act_cfg=None)
8.              self.global_act=ConvModule(inp,oup,kernel_size=1,norm_cfg=self
```

```
        .norm_cfg,act_cfg=None)
9.              self.act=h_sigmoid()
10.
11.         def forward(self, x_l, x_g):
12.             ‹››
13.             x_g: global features
14.             x_l: local features
15.               “ ’
16.             B, C, H, W = x_l.shape
17.             # 局部資訊編碼
18.             local_feat = self.local_embedding(x_l)
19.             global_act = self.global_act(x_g)
20.             sig_act = F.interpolate(self.act(global_act), size=(H, W),
        mode=’ bilinear’ , align_corners=False)
21.             # 全域資訊編碼
22.             global_feat = self.global_embedding(x_g)
23.             global_feat = F.interpolate(global_feat, size=(H, W), mode=
         ‘bilinear’ , align_corners=False)
24.             # 特徵融合
25.             out = local_feat * sig_act + global_feat
26.             return out
```

Pyramid Pool Agg 模組的結構如圖 3.15 所示。

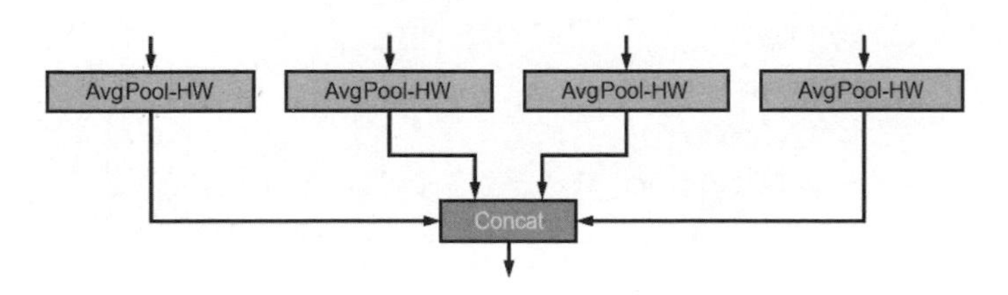

▲ 圖 3.15 Pyramid Pool Agg 模組的結構

如程式 3.4 所示，Pyramid Pool Agg 模組的 PyTorch 實現主要是透過 cat 操作來融合自我調整池化後的特徵的，主要表現便是第 10 行程式。

➜ 程式 3.4 Pyramid Pool Agg 模組

```
1.      class PyramidPoolAgg(nn.Module):
2.          def __init__(self, stride):
```

```
3.          super().__init__()
4.          self.stride = stride
5.
6.      def forward(self, inputs):
7.          B, C, H, W = get_shape(inputs[-1])
8.          H = (H - 1) // self.stride + 1
9.          W = (W - 1) // self.stride + 1
10.         return torch.cat([nn.functional.adaptive_avg_pool2d(inp, (H,
    W)) for inp in inputs], dim=1)
```

程式 3.5 主要參考 SegFormer 演算法裡設計的語義分割頭，具有高效的分割效率。

➔ 程式 3.5 Segmentation Head 模組

```
1.  class SimpleHead(BaseDecodeHead):
2.      def __init__(self, is_dw=False, **kwargs):
3.          super(SimpleHead, self).__init__(input_transform=' multiple_
    select' , **kwargs)
4.          embedding_dim = self.channels
5.          self.linear_fuse = ConvModule(
6.              in_channels=embedding_dim,
7.              out_channels=embedding_dim,
8.              kernel_size=1,
9.              stride=1,
10.             groups=embedding_dim if is_dw else 1,
11.             norm_cfg=self.norm_cfg,
12.             act_cfg=self.act_cfg)
13.
14.     def agg_res(self, preds):
15.         outs = preds[0]
16.         for pred in preds[1:]:
17.             pred = resize(pred, size=outs.size()[2:], mode=' bilinear' ,
    align_corners=False)
18.             outs += pred
19.         return outs
20.
21.     def forward(self, inputs):
22.         xx = self._transform_inputs(inputs)  # len=4, 1/4,1/8,1/16,1/32
```

```
23.             x = self.agg_res(xx)
24.             c = self.linear_fuse(x)
25.             x = self.cls_seg(c)
26.             return x
```

TopFormer 預測輸出如圖 3.16 所示。

▲ 圖 3.16 TopFormer 預測輸出

3.4 本章小結

本章首先介紹了語義分割發展的基本情況，同時對常見的語義分割方法進行了劃分，如多分支網路結構和輕量化單分支結構。為了進一步探索 ViT 在語義分割中的應用，本章還選擇了經典的演算法進行講解。

本章主要介紹的是語義分割在自動駕駛中的應用。STDC 是一種純卷積結構的語義分割演算法。STDC 全新設計了更適合語義分割的骨幹網路，解決了由於結構容錯帶來的推理耗時問題。而 TopFormer 則是一種基於 Transformer 設計思想的混合模型。TopFormer 在保證速度的同時，很大程度上提升了模型的準確度。

本章最後根據實際的開放原始碼專案結合 Cityscapes 資料集，詳細解讀了 TopFormer 的實際應用和分割效果。

第4章 道路標線檢測與分割

道路標線檢測是自動駕駛中最基本、最關鍵的安全任務之一，可以應用在 ADAS（高級駕駛員輔助系統）中，如車道保持功能，以及其他更高級別的自主任務（如與高畫質地圖和軌跡規劃的融合等）。給定在自動駕駛車輛上收集的 RGB 影像，道路標線檢測演算法旨在影像上提供結構化線的集合。

道路標線檢測是自動駕駛中的基礎模組，也是一個由來已久的任務。早期已有很多基於傳統影像處理實現的道路標線檢測演算法。但隨著研究的深入，道路標線檢測任務所應對的場景越來越多樣化，且逐步脫離了對於「白、黃色線條」這種傳統道路標線樣條式的理解。目前更常用的方式是尋求對於語義上道路標線存在位置的檢測，即使它是模糊的、被光照影響的，甚至是完全被遮擋的。

目前，道路標線檢測演算法主要有以下兩大困難。

（1）基於影像分割的道路標線檢測演算法由於是逐像素分類的任務，所以計算量很大。

（2）No-Visual-Cue 問題，即遮擋問題。如圖 4.1 所示，在實際場景中存在道路標線被遮擋的情況。在這種情況下，只有靠車流走向這種全域資訊才能極佳地定位道路標線。另外，實際場景中還會有極端光照條件影響辨識結果的情況。在這種情況下，道路標線檢測迫切需要更高層次的車道語義資訊。

▲ 圖 4.1 道路標線示意圖

目前，基於深度學習的道路標線檢測演算法通常分為兩種類型：一種基於視覺特徵進行語義分割，如 LaneNet 和 UNet 等；另一種透過視覺特徵來預測道路標線所在位置的點，以此來解決 No-Visual-Clue 問題，如 LaneATT。由於篇幅限制，本章僅以 UNet 和 LaneATT 為例介紹。

4.1 UNet 演算法的原理

UNet（出自論文 *U-Net:Convolutional Networks for Biomedical Image Segmentation*）是在 FCN 的基礎上進行修改與拓展所實現的神經網路。FCN 的思想是透過連續的卷積層來修復常用的縮放網路，其中池化層中的部分操作被上採樣操作替代，從而能提升輸出的解析度。同時，為了進行定位，FCN 將壓縮路徑的高解析度特徵與上採樣結合，使得一個連續的卷積層能夠根據資訊得到一個更準確的輸出。

UNet 的提出者在上採樣部分也有較大的修改。UNet 也有大量的特徵通道，從而允許網路的上下文資訊能夠傳播到具有更高解析度的層上。因此擴展路徑與壓縮路徑接近對稱，產生一個 U 形結構。

由於該網路沒有完全連接的層，且只使用每個卷積的有效部分，即分割映射只包含像素，這樣完整的上、下兩部分能夠在輸入影像上使用，從而實現對任意大的影像進行無縫切割。為了預測影像的邊界區域中的像素，該網路透過鏡像來輸入影像，推斷缺失的部分，這樣能夠保證解析度不會受到 GPU 記憶體的影響。

由於實際應用中的資料量可能不會很多，所以 UNet 的提出者在其中增加了資料增強的內容，保證神經網路能夠進行較好的訓練。在許多細胞分割任務中，困難是如何分離同一類的觸控物件。為此，UNet 的提出者建議使用加權損失，即透過在接觸單元之間增加分離背景標籤，使得其能夠在損失函式中獲得很大的權重，從而能夠實現較好的分割效果。

UNet 使用包含壓縮路徑和擴展路徑的對稱 U 形結構來進行特徵的編 / 解碼工作，且在一定程度上影響了後續語義分割網路的研究。

UNet 非常簡單，其前半部分（左邊）的作用是進行特徵提取，後半部分（右邊）的作用是進行上採樣，在一些文獻中也把這樣的結構叫作 Encoder-Decoder 結構。因為此網路的整體結構類似大寫的英文字母 U，故得名 UNet。如圖 4.2 所示，其中每個藍色豎狀條對應一個多通道特徵圖，通道數在豎狀條頂部標出，x 和 y 的大小位於豎狀條的左下方；灰色箭頭表示複製和拼接特徵圖。

該網路由壓縮路徑和擴展路徑組成。其中，壓縮路徑用於獲取上下文（Context）資訊，擴展路徑用於精確定位（Localization），且兩條路徑相互對稱。

UNet 能從極少的訓練影像中依靠資料增強手段將有效標注資料更為有效地利用起來。與其他常見的分割網路（如 FCN）相比，UNet 主要有以下不同點。

（1）採用完全不同的特徵融合方式：拼接（Concat）。

（2）UNet 把特徵在通道維度上進行拼接，形成通道更深的特徵圖；而 FCN 融合時使用的是逐點相加方式，並不形成通道更深的特徵圖。

可見，語義分割網路在進行特徵融合時有以下兩種方法。

（1）FCN 式的逐點相加。

（2）UNet 式的通道維度拼接融合。

除了上述新穎的特徵融合方式，UNet 還有以下幾個優點。

（1）5 個池化層實現了對影像特徵的多尺度特徵生成。

（2）上採樣部分會融合特徵提取部分輸出，這樣做實際上將多尺度特徵融合在了一起。以最後一個上採樣為例，它的特徵既來自第一個卷積 Block 的輸出（同尺度特徵），又來自上採樣的輸出（大尺度特徵），這樣的連接是貫穿整個網路的。如圖 4.2 所示，網路中有 4 次融合過程，而 FCN 只在最後一層進行融合。

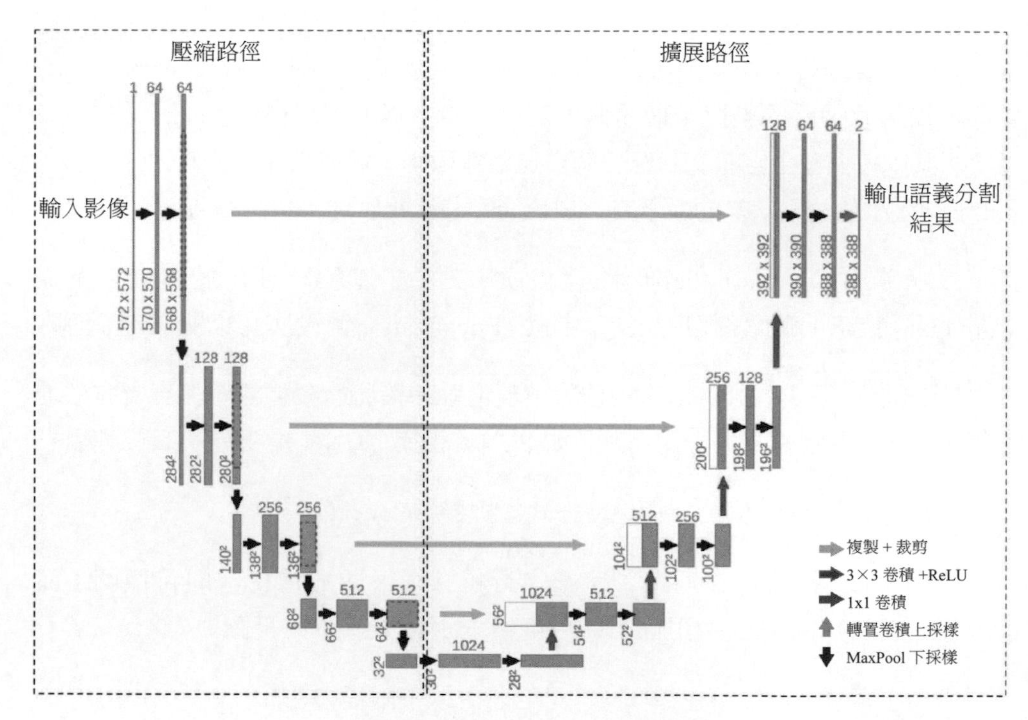

▲ 圖 4.2 UNet 架構圖

U-Net 也有兩點明顯的不足。

（1）執行效率很慢。因為 UNet 中存在大量的重複計算。

（2）需要在精確地定位和獲取上下文資訊之間權衡。

4.2 LaneATT 演算法的原理

現有道路標線檢測演算法在實際應用中已獲得了不錯的性能，但是諸如 UNet 之類的語義分割的方法普遍存在執行即時效率問題，這對自動駕駛實作來說是不可取的。

因此，LaneATT（出自論文 *Keep your Eyes on the Lane: Real-time Attention-guided Lane Detection*，以下簡稱 *LaneATT*）的提出者受傳統基於 Anchor 的物件辨識方法的啟發，設計了一個基於 Anchor 的道路標線檢測模型。類似其他通用的物件辨識器，LaneATT 將 Anchor 用於特徵池化。

因為道路標線遵循規則的模式高度相關，所以 LaneATT 假設在某些情況下，全域資訊對推斷其位置可能至關重要，尤其在諸如遮擋、缺少車道標記等情況下。因此，LaneATT 中還設計了一種新穎的基於 Anchor 的注意力機制，這在一定程度上可聚集全域資訊，進而提升模型性能。

LaneATT 主要做了以下設計。

（1）Lane 的 Anchor 表徵。

（2）基於 Anchor 的特徵圖池化。

（3）局部注意力機制。

（4）Proposal 預測。

如圖 4.3 所示，使用從安裝在車輛上的前置攝影機拍攝的 RGB 影像作為輸入，輸出是道路標線。為了得到這些輸出，Backbone 會生成一個特徵圖，並將其池化，以提取每個 Anchor 的特徵。這些特徵與注意力模組生成的一組全域特徵結合在一起。

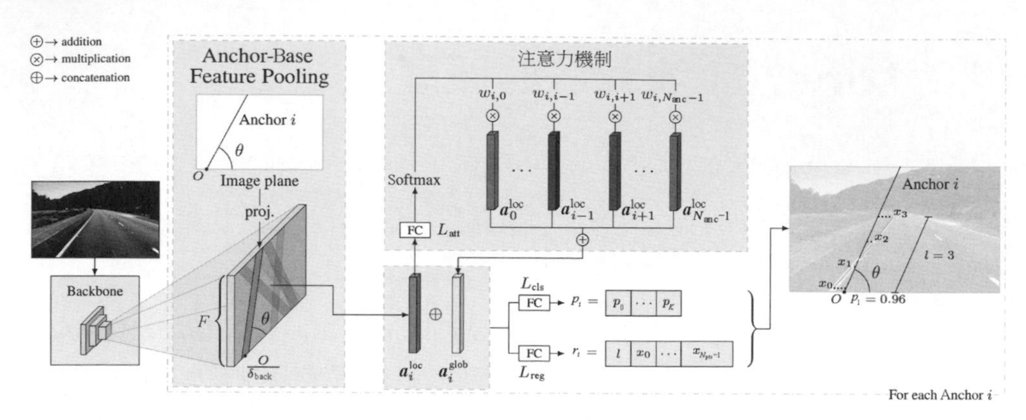

▲ 圖 4.3 LaneATT 架構圖

透過組合局部特徵和全域特徵，該模型可以更輕鬆地使用來自其他車道的資訊，這在有遮擋或沒有可見車道標記的情況下可能是必需的。

最後將合併的特徵傳遞到全連接層，以預測最終的輸出通道。

4.2.1 Lane 的 Anchor 表徵

Lane 的 Anchor 表徵方式與 Line-CNN 一致。如圖 4.4 所示，將特徵圖均分為固定大小的網格。一條 Lane 由起始點 s 和結束點 e，以及方向 a 組成。也就是說，一條 Lane 的 Anchor 是由起始點按照一定的方向到達結束點的所有 2D 座標組成的。

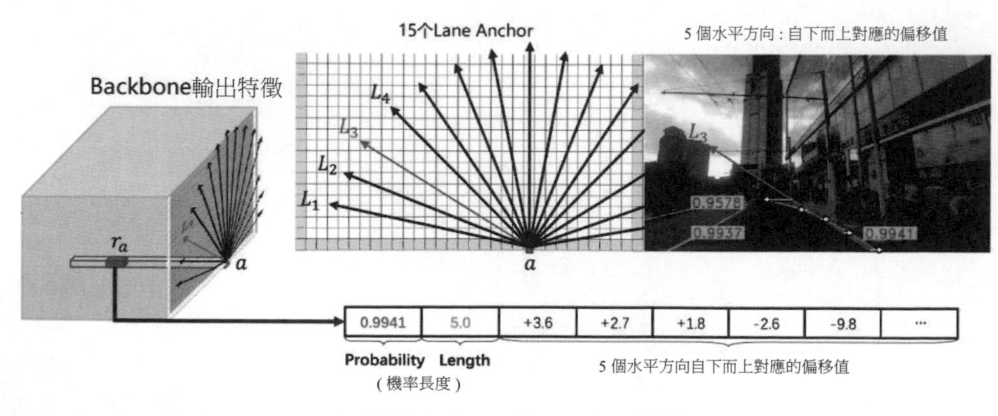

▲ 圖 4.4 Lane 的 Anchor 表徵

4.2.2 基於 Anchor 的特徵圖池化

兩階段物件辨識演算法會把一定矩形區域的 Anchor 特徵池化為固定長度的特徵，以用於後面的卷積或全連接層的預測。對道路標線而言，因為 Lane 的 Anchor 表徵不再是矩形區域，而是一條線，所以 LaneATT 舉出了公式（4.1）：

$$x_j = \left\lfloor \frac{1}{\tan\theta}\left(y_j - y_{\text{orig}} / \delta_{\text{back}}\right) + x_{\text{orig}} / \delta_{\text{back}} \right\rfloor \tag{4.1}$$

式中，(x_{orig} ，y_{orig}) 是起始點的座標；θ 是線的角度方向。具體理解就是按照網格的 y 座標找出道路標線上對應的 x 座標，這樣就可以挑出固定長度的特徵，即特徵圖 F 的高度。如果出現了 y 對應的 x 座標在特徵圖外的情況，就採用填充的方式補齊。

基於 Anchor 的特徵圖池化如圖 4.5 所示。

請注意，LaneATT 中基於 Anchor 的特徵圖池化與 Fast R-CNN 的感興趣區域投影類似，但是，考慮到 LaneATT 是單階段物件辨識器，因此使用 Anchor 本身而非 Proposal 進行池化。

此外，RoI 池化層（用於生成固定大小的特徵）對於 LaneATT 方法不是必需的。與僅利用特徵圖邊界的 Line-CNN 相比，LaneATT 可以潛在地覆蓋所有特徵圖，從而可以使用更輕量化的主幹網絡和較小的感受野範圍。

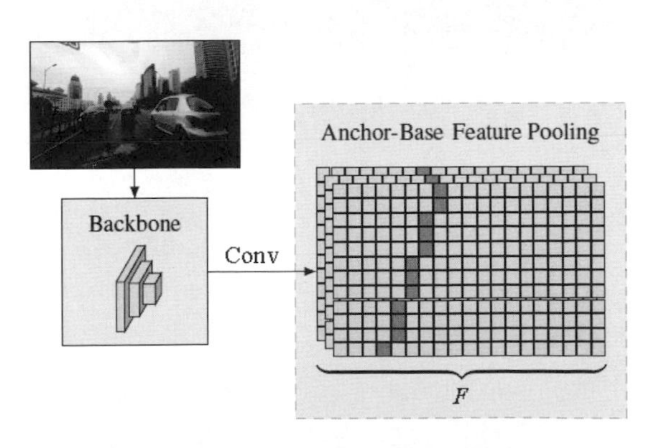

▲ 圖 4.5 基於 Anchor 的特徵圖池化

4.2.3 局部注意力機制

基於 Anchor 的特徵圖池化所得到的特徵只是道路標線上的局部特徵，在遇到道路標線被遮擋的情況時，還需要全域特徵才可以更進一步地進行預測。因此，LaneATT 還設計了一種注意力機制，該注意力機制作用於局部特徵，以產生聚合到全域資訊的附加特徵。該注意力機制的數學運算式如下：

$$w_{i,j}=\begin{cases}\text{Softmax}(L_{\text{att}}(a_i^{\text{loc}}))_j,\ j<i\\ 0,\ j=i\\ \text{Softmax}(L_{\text{att}}(a_i^{\text{loc}}))_{j-1},\ j>i\end{cases} \tag{4.2}$$

如圖 4.6 所示，對於池化後所得到的 i 和 j 兩個 Anchor 的局部特徵，使用全連接層加 Softmax 的形式預測 i 和 j 的關係。相當於基於當前局部特徵 i 預測它與其他局部特徵的權重關係，聚合其他特徵作為全域特徵。

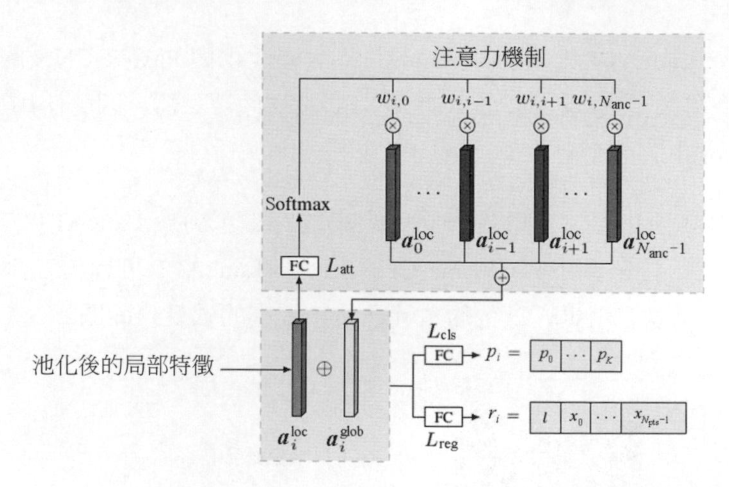

▲ 圖 4.6 LaneATT 的注意力機制

4.2.4 Proposal 預測

如圖 4.7 所示，上面提取到局部特徵和全域特徵有兩個預測分支，分別是分類分支和回歸分支。

分類分支預測 K+1 個類別，包括 K 個道路標線類別和 1 個背景類別。

回歸分支回歸基於 Anchor 的起始點 s，預測出 N 個點的座標與對應 Anchor 的偏移，以及一個線的長度 l。因此，道路標線的結束點就是 $e = s+l-1$。

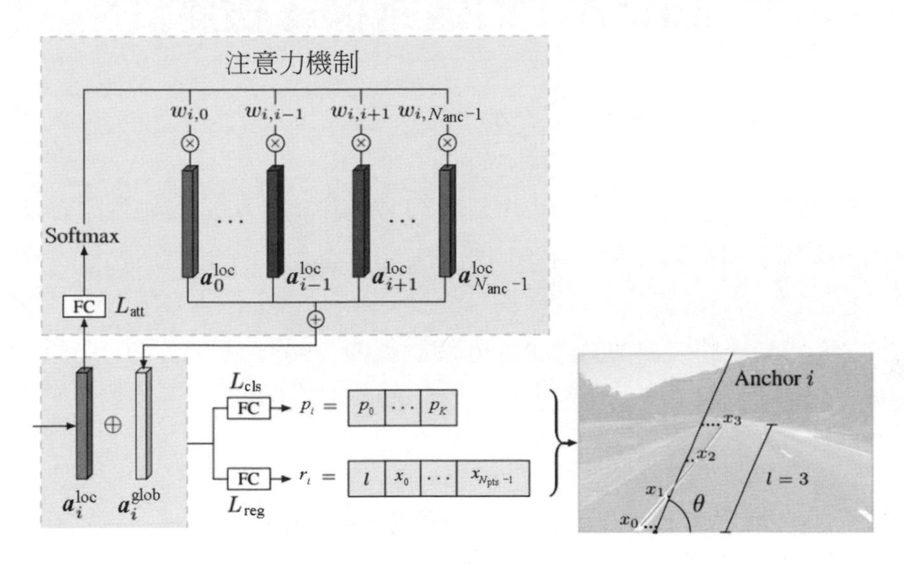

▲ 圖 4.7 Proposals 的預測

4.2.5 後處理

與基於 Anchor 的傳統物件辨識一樣，NMS 對於減少誤檢的數量至關重要。LaneATT 方法中的後處理（NMS）是透過兩條車道 X_a 和 X_b 之間的距離來進行計算的。這裡使用 $s' = \max(s_a, s_b)$ 和 $e' = \min(e_a, e_b)$ 來定義這些公共索引的範圍。因此，車道距離度量定義式如下：

$$D(X_a, X_b) = \begin{cases} \dfrac{1}{e'-s'+1} \cdot \displaystyle\sum_{i=s'}^{e'} \left| x_i^a - x_i^b \right|, & e' \geq s' \\ +\infty，其他 \end{cases} \tag{4.3}$$

可以看出，透過以上再設計，LaneATT 在對於全域資訊的具體方面的性能得以最佳化，可以極佳地解決 No-Visual-Cue 問題，同時，由於注意力極佳地聚合了全域資訊，使得 LaneATT 即使在比較輕量化的主幹網絡中提取特徵也不會有太大的準確度損失。

4.3 基於 LaneATT 的道路標線檢測實踐

4.3.1 CULane 資料集介紹

CULane 是用於道路標線檢測學術研究的大規模的、具有挑戰性的資料集。它是由 6 名駕駛員分別駕駛 6 輛不同的汽車，以其上的攝影機來收集的。一共收集了超過 55 小時的視訊，並提取了 133235 幀。CULane 資料集標注和類別示意如圖 4.8 所示。將資料集分為 88880 個訓練集，9675 個驗證集，剩餘 34680 個作為測試集。測試集分為 1 個正常場景和 8 個挑戰性場景，分別對應圖 4.8 中的 9 個範例。

▲ 圖 4.8 CULane 資料集標注和類別示意

對於每幀，用三次樣條曲線手動註釋道路標線。對於車道標記被車輛遮擋或看不見的情況，仍會根據上下文註釋道路標線。

4.3.2 LaneATT 實踐

由於 LaneATT 的 Backbone 使用的是 ResNet 系列中的 Backbone，其中 ResNet 已在第 1 章中介紹過，因此此處不再贅述，僅對 *LaneATT* 中提到的池化、注意力機制和後處理介紹。

1．Anchor 的生成

如圖 4.9 所示，對於 CULanes 資料集中的道路標線樣條，這裡的 x、y 是用影像像素來定義的，而 Line 的 Anchor 表徵均是從側邊或底邊進行的。因此，在轉向弧度時，對於 y 方向，要進行 1-start_y 操作。同時，這裡的 Line 表徵是以起點和偏移點組成的，圖 4.9 中紅色的點即偏移點，LaneATT 預設用 72 個點來表示該道路標線。

▲ 圖 4.9 Line 的表達方式

Line Anchor 的生成如程式 4.1 所示，首先透過 left_angles 和 right_angles 來確定影像左邊界與右邊界的角度值，然後透過 bottom_angles 來確定底邊對應的角度值範圍，最後透過事先定義的 generate_anchors 函式來生成 Line Anchor。

關於 generate_anchors 函式，如程式 4.1 的第 13 ～ 57 行所示，主要分為 3 步：第 1 步生成左邊的 Line Anchor，第 2 步生成右邊的 Line Anchor，第 3 步生成底邊的 Line Anchor。

而關於如何生成單邊的 Line Anchor，在程式 4.1 的第 22 ～ 56 行分別定義了 generate_side_anchors 函式和 generate_anchor 函式，兩者結合來生成 Line Anchor。

➔ 程式 4.1 Line Anchor 的生成

```
1.   # 這裡使用的域 Line-CNN 相同：Anchor 的左、右兩邊的角度和底邊的角度分佈
2.   # 左邊角度均小於 90°，因為大於 90°就是影像以外了，所以不可能有道路標線
3.   left_angles = [72., 60., 49., 39., 30., 22.]
4.   # 右邊角度均大於 90°，因為小於 90°也就是影像以外了，所以也不可能有道路標線
```

```
5.      right_angles = [108., 120., 131., 141., 150., 158.]
6.      # 底邊的角度可以為 0° ～180°
7.      bottom_angles = [165.,150.,141.,131.,120.,108.,100.,90.,80.,72.,60.,49.,
        39.,30.,15.]
8.
9.      # 生成 Line Anchor
10.     anchors, anchors_cut = generate_anchors(lateral_n=72, bottom_n=128)
11.
12.     # 生成 Line Anchor 的函式
13.     def generate_anchors(lateral_n, bottom_n):
14.         # 生成左邊的 Line Anchor
15.         left_anchors, left_cut = generate_side_anchors(left_angles, x=0.,
        nb_origins=lateral_n)
16.         # 生成右邊的 Line Anchor
17.         right_anchors, right_cut = generate_side_anchors(right_angles, x=1.,
        nb_origins=lateral_n)
18.         # 生成底邊的 Line Anchor
19.         bottom_anchors, bottom_cut = generate_side_anchors(bottom_angles,
        y=1.,nb_origins=bottom_n)
20.         return torch.cat([left_anchors, bottom_anchors, right_anchors]),
        torch.cat([left_cut, bottom_cut, right_cut])
21.
22.     def generate_side_anchors(angles, nb_origins, x=None, y=None):
23.         if x is None and y is not None:
24.             starts = [(x, y) for x in np.linspace(1., 0., num=nb_origins)]
25.         elif x is not None and y is None:
26.             starts = [(x, y) for y in np.linspace(1., 0., num=nb_origins)]
27.         else:
28.             raise Exception(‹Please define exactly one of `x` or `y` (not
        neither nor both)›)
29.         # nb_origins 表示每個邊有幾個起始點
30.         n_anchors = nb_origins * len(angles)
31.         # 初始化 Anchor 為全 0 矩陣，形狀為 (Anchor 的數量 ,5+ 偏移座標的個數（預設為 72）)
32.         anchors = torch.zeros((n_anchors, 2 + 2 + 1 + self.n_offsets))
33.         anchors_cut = torch.zeros((n_anchors, 2 + 2 + 1 + self.fmap_h))
34.         for i, start in enumerate(starts):
35.             for j, angle in enumerate(angles):
36.                 k = i * len(angles) + j
37.                 # 生成 Line Anchor，並賦值給初始化後的 anchors 矩陣
```

```
38.                 anchors[k] = generate_anchor(start, angle)
39.                 anchors_cut[k] = generate_anchor(start, angle, cut=True)
40.         return anchors, anchors_cut
41.
42.     def generate_anchor(start, angle, cut=False):
43.         if cut:
44.             anchor_ys = anchor_cut_ys
45.             anchor = torch.zeros(2 + 2 + 1 + self.fmap_h)
46.         else:
47.             anchor_ys = anchor_ys
48.             anchor = torch.zeros(2 + 2 + 1 + self.n_offsets)
49.         # 角度轉為弧度
50.         angle = angle * math.pi / 180.
51.         start_x, start_y = start
52.         # 確定起始點
53.         anchor[2] = 1 - start_y
54.         anchor[3] = start_x
55.         # 填充偏移值
56.         anchor[5:]=(start_x+(1-anchor_ys-1+start_y) / math.tan(angle)) * img_w
57.         return anchor
```

Anchor 的視覺化結果（簡化版本）如圖 4.10 所示（精簡了起始點個數和偏移點個數）。

▲ 圖 4.10 Anchor 的視覺化結果（簡化版本）

2．LaneATT 的整體架構

如圖 4.3 所示，LaneATT 的整體框架中包含了 Anchor-Base Feature Pooling、注意力機制，其具體實現如程式 4.2 所示，預測結果如圖 4.11 所示。

程式 4.2 定義了各邊的 Anchor 角度，並基於此生成了 Line Anchor，同時在程式的第 34、35 行分別定義了道路標線檢測的 cls_layer 和 reg_layer，即道路標線的分類 Head 和 Line Anchor 的回歸 Head；關於注意力層的定義，在程式的第 38 ～ 42 行舉出並進行了對應的初始化操作。

對於 LaneATT 的執行流程，透過第 44 ～ 78 行程式可以知道，forward 的前向傳播首先透過特徵編碼器得到編碼特徵，接著根據 generate_anchors 生成的 Line Anchor 獲取 Line Anchor 特徵，然後透過第 49 ～ 58 行程式得到注意力矩陣並與之前得到的 Line Anchor 特徵進行融合，最後透過具體的任務 Head 得到最終的結果。當然，這裡也要進行具體的 NMS 操作。

➔ 程式 4.2 LaneATT 網路結構

```
1.    class LaneATT(nn.Module):
2.        def __init__(self, backbone=›resnet34›, pretrained_backbone=True,
3.                     S=72, img_w=640, img_h=360, anchors_freq_path=None,
4.                     topk_anchors=None, anchor_feat_channels=64):
5.            super(LaneATT, self).__init__()
6.            self.feature_extractor, backbone_nb_channels, self.stride =
      get_backbone(backbone, pretrained_backbone)
7.            self.img_w = img_w
8.            self.n_strips = S - 1
9.            self.n_offsets = S
10.           self.fmap_h = img_h // self.stride
11.           fmap_w = img_w // self.stride
12.           self.fmap_w = fmap_w
13.           self.anchor_ys = torch.linspace(1, 0, steps=self.n_offsets,
      dtype=torch.float32)
14.           self.anchor_cut_ys = torch.linspace(1, 0, steps=self.fmap_h,
      dtype=torch.float32)
15.           self.anchor_feat_channels = anchor_feat_channels
16.           # 對應各邊的 Anchor 角度
```

```
17.         self.left_angles = [72., 60., 49., 39., 30., 22.]
18.         self.right_angles = [108., 120., 131., 141., 150., 158.]
19.         self.bottom_angles=[165.,150.,141.,131.,120.,108.,100.,90.,80.,
    72.,60.,49.,39.,30.,15.]
20.         # 生成 Line Anchor
21.         self.anchors, self.anchors_cut = self.generate_anchors(lateral_n=
    72, bottom_n=128)
22.         # 如果提供了 anchors_freq_path，則進行過濾 Mask 操作
23.         if anchors_freq_path is not None:
24.             anchors_mask = torch.load(anchors_freq_path).cpu()
25.             assert topk_anchors is not None
26.             ind = torch.argsort(anchors_mask,descending=True)[:topk_anchors]
27.             self.anchors = self.anchors[ind]
28.             self.anchors_cut = self.anchors_cut[ind]
29.         # 預先計算 Line Anchor 池化的索引
30.         self.cut_zs, self.cut_ys, self.cut_xs, self.invalid_mask =
    self.compute_anchor_cut_indices(self.anchor_feat_channels, fmap_w, self
    .fmap_h)
31. 
32.         # 設置和初始化 Layer
33.         self.conv1 = nn.Conv2d(backbone_nb_channels, self.anchor_feat_
    channels, kernel_size=1)
34.         self.cls_layer=nn.Linear(2*self.anchor_feat_channels*self.fmap_h,2)
35.         self.reg_layer = nn.Linear(2*self.anchor_feat_channels*self.fmap_h,
    self.n_offsets + 1)
36.         # 前面所提的注意力其實就是由一個連結層建構而成的
37.         self.attention_layer=nn.Linear(self.anchor_feat_channels*self
    .fmap_h,len(self.anchors)-1)
38.         self.initialize_layer(self.attention_layer)
39.         self.initialize_layer(self.conv1)
40.         self.initialize_layer(self.cls_layer)
41.         self.initialize_layer(self.reg_layer)
42. 
43.     def forward(self, x, conf_threshold=None, nms_thres=0, nms_topk=3000):
44.         batch_features = self.feature_extractor(x)
45.         batch_features = self.conv1(batch_features)
46.         batch_anchor_features = self.cut_anchor_features(batch_features)
47.         batch_anchor_features=batch_anchor_features.view(-1,self
    .anchor_feat_channels*self.fmap_h)
```

```
48.            # 注意力機制部分
49.            softmax = nn.Softmax(dim=1)
50.            # 得到局部特徵的注意力得分
51.            scores = self.attention_layer(batch_anchor_features)
52.            # 生成注意力圖
53.            attention=softmax(scores).reshape(x.shape[0],len(self.anchors),-1)
54.            attention_matrix=torch.eye(attention.shape[1],device=x.device)
      .repeat(x.shape[0],1, 1)
55.            non_diag_inds=torch.nonzero(attention_matrix == 0.,as_tuple=False)
56.            attention_matrix[:] = 0
57.            attention_matrix[non_diag_inds[:,0],non_diag_inds[:,1],non_
      diag_inds[:,2]]=attention.flatten()
58.            batch_anchor_features = batch_anchor_features.reshape(x.shape
      [0],len(self.anchors), -1)
59.            # 將注意力圖與 Line Anchor 特徵矩陣相乘，得到全域輔助特徵
60.            attention_features = torch.bmm(torch.transpose(batch_anchor_
      features, 1, 2), torch.transpose(attention_matrix, 1, 2)).transpose(1, 2)
61.            attention_features=attention_features.reshape(-1,self.anchor_
      feat_channels*self.fmap_h)
62.            batch_anchor_features = batch_anchor_features.reshape(-1, self
      .anchor_feat_channels * self.fmap_h)
63.            # 將全域輔助特徵與 Line Anchor 特徵進行融合，讓最終結果的堅固性更高
64.            batch_anchor_features = torch.cat((attention_features, batch_
      anchor_features), dim=1)
65.            # 預測最終結果
66.            cls_logits = self.cls_layer(batch_anchor_features)
67.            reg = self.reg_layer(batch_anchor_features)
68.            # Undo joining
69.            cls_logits=cls_logits.reshape(x.shape[0],-1, cls_logits.shape[1])
70.            reg = reg.reshape(x.shape[0], -1, reg.shape[1])
71.            # Add offsets to anchors
72.            reg_proposals = torch.zeros((*cls_logits.shape[:2], 5 + self
      .n_offsets), device=x.device)
73.            reg_proposals += self.anchors
74.            reg_proposals[:, :, :2] = cls_logits
75.            reg_proposals[:, :, 4:] += reg
76.            # 使用 NMS 生成最終的 proposals_list
77.            proposals_list = self.nms(reg_proposals, attention_matrix,
      nms_thres, nms_topk, conf_threshold)
78.            return proposals_list
```

▲ 圖 4.11 LaneATT 的預測結果

4.4 本章小結

本章開始闡述了目前道路標線檢測演算法實作應用主要存在的兩大困難，分別為計算量大和道路標線被遮擋問題；介紹了不同範式的道路標線檢測演算法和道路標線分割演算法。

首先，介紹了比較經典的分割演算法 UNet。UNet 被提出的初衷是為了解決醫學領域的影像分割問題，但是在其他很多與語義分割相關的領域也會用到 UNet，其中就包括自動駕駛領域。UNet 主要透過一種 U 形網路結構來獲取上下文資訊和位置資訊。

然後，介紹了一個基於 Anchor 的道路標線檢測演算法 LaneATT。*LaneATT* 論文中提出了一種基於 Anchor 的池化方法和局部注意力機制。LaneATT 將骨幹網路的輸出結果進行池化，以提取每個 Anchor 的特徵，將提取到的特徵與注意力模組產生的全域特徵進行融合，以解決遮擋、光照等原因導致道路標線檢測不到的問題。

最後，透過 LaneATT 在實際專案中的應用，以及對其原理的詳細講解讓讀者能夠更進一步地理解 LaneATT，同時展示了道路標線檢測在實際專案中的實作情況。

第 5 章 多目標追蹤在自動駕駛中的應用

在自動駕駛的感知系統中，雖然可以透過對道路標線、前後方車輛、行人等目標的準確檢測與辨識來為更高級的行為選擇、障礙物規避和路徑規劃等功能提供決策基礎，但是基於這些方法，仍舊有一項關鍵技術直接影響著高階演算法的效果，那便是目標追蹤。

Tracking-by-Detection 是多目標追蹤演算法的主流方式。該方式把整個處理過程看作全域最佳化問題，但是這種方式不適合線上任務。此外，MHT、JPDAF 基於逐幀的資料連結計算代價較大，複雜度高。

SORT 演算法在傳統演算法的基礎上使用卡爾曼濾波處理每幀的連結性，並使用匈牙利演算法進行連結度量，因此其檢測性能提升了幾十倍。然而，SORT 演算法 ID 頻繁切換的問題比較明顯，即 SORT 演算法只適用於遮擋情況少、運動較穩定的目標。

DeepSORT 透過融合動作和外觀資訊來實現更準確的連結。它使用 CNN 來提取特徵，提升了對缺失和遮擋的堅固性，更易於實現，也更高效；此外，它也適用於線上場景。

沿著多目標追蹤（MOT）中 Tracking-by-Detections 的範式，ByteTrack 進一步提出了一種簡單、高效的資料連結方法 Byte。ByteTrack 利用目標框和追蹤軌跡之間的相似性，在保留高分檢測結果的同時，從低分檢測結果中去除背景，挖掘出真正的物體（遮擋、模糊等困難樣本），從而降低漏檢的機率並提高軌跡的連貫性。

5.1 多目標追蹤演算法 SORT 的原理

SORT 是一種多目標追蹤演算法，可以有效地連結目標並提升追蹤的即時性。SORT 演算法的核心是卡爾曼濾波演算法和匈牙利演算法的結合，可以達到較好的追蹤效果。SOTR 的追蹤速度高達 260 幀 / 秒。相比於同時期的其他演算法，SORT 演算法的速度提升了近 20 倍。

SORT 僅使用了目標框的位置和大小來進行目標的運動估計與資料連結，沒有使用任何目標重辨識演算法，專注於幀與幀之間的匹配。具體來說，SORT 採用卡爾曼濾波演算法和匈牙利演算法來分別處理運動預測和資料連結這兩個分量。

如圖 5.1 所示，SORT 作為一個簡單的多目標追蹤的框架，其核心主要包括兩種演算法：卡爾曼濾波演算法和匈牙利演算法。

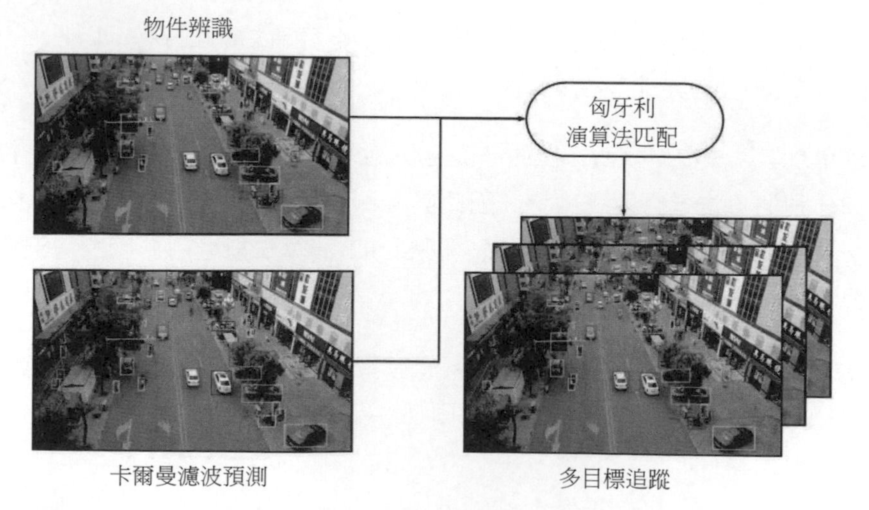

▲ 圖 5.1 SORT 追蹤演算法 Pipeline

如圖 5.2 所示，SORT 多目標追蹤演算法的核心是匈牙利演算法匹配的過程與卡爾曼濾波的預測和更新過程。

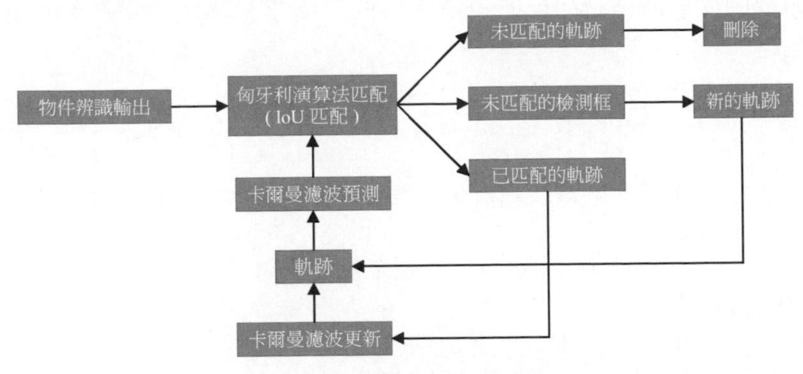

▲ 圖 5.2 SORT 追蹤演算法流程

首先物件辨識器得到檢測框 Detections，同時卡爾曼濾波器預測當前幀的軌跡；然後將物件辨識器輸出的檢測框和軌跡進行匈牙利演算法匹配（IoU 匹配），最終得到的結果可以分為以下幾類。

（1）**未匹配的軌跡**。這部分被認為未能匹配，即檢測框和軌跡無法匹配。如果未能匹配持續了 T_{most} 次，那麼該目標 ID 將從影像中刪除。

（2）**未匹配的檢測框**。這部分說明沒有軌跡匹配檢測框，因此要為這個檢測框分配一個新的軌跡。

（3）**已匹配的軌跡**。這部分說明獲得了匹配。

卡爾曼濾波演算法分為兩個過程，即預測和更新。該演算法將目標的運動狀態定義為 8 個正態分佈向量。

預測：目標經過移動，可以透過上一幀的目標框位置和速度等參數預測出當前幀的目標框位置和速度等參數。

更新：更新預測值和測量值，將兩個正態分佈的狀態進行線性加權，得到目前系統預測的狀態。

卡爾曼濾波是一種遞推演算法，每次遞推都包含兩個重要的步驟：首先計算出一個預測值，然後對預測值和測量值進行加權求和，得到最終的最佳估計值。而加權的權重則是由另外的步驟完成的。卡爾曼濾波演算法的具體步驟如下。

（1）根據 k-1 時刻的最佳估計值 $\hat{x}_{k-1}$ 計算 k 時刻的預測值 x_k' 。

（2）根據 k-1 時刻的最佳估計值的誤差 p_{k-1} 計算 k 時刻預測值的誤差 p_k' 。

（3）根據 k 時刻預測值的誤差 p_k' 和 k 時刻測量值的誤差 r 計算 k 時刻的卡爾曼濾波增益 K_k 。

（4）根據 k 時刻的預測值 x_k' 、k 時刻的測量值 z_k 和 k 時刻的卡爾曼濾波增益 K_k 計算 k 時刻的最佳估計值 $\hat{x}_k$ 。

（5）根據 k 時刻的預測值的誤差 p_k' 和 k 時刻的卡爾曼濾波增益 K_k 計算 k 時刻的最佳估計值 $\hat{x}_k$ 的誤差 p_k 。

透過圖 5.3 可以看出卡爾曼濾波的過程相對簡單，但是其在 SORT 中的作用是非凡的。在自動駕駛領域，卡爾曼濾波也主要是作為狀態估計器的形式出現的，因此這裡以行人的狀態估計來解釋卡爾曼濾波演算法。

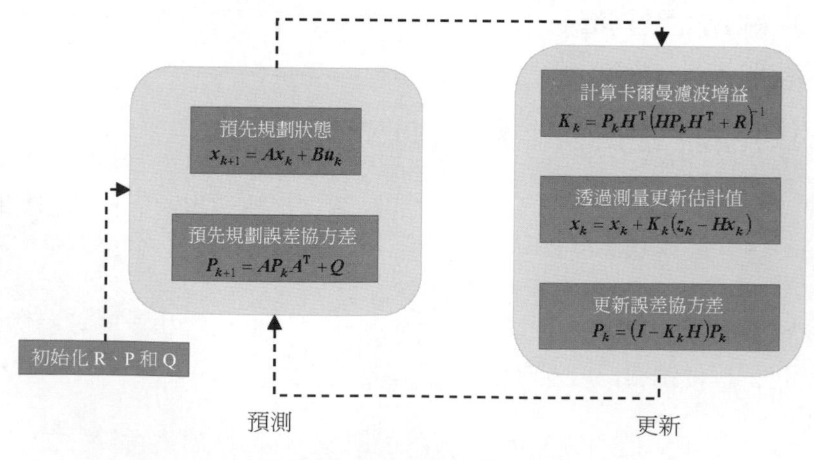

▲ 圖 5.3 卡爾曼濾波流程

1．狀態預測（第 1 步）

如果想要估計行人的運動狀態，那麼首先需要建立行人運動狀態方程式。行人的運動狀態可以用數學運算式表示為 $x=(p,v)$，其中，p 為行人的位置，v 為行人當前的速度。透過向量形式表達後的數學運算式如下：

$$\boldsymbol{x} = (p_x, p_y, v_x, v_y)^{\mathrm{T}} \tag{5.1}$$

式（5.1）表示了在 x、y 兩個方向上行人的位置和當前的速度。

確定了估計物件的運動狀態方程式後，這裡以一個最簡單的過程模型——恆定速度模型來解釋卡爾曼濾波演算法的應用。假設過程模型如下：

$$\boldsymbol{x}_{k+1} = A\boldsymbol{x}_k + \boldsymbol{v} \tag{5.2}$$

式（5.2）可以擴展為

$$\boldsymbol{x}_{k+1} = \begin{pmatrix} 1 & 0 & \Delta t & 0 \\ 0 & 1 & 0 & \Delta t \\ 0 & 0 & 1 & 0 \\ 0 & 0 & 0 & 1 \end{pmatrix} \cdot \begin{pmatrix} p_x \\ p_y \\ v_x \\ v_y \end{pmatrix}_k + \boldsymbol{v} \tag{5.3}$$

該模型之所以叫作恆定速度模型，是因為可以透過展開式（5.3）得到式（5.4）：

$$\begin{aligned} p_x^{k+1} &= p_x^k + v_x^k \text{Ä}t + \boldsymbol{v} \\ p_y^{k+1} &= p_y^k + v_y^k \text{Ä}t + \boldsymbol{v} \\ v_x^{k+1} &= v_x^k + \boldsymbol{v} \\ v_y^{k+1} &= v_y^k + \boldsymbol{v} \end{aligned} \tag{5.4}$$

透過式（5.3）可以看到，恆定速度模型假定預測目標的運動規律具有恆定速度。但在實際情況下，行人可能並不是以恆定速度前進的，中間可能會產生一些雜訊。在式（5.4）中，也考慮了這個因素，因此，其中的 $\boldsymbol{v}$ 表示行人在運動過程中的隨機雜訊，即行人在前進過程中可能會出現的加速或減速。

透過考慮雜訊，式（5.3）便可轉化為式（5.5）：

$$\boldsymbol{x}_{k+1}=\begin{pmatrix}1&0&\Delta t&0\\0&1&0&\Delta t\\0&0&1&0\\0&0&0&1\end{pmatrix}\cdot\begin{pmatrix}p_x\\p_y\\v_x\\v_y\end{pmatrix}_k+\begin{pmatrix}\frac{1}{2}a_x\Delta t^2\\\frac{1}{2}a_y\Delta t^2\\a_x\Delta t\\a_y\Delta t\end{pmatrix} \tag{5.5}$$

2．計算預測誤差（第 2 步）

根據圖 5.3 可知預測的第 2 步為

$$\boldsymbol{P}_{k+1}=\boldsymbol{A}\boldsymbol{P}_k\boldsymbol{A}^{\mathrm{T}}+\boldsymbol{Q} \tag{5.6}$$

式中，$\boldsymbol{Q}$ 是過程中的雜訊，其本質上是估計狀態機率分佈的協方差矩陣。由於過程中的雜訊被看成了高斯分佈，因此 $\boldsymbol{Q}$ 可以展開為以下形式：

$$\boldsymbol{Q}=\begin{pmatrix}\sigma_{p_x}^2&\sigma_{p_xp_y}&\sigma_{p_xv_x}&\sigma_{p_xv_y}\\\sigma_{p_yp_x}&\sigma_{p_y}^2&\sigma_{p_yv_x}&\sigma_{p_yv_y}\\\sigma_{v_xp_x}&\sigma_{v_xp_y}&\sigma_{v_x}^2&\sigma_{v_xv_y}\\\sigma_{v_yp_x}&\sigma_{v_yp_y}&\sigma_{v_yv_x}&\sigma_{v_y}^2\end{pmatrix} \tag{5.7}$$

3．測量誤差（第 3 步）

在測量中，直接測量得到的速度為 v_x 和 v_y，因此，根據狀態運算式，測量矩陣 $\boldsymbol{C}$ 可以表示為

$$\boldsymbol{C}=\begin{pmatrix}0&0&1&0\\0&0&0&1\end{pmatrix} \tag{5.8}$$

測量雜訊的協方差矩陣 $\boldsymbol{R}$ 表示為

$$\boldsymbol{R}=\begin{pmatrix}\sigma_{v_x}^2&0\\0&\sigma_{v_y}^2\end{pmatrix} \tag{5.9}$$

4．計算卡爾曼濾波增益（第 4 步）

計算當前時刻的卡爾曼濾波增益的公式如下：

$$K_k = \frac{AP_k A^{\mathrm{T}}}{AP_k A^{\mathrm{T}} + R} \tag{5.10}$$

5．計算最佳估計值（第 5 步）

$$\begin{aligned} \hat{x}_{k+1} &= x_{k+1} + K_k \left(z_k - x_{k+1} \right) \\ \hat{x}_{k+1} &= \left(1 - K_k \right) x_{k+1} + K_k z_k \end{aligned} \tag{5.11}$$

透過式（5.11）可以看出，卡爾曼濾波增益其實就是一個權重，用於衡量測量值與預測值的重要程度。假如卡爾曼濾波增益為 0，則表示當前的測量值完全不可信，即把預測值當作最佳估計值；假如卡爾曼濾波增益為 1，則表示當前的預測值完全不可信，即把測量值當作最佳估計值。一般情況下，卡爾曼濾波增益為 0 ～ 1 之間的數，即最佳估計值不僅需要預測值，還需要測量值。

匈牙利演算法解決的是分配問題，在多目標追蹤的主要步驟中計算相似度，得到前後兩幀的相似度矩陣。匈牙利演算法就是透過求解這個相似度矩陣來解決前後兩幀真正匹配的目標問題的。

5.2 多目標追蹤演算法 DeepSORT 的原理

由 5.1 節可以知道，SORT 的關鍵步驟：卡爾曼濾波預測→使用匈牙利演算法將預測後的軌跡和當前幀中的檢測框進行匹配（IoU 匹配）→卡爾曼濾波更新。對於沒有匹配上的軌跡，不會馬上刪除，有一個 T_lost 儲存時間；但 SORT 把這個時間設定值設置為 1，即對於沒有匹配上的軌跡，相當於直接將其刪除。

圖 5.4 是 DeepSORT 多目標追蹤演算法流程圖。DeepSORT 相對於 SORT 多了串聯匹配（Matching Cascade）和新軌跡的確認操作。

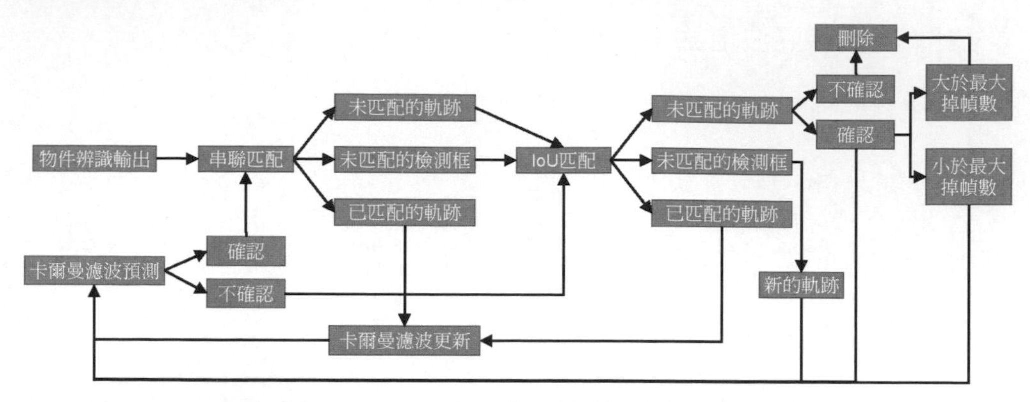

▲ 圖 5.4 DeepSORT 多目標追蹤演算法流程圖

5.2.1 串聯匹配

這裡使用串聯匹配的目的是改善目標被遮擋的情況。被遮擋目標的預測軌跡無法匹配目標框，且暫時從影像中消失，之後當被遮擋目標再次出現時，應儘量讓被遮擋目標分配的 ID 不發生變化，即減少 ID 變化的情況，因此需要用到串聯匹配。串聯匹配的過程如下。

（1）進入串聯匹配的預設條件，連續匹配 3 次，即該軌跡的狀態必須為「確認」。

（2）進入該狀態的軌跡要進行以下操作：如果遇到檢測器串聯匹配失敗，同時 IoU 匹配失敗的情況（缺失 1 次，掉幀數 +1），那麼仍然可以容忍最大掉幀數為 70。如果掉幀數超過 70，則將該軌跡刪除。

（3）串聯匹配的代價函式是由卡爾曼濾波的平均值（目標座標），以及協方差、物件辨識器的平均值的馬氏距離、檢測器目標框的 ReID 特徵、卡爾曼濾波預測框的 ReID 特徵之間的餘弦相似度相加組成的。這裡有一個參數可以根據攝像機運動的抖動情況進行判斷，當其運動明顯時，設置該參數為 0 是一個不錯的選擇。

（4）串聯匹配的優先順序：串聯匹配會優先匹配遺失匹配幀最少的目標，即為沒有遺失過的軌跡賦予優先匹配的許可權，而遺失幀數最多的軌跡最後匹配。

（5）門矩陣（Gate Matrix）：當代價函式的某些值超出一定範圍時，用來設定其上限。

5.2.2 ReID 特徵提取

對於 DeepSORT 中所使用的 ReID 特徵，其主要應用在保全領域。ReID 屬於度量學習的範圍，對 ReID 任務而言，其在訓練階段和推理階段是有所區別的。

如圖 5.5 所示，在 ReID 的訓練階段，首先要做的是檢測，即檢測出行人或其他目標，其實這一步資料集已經幫我們做到了，剩下的就是訓練一個特徵提取網路，根據特徵所計算的度量距離得到損失值；然後選用一個最佳化器，迭代找到損失最小值，圖中選擇的是 Triplet 損失函式，即三元組損失函式，並不斷更新網路參數，從而達到學習的效果。

ReID 模型在訓練階段主要涉及的模型可以使用普通的卷積神經網路，同時使用三元組損失函式和分類損失函式對其特徵進行約束訓練。

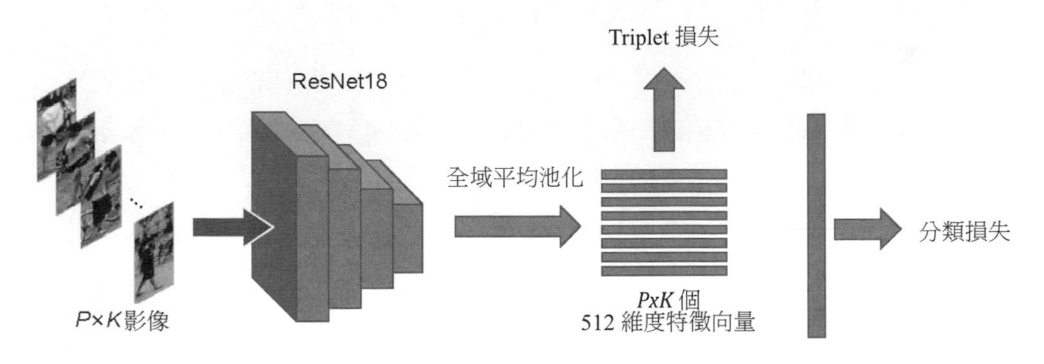

▲ 圖 5.5 ReID 的訓練階段

如圖 5.6 所示，ReID 模型在推理階段僅需一個特徵向量即可，該特徵向量即 ReID 特徵，可用於 DeepSORT 的匹配，也可用於行人檢索等實作應用。

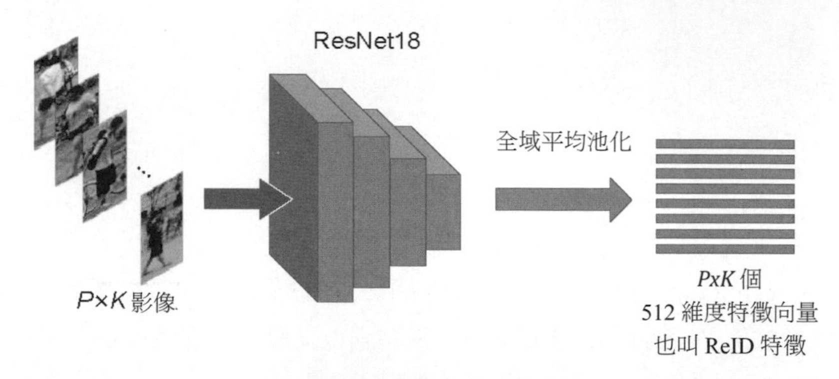

▲ 圖 5.6 ReID 的推理階段

5.3 多目標追蹤演算法 ByteTrack 的原理

在 ByteTrack 之前，用得比較多的是 SORT 和 DeepSORT 演算法，兩者均為基於卡爾曼濾波器的追蹤器演算法。DeepSORT 相較於 SORT 的最大改進在於 DeepSORT 中引進了 ReID 網路來解決 ID 變換的問題。SORT 和 DeepSORT 的共同思想是將上游物件辨識網路的檢測結果送入卡爾曼濾波器進行預測追蹤。

這裡提出的問題在於上游物件辨識網路一般設置的物件辨識置信度設定值在 0.5 左右，即當目標框檢測出來的置信度低於 0.5 時會被丟棄。這裡僅對物件辨識而言是沒有問題的，但對影像串流來說，相當於擁有了更多先驗資訊，僅憑藉一個置信度設定值就丟棄目標框是不夠合理的。

以圖 5.7 舉例，假設把設定值設置為 0.3，在第 1 幀和第 2 幀中都可以將影像中的 3 個行人正確地辨識出來，但當第 3 幀中出現遮擋情況時，其中一個行人的置信度變為 0.1，如此，該行人就會在遮擋情況下失去追蹤資訊，但對物件辨識而言，該行人確實被檢測出來了，只是置信度較低而已。

▲ 圖 5.7 連續幀檢測情況

因此 ByteTrack 提出了 Byte 資料連結方法來解決由於檢測框置信度低帶來的問題。

ByteTrack 與之前的追蹤演算法的最大區別在於它不是簡單地去掉低分物件辨識結果，而是協助每個目標框。

相比於 DeepSORT，ByteTrack 在遮擋情況下的性能提升非常明顯。但需要注意的是，由於 ByteTrack 沒有使用外表特徵輔助匹配，因此其追蹤效果非常依賴物件辨識演算法的效果。也就是說，物件辨識器的效果越好，ByteTrack 的追蹤效果也就越好；如果物件辨識器的效果不好，那麼會嚴重影響 ByteTrack 的追蹤效果。

ByteTrack 的核心在於 Byte 資料連結方法，即可以直接將物件辨識所得到的檢測結果輸入追蹤器 ByteTrack。與 DeepSORT 類似，相比於 JDE 和 FairMOT，Byte 資料連結方法在專案應用上更為簡捷。

前面提到，ByteTrack 保留了具有低置信度的目標框，而直接將其當作高分目標框處理顯然是不合理的，因為那樣會帶來很多背景，因此 ByteTrack 提出了 Byte 資料連結方法。

Byte 資料連結方法的具體流程如下。

（1）根據目標框的置信度把檢測框分為高置信度目標框和低置信度目標框，分開處理。

（2）第一次使用高置信度目標框與之前的追蹤軌跡進行匹配。

（3）第二次使用低置信度目標框與第一次沒有匹配上高置信度目標框的追蹤軌跡（如當前幀受到嚴重遮擋導致得分下降的目標）進行匹配。

（4）對於沒有匹配上追蹤軌跡而置信度又足夠高的目標框，為其新建一個追蹤軌跡。對於沒有匹配上目標框的追蹤軌跡會保留 30 幀，在其再次出現時，再次進行匹配。

Byte 的工作原理可以視為，遮擋往往伴隨著檢測得分由高到低緩慢變化，被遮擋物體在被遮擋之前是可視物體，檢測分數較高，可以建立追蹤 ID；當物體被遮擋時，透過檢測框與軌跡的位置重合度就能把被遮擋的物體從低分框中挖掘出來，進而保持追蹤 ID 的連貫性。

假設圖 5.8 表示的是當前幀的連結策略，那麼該操作的輸入分別是前一幀所有追蹤框資訊的卡爾曼濾波預測結果和當前幀的檢測網路檢測得到的置信度高於設定值的檢測框，即圖 5.8 中的紅色框框取的部分。

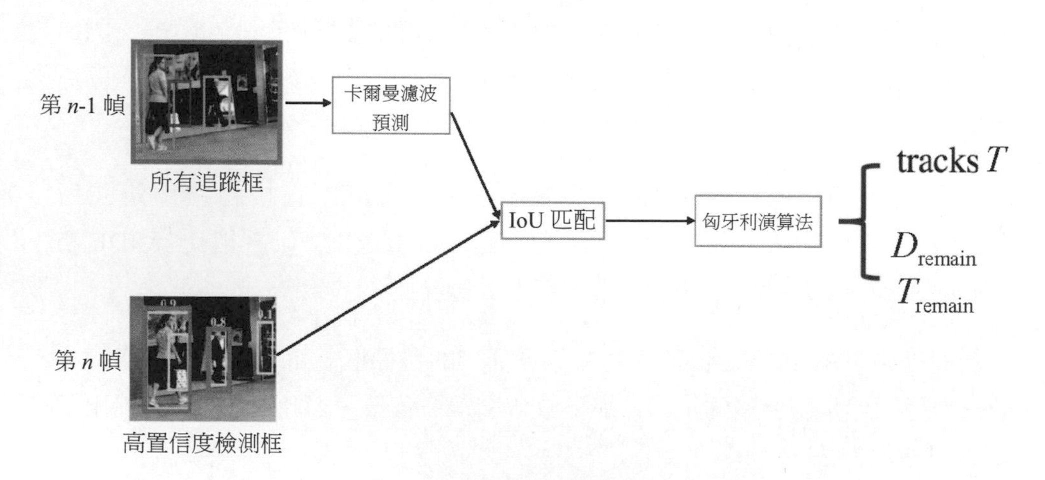

▲ 圖 5.8 ByteTrack 的首次連結匹配

後續操作便是 IoU 匹配和匈牙利演算法尋優，最終得到當前幀的追蹤結果。首次連結（連結 1）結束以後，得到匹配的追蹤框和檢測框將保留（圖 5.8 中的 D_{remain} 和 T_{remain}），用於後續操作。

ByteTrack 的提出者還提出 Byte 的連結 1 操作具有靈活性並可用於其他多目標追蹤演算法，如用在 DeepSORT 裡，也可以將 ReID 特徵提取結果加入連結 1 中。

ByteTrack 的提出者表示，對於低置信度的目標框，由於目標往往處於嚴重遮擋和嚴重運動模糊狀態，所以外觀相似度特徵（如 ReID）非常不可靠，而相比較而言，IoU 匹配是更佳的選擇。鑑於此，在連結 2 中，僅使用了 IoU 匹配，而並未像 DeepSORT 那樣引入 ReID 特徵相似度。對於 ByteTrack 的連結 1 操作，可以將其理解為目前 MOT 主流的追蹤策略。

如圖 5.9 所示，連結 2 使用低置信度檢測框與連結 1 之後沒有匹配上高置信度檢測框的追蹤軌跡（如當前幀受到嚴重遮擋導致得分下降的物體）進行匹配。

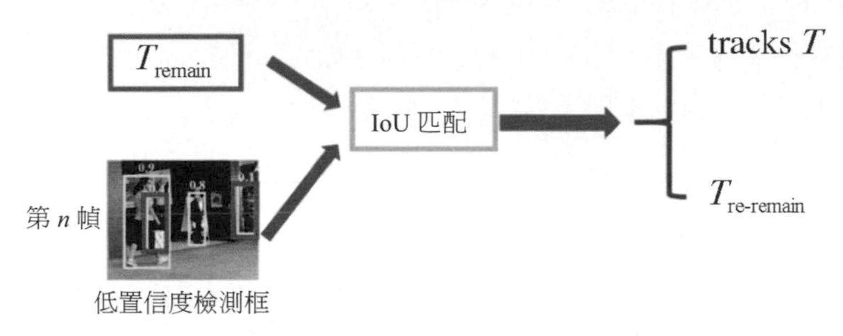

▲ 圖 5.9 ByteTrack 的第二次連結匹配

事實上，對於長時目標追蹤，對追蹤框的 ID 進行儲存是很有必要的（如目標 10 在第 100 幀消失後，又在第 120 幀重新出現），因此，對於連結 2 操作以後未得到匹配的追蹤框 $T_{re-remain}$（消失的目標），將其放入 T_{lost} 中。

T_{lost} 中的追蹤框會在保留特定幀以後被刪除（如 30 幀），而在這 30 幀裡面，T_{lost} 將仍然被放到 tracks T 裡面進行下一幀的追蹤預測，只是對於當前幀的追蹤結果，T_{lost} 中的目標框和 ID 並不會顯示在圖中。

對於連結 1 匹配輸出的 D_{remain}，它直接用於生成新的追蹤框，表示有新目標出現。因為本身 D_{remain} 中的檢測框都擁有較高的置信度，所以如果其中的目標框的置信度高於設定設定值且連續兩幀都被檢測到，就生成新的追蹤框。

在多目標追蹤場景中，大部分被遮擋物體的檢測結果都是低置信度的檢測框。ByteTrack 非常簡潔地從低置信度的檢測框中尋找被遮擋的物體，因此對於遮擋問題具有較好的堅固性。

5.4 基於 ByteTrack 的多目標追蹤專案實踐

5.4.1 MOT16 資料集

MOT16 是 2016 年提出的多目標追蹤 MOT Challenge 系列的衡量多物件辨識追蹤方法標準的資料集。

MOT16 的主要標注目標為移動的行人與車輛，是基於 MOT15 添加了細化的標注和更多標注框的資料集。MOT16 擁有更加豐富的畫面，包含不同拍攝角度和攝像機運動，也包含不同天氣狀況下的視訊。MOT16 是由一批專業的研究者嚴格遵從相應的標注準則進行標注的，並透過雙重檢測的方法來保證標注資訊的高準確度。MOT16 標注的運動軌跡為 2D。

MOT16 資料集共有 14 個視訊序列，其中 7 個為帶有標注資訊的訓練集，另外 7 個為測試集。圖 5.10 列出了部分視訊序列，其中，第一行是訓練集，第二行是測試集。

Fig. 1: An overview of the *MOT16* dataset. Top: Training sequences; bottom: test sequences.

▲ 圖 5.10 MOT16 資料集

5.4.2 Byte 匹配

Byte 資料連結方法的具體流程前面已經介紹了。如程式 5.1 所示，在 ByteTrack 中，將得分框按照一定的設定值劃分為高置信度檢測框和低置信度檢測框。對高置信度檢測框來說，按照正常的方法將其送入追蹤器，並使用 IoU 計算代價矩陣，利用匈牙利演算法進行分配。

而對於低置信度檢測框，則利用未匹配上的檢測框（未匹配上就說明上一幀是匹配上的）與低置信度檢測框進行 IoU 匹配，並同樣利用匈牙利演算法進行分配。

對高置信度檢測框來說，也可以加入類似 DeepSORT 中的 ReID 網路來進行外觀匹配，而不僅利用 IoU 進行匹配。

ByteTrack 整體的思想就是這麼簡單，作者認為，ByteTrack 有效的原因在於 ByteTrack 的提出者假設對視訊或影像串流來說，未匹配上的檢測框大機率是由此幀中的這個物體被遮擋或「走出」畫面導致的。因此，ByteTrack 的提出者利用低置信度檢測框與未匹配上的檢測框再次進行匹配，以此來減緩因遮擋而導致目標遺失的問題。

➔ 程式 5.1 ByteTrack 追蹤器

```
1.      class ByteTracker(object):
2.          def __init__(self, args, frame_rate=30):
3.              self.tracked_stracks = []  # type: list[STrack]
4.              self.lost_stracks = []     # type: list[STrack]
5.              self.removed_stracks = []  # type: list[STrack]
6.              self.frame_id = 0
7.              self.args = args
8.              self.det_thresh = args.track_thresh + 0.1
9.              self.buffer_size = int(frame_rate / 30.0 * args.track_buffer)
10.             self.max_time_lost = self.buffer_size
11.             self.kalman_filter = KalmanFilter()
12.
13.         def update(self, output_results, img_info, img_size):
14.             self.frame_id    += 1
```

```
15.            activated_starcks = []
16.            refind_stracks    = []
17.            lost_stracks      = []
18.            removed_stracks   = []
19.
20.            if output_results.shape[1] == 5:
21.                scores = output_results[:, 4]
22.                bboxes = output_results[:, :4]
23.            else:
24.                output_results = output_results.cpu().numpy()
25.                scores = output_results[:, 4] * output_results[:, 5]
26.                bboxes = output_results[:, :4]  # x1、y1、x2、y2
27.            img_h, img_w = img_info[0], img_info[1]
28.            scale = min(img_size[0] / float(img_h), img_size[1] / float(img_w))
29.            bboxes /= scale
30.            # 第 1 步：劃分高 / 低置信度檢測框
31.            # 高置信度檢測框
32.            remain_inds = scores > self.args.track_thresh
33.            dets = bboxes[remain_inds]
34.            scores_keep = scores[remain_inds]
35.
36.            # 低置信度檢測框
37.            inds_low = scores > 0.1
38.            inds_high = scores < self.args.track_thresh
39.            inds_second = np.logical_and(inds_low, inds_high)
40.            dets_second = bboxes[inds_second]
41.            scores_second = scores[inds_second]
42.
43.            # 獲取連結 1 匹配所需的高置信度檢測框
44.            if len(dets) > 0:
45.                detections = [STrack(STrack.tlbr_to_tlwh(tlbr), s) for
        (tlbr, s) in zip(dets, scores_keep)]
46.            else:
47.                detections = []
48.            unconfirmed = []
49.            tracked_stracks = []  # type: list[STrack]
50.            for track in self.tracked_stracks:
51.                if not track.is_activated:
52.                    unconfirmed.append(track)
```

```
53.                 else:
54.                     tracked_stracks.append(track)
55.             # 第 2 步：首次連結匹配，即高置信度檢測框連結匹配
56.             strack_pool = joint_stracks(tracked_stracks, self.lost_stracks)
57.             # 使用卡爾曼濾波進行預測
58.             STrack.multi_predict(strack_pool)
59.             # 計算預測框與檢測框之間的 IoU
60.             dists = matching.iou_distance(strack_pool, detections)
61.             if not self.args.mot20:
62.                 dists = matching.fuse_score(dists, detections)
63.             # 線性匹配
64.             matches, u_track, u_detection = matching.linear_assignment
        (dists, thresh=self.args.match_thresh)
65.
66.             for itracked, idet in matches:
67.                 track = strack_pool[itracked]
68.                 det = detections[idet]
69.                 # 如果為追蹤的 ID，則進行更新並擴充 activated_starcks
70.                 if track.state == TrackState.Tracked:
71.                     track.update(detections[idet], self.frame_id)
72.                     activated_starcks.append(track)
73.                 else:
74.                     track.re_activate(det, self.frame_id, new_id=False)
75.                     refind_stracks.append(track)
76.             # 第 3 步：連結 2 匹配，即低置信度檢測框連結匹配
77.             # 獲取第二次連結匹配所需的低置信度檢測框
78.             if len(dets_second) > 0:
79.                 detections_second = [STrack(STrack.tlbr_to_tlwh(tlbr), s)
        for (tlbr, s) in zip(dets_second, scores_second)]
80.             else:
81.                 detections_second = []
82.             r_tracked_stracks = [strack_pool[i] for i in u_track if
        strack_pool[i].state == TrackState.Tracked]
83.
84.             # 計算預測框與檢測框之間的 IoU
85.             dists = matching.iou_distance(r_tracked_stracks, detections_second)
86.             # 線性匹配
87.             matches, u_track, u_detection_second = matching.linear_assignment
        (dists, thresh=0.5)
```

```
88.             for itracked, idet in matches:
89.                 track = r_tracked_stracks[itracked]
90.                 det = detections_second[idet]
91.                 # 如果匹配到軌跡，則更新狀態並擴充 activated_starcks
92.                 if track.state == TrackState.Tracked:
93.                     track.update(det, self.frame_id)
94.                     activated_starcks.append(track)
95.                 else:
96.                     track.re_activate(det, self.frame_id, new_id=False)
97.                     refind_stracks.append(track)
98.
99.             for it in u_track:
100.                track = r_tracked_stracks[it]
101.                if not track.state == TrackState.Lost:
102.                    track.mark_lost()
103.                    lost_stracks.append(track)
104.
105.            # 處理未經確認的軌跡，通常只有一個起始幀的軌跡
106.            detections = [detections[i] for i in u_detection]
107.            # 計算未經確認的預測框與檢測框之間的 IoU
108.            dists = matching.iou_distance(unconfirmed, detections)
109.            if not self.args.mot20:
110.                dists = matching.fuse_score(dists, detections)
111.            # 線性匹配
112.            matches, u_unconfirmed, u_detection = matching.linear_assignment
        (dists, thresh=0.7)
113.            for itracked, idet in matches:
114.                unconfirmed[itracked].update(detections[idet], self.frame_id)
115.                activated_starcks.append(unconfirmed[itracked])
116.            for it in u_unconfirmed:
117.                track = unconfirmed[it]
118.                track.mark_removed()
119.                removed_stracks.append(track)
120.
121.            # 第 4 步：初始化新的軌跡
122.            # 對於沒有匹配上追蹤軌跡而置信度又足夠高的目標框，為其新建一個追蹤軌跡
123.            for inew in u_detection:
124.                track = detections[inew]
125.                if track.score < self.det_thresh:
```

```
126.                 continue
127.             track.activate(self.kalman_filter, self.frame_id)
128.             activated_starcks.append(track)
129.         # 第 5 步：更新狀態
130.         for track in self.lost_stracks:
131.             # 若超過最大容忍值，則刪除
132.             if self.frame_id - track.end_frame > self.max_time_lost:
133.                 track.mark_removed()
134.                 removed_stracks.append(track)
135. 
136.         self.tracked_stracks = [t for t in self.tracked_stracks if 
     t.state==TrackState.Tracked]
137.         self.tracked_stracks = joint_stracks(self.tracked_stracks, 
     activated_starcks)
138.         self.tracked_stracks = joint_stracks(self.tracked_stracks, 
     refind_stracks)
139.         self.lost_stracks = sub_stracks(self.lost_stracks, self.tracked_
     stracks)
140.         self.lost_stracks.extend(lost_stracks)
141.         self.lost_stracks = sub_stracks(self.lost_stracks, self.removed_
     stracks)
142.         self.removed_stracks.extend(removed_stracks)
143.         self.tracked_stracks, self.lost_stracks = remove_duplicate_
     stracks(self.tracked_stracks, self.lost_stracks)
144.         # get scores of lost tracks
145.         output_stracks = [track for track in self.tracked_stracks if 
     track.is_activated]
146.         return output_stracks
```

ByteTrack 身為基於 Tracking-by-Detection 範式的多目標追蹤演算法，其使用的物件辨識器是前面章節所提到的 YOLOX 物件辨識演算法，這裡就不詳細介紹其原理和程式了。ByteTrack 的追蹤結果如圖 5.11 所示。

▲ 圖 5.11 ByteTrack 的追蹤結果

5.5 本章小結

本章開始介紹了 Tracking-by-Detections 是多目標追蹤演算法的主流方式，但是該方式把整個處理過程看作全域最佳化問題，不適合線上任務。因此接著介紹了 DeepSORT，它透過結合動作和外觀資訊特徵來實現更好的連結。這裡的動作和外觀資訊特徵是使用卷積神經網路來提取的，這樣便提高了對缺失和遮擋目標的堅固性，同時更易於實現、更高效；此外，它也適用於線上場景。

然後，遵循 Tracking-by-Detections 範式進一步介紹了 ByteTrack，提出了一種簡單而高效的資料連結方法——Byte。ByteTrack 利用目標框和追蹤軌跡之間的相似性，在保留高分檢測結果的同時，從低分檢測結果中去除背景，挖掘出真正的物體（遮擋、模糊等困難樣本），從而降低漏檢的機率並提高軌跡的連貫性。本章最後基於 ByteTrack 進行了程式的解讀與實踐。

第 6 章

深度學習模型的實作和部署

當今時代，以深度學習為主的人工智慧演算法模型在日常 AI 應用中逐漸佔據主流地位，相關的各類產品也層出不窮。我們平時看到的 AI 產品，如刷臉支付、語音幫手、銀行的客服機器人等，都是 AI 演算法的具體實作應用。

AI 技術在具體實作應用方面與其他軟體技術一樣，也需要具體的部署。既然要部署，就會有針對不同平臺的部署方法和部署架構工具。目前，在 AI 的實作和部署方面，各大公司和平臺機構都大展身手，紛紛推出自己的部署平臺和推理框架。

對於自動駕駛領域的演算法實作和部署，主要是以英偉達為首的 TensorRT 在英偉達晶片上的部署，因此本章主要是針對 CUDA、TensorRT 和國產的 NCNN 進行講解與實踐。

6.1 常見模型部署框架介紹

目前，市場上應用最廣泛的部署工具主要有以下幾種。

- 騰訊優圖實驗室開發的行動端平臺部署工具 NCNN。
- 英特爾針對自己的裝置開發的部署工具 OpenVINO。
- NVIDIA 針對自己的 GPU 開發的部署工具 TensorRT。
- Google 針對自己的硬體裝置和深度學習框架開發的部署工具 MediaPipe。
- 由微軟、亞馬遜、Facebook 和 IBM 等共同開發的開放神經網路交換格式 ONNX（Open Neural Network Exchange）部署工具。

下面針對本書中用到的推理框架 TensorRT、NCNN 和標準網路格式 ONNX 介紹。

6.1.1 TensorRT

TensorRT 是 NVIDIA 開發的高性能的深度學習推理（Inference）最佳化器，可以為深度學習應用提供低延遲、高吞吐量的 AI 部署推理。TensorRT 可用於對超大規模資料中心、嵌入式平臺或自動駕駛平臺進行推理加速。TensorRT 現支援 TensorFlow、Caffe、Mxnet、PyTorch 等幾乎所有的深度學習框架輸出的模型，將 TensorRT 和 NVIDIA 的 GPU 結合起來能夠實現快速與高效的部署推理。

當網路模型訓練完成後，可以將訓練後的模型檔案直接輸入 TensorRT 中，執行時期不再需要依賴其他深度學習框架，如 Caffe、TensorFlow 等。TensorRT 會對訓練好的模型進行最佳化。TensorRT 的內部最佳化過程如圖 6.1 所示。

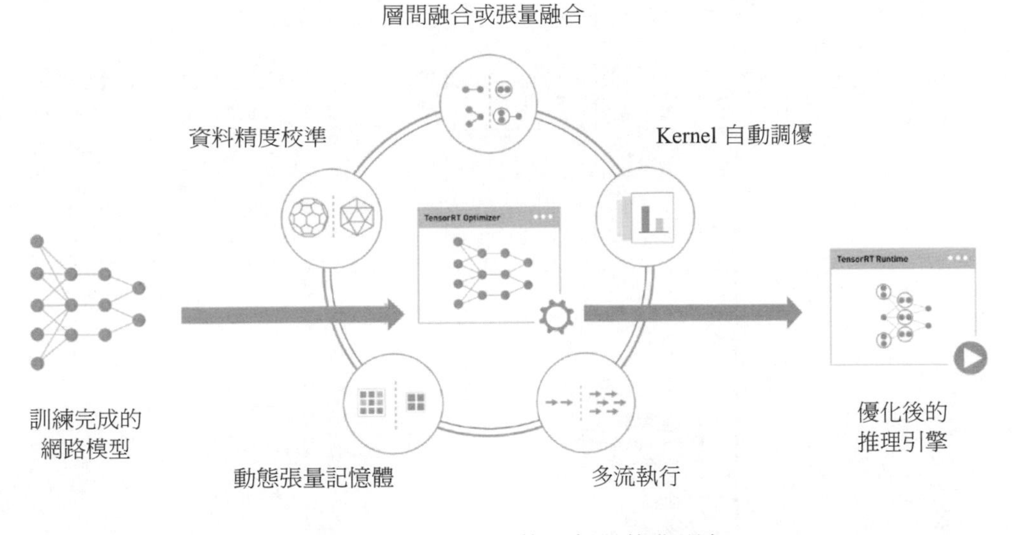

▲ 圖 6.1 TensorRT 的內部最佳化過程

1・層間融合或張量融合

如圖 6.2 所示，在縱向上，TensorRT 會對可以合併權重的運算元進行合併，如 CBR（Convolution，BatchNorm，ReLU）的合併；在橫向上，TensorRT 將相同結構合併到一個操作中。

2・資料精度校準

大部分深度學習框架在訓練神經網路時，網路中的張量都是 32 位元浮點數的精度（FP32），一旦網路訓練完成，在部署推理的過程中，由於不需要反向傳播，所以完全可以適當地降低資料精度，如降為 FP16 或 INT8。更低的資料精度將使得記憶體佔用更少、延遲更低、模型體積更小。

這裡的校準主要是針對 INT8 提出的。INT8 只有 256 個不同的數值，使用 INT8 表示 FP32 精度的數值肯定會遺失部分資訊，造成精度下降。不過 TensorRT 會提供完全自動化的校準過程，會以最好的匹配性能將 FP32 精度的資料降低為 INT8 精度，同時最小化精度的損失。

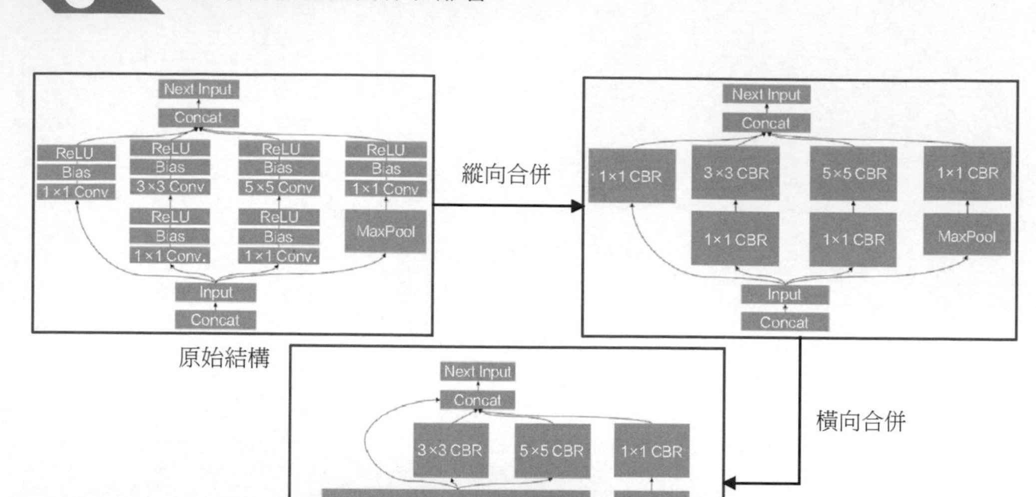

▲ 圖 6.2 TensorRT 運算元融合的過程

3．Kernel 自動調優

網路模型在推理計算時是呼叫 GPU 的 CUDA 核心進行的。TensorRT 可以針對不同的演算法、不同的網路模型和不同的GPU平臺進行CUDA核心的調整，以保證當前模型在特定平臺上以最佳性能進行計算。

4．動態張量記憶體

在每個張量參與運算期間，TensorRT 會為其指定顯示記憶體，避免顯示記憶體重複申請，減少記憶體佔用並提高重複使用效率。

5．多流執行

這裡的多串流執行是指模型在進行前向計算的過程中，TensorRT 並行處理多個輸入串流。

TensorRT 提供了 C++ API 和 Python API，主要用來針對 NVIDIA GPU 進行高性能推理加速，基於 TensorRT 的應用比僅使用 CPU 平臺的執行速度快得多。

TensorRT 針對 NVIDIA 的每種硬體產品和架構都進行了最佳化，如服務端對應的 A100、T4、V100 等，還有自主開發工具 Jetson Xavier、深度學習加速器 NVIDIA-DLA 等。

TensorRT 依賴 NVIDIA 的深度學習硬體可以是 GPU，也可以是 DLA，如果沒有對應的硬體，則無法使用 TensorRT。TensorRT 支援目前大部分神經網路層的定義，同時提供 API，讓開發者可以自行實現特殊運算元操作。

整體來說，如圖 6.3 所示，可以將 TensorRT 看作一個只有前向傳播的深度學習推理框架，支援對 Caffe、TensorFlow 等框架輸出模型的解析，在 TensorRT 中，針對 NVIDIA 自己的 GPU 實施最佳化策略，並進行部署加速。

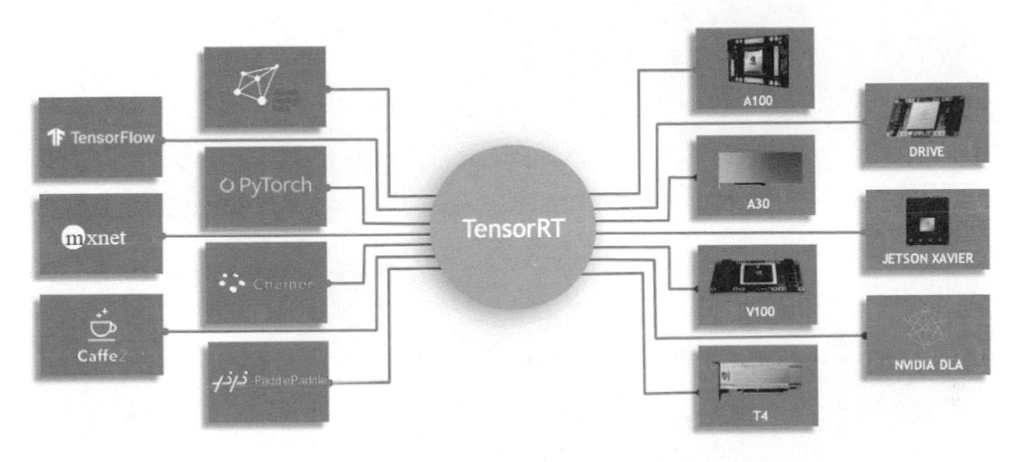

▲ 圖 6.3 TensorRT 推理框架

6.1.2 NCNN

NCNN 是騰訊優圖實驗室的首個開放原始碼專案，也是一個手機端的高性能神經網路前向推理框架，並在 2017 年 7 月正式開放原始碼。基於該平臺，開發者能夠輕鬆地將深度學習演算法移植到手機端，高效率地輸出執行結果，進而產出 AI App，將 AI 技術帶到使用者指尖。

NCNN 從設計之初就深刻考慮了手機端的部署和使用。它無第三方相依，可跨平臺使用，手機端 CPU 的速度高於目前所有已知的開放原始碼框架。NCNN 目前已在騰訊多款應用中使用，如 QQ、Qzone、微信等。

NCNN 覆蓋了幾乎所有常用的系統平臺，尤其在移動平臺上的適用性更好，在 Linux、Windows、Android、iOS 和 macOS 等平臺上都可以使用 GPU 來部署模型。

行動端部署工具除了 NCNN，還有華盛頓大學的 TVM、阿里的 MNN、小米的 MACE 和騰訊優圖實驗室基於 NCNN 開發的 TNN 等。

6.1.3 ONNX

ONNX 是用於表示深度學習模型的標準中介軟體，可使模型在不同框架之間進行轉換。ONNX 能夠使得不同的 AI 框架（如 PyTorch、MXNet 和 TensorFlow 等）採用相同格式儲存模型態資料並互動。ONNX 的規範和程式主要由微軟、亞馬遜、Facebook 和 IBM 等公司共同開發，以開放原始程式碼的方式託管在 GitHub 上。目前，官方支援載入 ONNX 模型並進行推理的深度學習框架有 Caffe2、PyTorch、MXNet、ML.NET、TensorRT 和 Microsoft CNTK 等。

ONNX 是邁向開放式生態系統的第 1 步，使 AI 開發人員能夠隨著專案的發展選擇合適的工具。ONNX 為 AI 模型提供了統一的開放原始碼格式。它定義了可擴展的計算圖模型，以及內建運算子和標準資料型態。

在獲得 ONNX 模型之後，模型部署人員自然就可以將這個模型部署到相容 ONNX 的執行環境中。這裡一般還會涉及額外的模型轉換工作，典型地，如在 Android 端利用 NCNN 部署 ONNX 格式模型，需要將 ONNX 利用 NCNN 的轉換工具轉為 NCNN 所支援的 bin 和 param 格式。

ONNX 作為一個檔案格式，自然需要一定的規則來讀取想要的資訊，或寫入需要儲存的資訊。同 Caffe2 一樣，ONNX 使用的是 Protobuf 這個序列化資料結構來儲存神經網路的權重資訊的。因為 Protobuf 是一種輕便、高效的結構化資料儲存格式，所以可以用於結構化資料的序列化。

ONNX 首先將網路模型的每層，或說是每個運算元當作 Node，再由這些 Node 建構一個 Graph（這裡的 Graph 便可以看作網路架構），最後將 Graph 和模型的權重資訊結合在一起生成一個模型，即最終的 ONNX 模型。

6.2 OpenCV 影像處理操作

6.2.1 OpenCV 基本操作

OpenCV 是一個電腦視覺開放原始碼函式庫，提供了處理影像和視訊的能力，其應用領域主要為影像處理、互動式藝術、視訊監督、地圖拼接和機器人等。

由於本書中用到了 OpenCV 的部分內容，因此這裡僅對影像的讀 / 寫操作和仿射變換等進行講解，以滿足後續需求。

OpenCV 的核心類別是 cv::Mat，其中 Mat 是 Matrix 的縮寫，代表矩陣。該類別宣告在標頭檔 core. hpp 中，因此在使用 cv::Mat 類別時要引用該標頭檔。

如程式 6.1 所示，構造 cv::Mat 物件相當於構造了一個矩陣，需要 4 個基本要素：行數（高）、列數（寬）、通道數及其資料型態。其中，rows 為矩陣的行數；cols 為矩陣的列數；type 為資料型態，包括通道數及其資料型態。這裡的資料型態可以設置為 CV_8UC(n)、CV_8SC(n)、CV_16SC(n)、CV_16UC(n)、CV_32SC(n)、CV_32FC(n) 和 CV_64FC(n)。

➔ 程式 6.1 OpenCV 的 cv::Mat 介面示意

```
1.     cv::Mat(int rows, int cols, int type);
```

如程式 6.2 所示，使用該構造函式實例化了一個影像物件。這裡的 cv::Scalar 為填充的值，這裡選擇的為 0，即生成一個全零的 640×640 的影像矩陣，儲存下來的結果如圖 6.4 所示。

➔ 程式 6.2 OpenCV 的 cv::Mat 介面的使用

```
1.     auto image = cv::Mat(cv::Size(640, 640),
2.                          CV_8UC3,
3.                          cv::Scalar(0));
```

▲ 圖 6.4 OpenCV 生成的全零影像

程式 6.3 的第 1 行和第 2 行展示了透過存取物件的成員變數來獲取行數與列數，即對應的影像的高和寬；第 3 行展示了透過存取物件的 channels 方法來獲取通道數；第 4 行展示了透過存取成員函式 size 來直接獲取矩陣的尺寸。

➔ 程式 6.3 cv::Mat 的成員函式

```
1.     image.rows;          // 獲得行數
2.     image.cols;          // 獲得列數
3.     image.channels();  // 獲得通道數
4.     image.size();
```

如程式 6.4 所示，對於 OpenCV 在影像領域的應用，毫無疑問最為常用的介面便是影像的讀取和儲存操作，其中，imread 介面對影像進行讀取，而 imwrite 介面則對影像進行儲存。

➔ 程式 6.4 影像的讀取和儲存

```
1.     img = imread( "demo.jpg" );  // 讀取影像，根據影像所在位置填寫路徑即可
2.     imwrite( "test_save.jpg" , img);     // 將讀取的影像儲存為 test_save.jpg
```

如程式 6.5 所示，對於影像的讀取，這裡還有一些基本的影像解析形式需要說明。

➔ 程式 6.5 影像解析後的屬性

```
1.    cv::IMREAD_UNCHANGED// 不對影像檔進行任何轉換，直接讀取
2.    cv::IMREAD_GRAYSCALE// 將影像轉為灰度影像（單通道）進行讀取
3.    cv::IMREAD_COLOR     // 將影像轉為 RGB 彩色影像（3 通道）進行讀取
4.    cv::IMREAD_ANYDEPTH // 如果不設置這個參數，那麼 16/32 位元影像將自動被轉為 8 位影像
5.    cv::IMREAD_ANYCOLOR // 按照影像檔設定的顏色格式進行影像的讀取
6.    cv::IMREAD_LOAD_GDAL// 呼叫 gdal 函式庫進行影像檔的讀取（可以視為讀取 TIFF 影像檔）
```

對電腦視覺而言，影像只是一種實作的形式，或說是一種特殊的形式，更多的是對視訊的操作。視訊的來源有兩種，一種是離線儲存下來的視訊，如 MP4、AVI 等格式；另一種是攝影機即時捕捉的視訊流。

對離線儲存的視訊而言，如程式 6.6 所示，首先定義使用 VideoCapture 實例化一個介面 capture；然後用 capture.open(「test.avi」) 初始化讀取離線視訊，這裡透過 capture.get 獲取視訊的屬性，其中，CAP_PROP_FRAME_COUNT 用來獲取視訊的總幀數、CAP_PROP_FPS 用來獲取視訊的每秒顯示畫面、CAP_PROP_FRAME_WIDTH 用來獲取視訊幀的寬度、CAP_PROP_FRAME_HEIGHT 用來獲取視訊幀的高度；最後便是透過 for 迴圈讀取視訊的每一幀並透過 imshow 進行顯示。

➔ 程式 6.6 OpenCV 讀寫視訊

```
1.    #include <opencv2/opencv.hpp>
2.
3.    using namespace cv;
4.    using namespace std;
5.
6.    int main(int argc, char** argv){
7.        // 用 videoCapture 結構建立一個 capture 視訊物件
8.        VideoCapture capture;
9.        // 連接視訊
10.       capture.open(«test.avi»);
11.       if (!capture.isOpened()){
```

```
12.           printf(«could not load video data...\n»);
13.           return -1;
14.       }
15.       int frames = capture.get(CAP_PROP_FRAME_COUNT); // 獲取視訊幀數目（一幀就
  一幅影像）
16.       double fps    = capture.get(CAP_PROP_FPS) // 獲取每幀視訊的頻率
17.       // 獲取視訊幀的寬度和高度
18.       Size size = Size(capture.get(CAP_PROP_FRAME_WIDTH), capture.get
  (CAP_PROP_FRAME_HEIGHT));
19.       cout << frames << endl;
20.       cout << fps << endl;
21.       cout << size << endl;
22.       // 建立視訊中的每幅影像物件
23.       Mat frame;
24.       namedWindow(std::string(getenv( "CUSTOM_DATA_DIR" )) +  "6.2/vtest.avi" ,
  WINDOW_AUTOSIZE);
25.       // 迴圈顯示視訊中的每幅影像
26.       for (;;){
27.           // 獲取視訊幀，以供後面處理
28.           capture >> frame;
29.           // 此處可以對每幀的影像進行處理，可以是 AI 處理的過程
30.           // 視訊播放完退出
31.           if (frame.empty())
32.               break;
33.           imshow(«res.avi», frame);
34.           // 在視訊播放期間按鍵退出
35.           if (waitKey(33) >= 0)
36.               break;
37.       }
38.       // 釋放攝影機
39.       capture.release();
40.       return 0;
41.   }
```

對即時視訊而言，如程式 6.7 所示，依舊首先使用 VideoCapture 實例化一個 video 介面，不過這裡還要實例化一個 Mat 矩陣；然後使用 video.isOpened() 來判斷是否打得開攝影機，透過 video >> img 獲取影像並判斷是否為空；最後透過 while 迴圈讀取攝影機並透過 imshow 對攝影機獲取的每一幀進行顯示。

➔ 程式 6.7 OpenCV 即時處理視訊

```
1.     #include <opencv2/opencv.hpp>
2.
3.     using namespace cv;
4.     using namespace std;
5.
6.     int main(){
7.         Mat          img;
8.         VideoCapture video(1);  // 若設置為 0，則表示使用電腦附帶的攝影機
9.         if (!video.isOpened()){
10.            cout << « 攝影機打開失敗”  << endl;
11.            return -1;
12.        }
13.        video >> img;  // 獲取影像
14.        // 檢測是否成功獲取影像
15.        if (img.empty()){
16.            cout << « 獲取影像失敗”  << endl;
17.            return -1;
18.        }
19.        while (true){
20.            Mat frame;
21.            video >> frame;
22.            if (frame.empty()){
23.                break;
24.            }
25.            // 或設置為 0 時可以隨意透過滑鼠拖曳控制展示視窗的大小
26.            namedWindow(«video_test», WINDOW_NORMAL);
27.            imshow(«video_test», frame);
28.            char c = waitKey(50);
29.        }
30.    }
```

程式 6.8 展示了使用 OpenCV 對視訊進行儲存的操作，首先像程式 6.6 那樣進行視訊的讀取，其次透過 cv::VideoWriter 實例化 wri，然後透過 wri.open 設定視訊的一些屬性，最後透過 while 迴圈進行視訊的儲存。

➔ 程式 6.8 OpenCV 儲存視訊

```
1.     #include <opencv2/opencv.hpp>
2.
3.     using namespace cv;
4.     using namespace std;
5.
6.     int main(int argc, char** argv){
7.         cv::VideoCapture cap;
8.         cap.open(«test.avi»);
9.         if (!cap.isOpened())
10.            return 0;
11.        int width       = cap.get(cv::CAP_PROP_FRAME_WIDTH);   // 幀寬度
12.        int height      = cap.get(cv::CAP_PROP_FRAME_HEIGHT);  // 幀高度
13.        int totalFrames = cap.get(cv::CAP_PROP_FRAME_COUNT);   // 總幀數
14.        int frameRate   = cap.get(cv::CAP_PROP_FPS);           // 每秒顯示畫面
15.        int ex          = static_cast<int>(cap.get(cv::CAP_PROP_FOURCC));
16.        cv::VideoWriter wri;
17.        wri.open(«res.avi»,
18.                 ex,
19.                 frameRate,
20.                 cv::Size(width, height));
21.        cv::Mat frame;
22.        while (true){
23.            cap >> frame;
24.            if (frame.empty())
25.                break;
26.            wri << frame;
27.        }
28.        cap.release();
29.        wri.release();
30.        return 0;
31.    }
```

6.2.2 使用 OpenCV 進行影像前置處理

6.2.1 節介紹了 OpenCV 的基本操作，本節介紹 AI 檢測模型的基本前處理操作。常規而言，在 AI 應用推理前，由於模型的輸入是固定的，因此會對影像進行一些操作，同時，開發者想在處理的過程中盡可能不損失影像資訊，即按比例縮放。如果直接進行縮放操作，則可能造成圖中目標變形，進而影響模型的結果。

NanoDet 前處理過程如圖 6.5 所示，首先計算原始影像的長寬比（或首先計算較大邊，然後計算原始影像的長寬比），然後根據長寬比和目標尺寸計算縮放後的目標尺寸，與此同時還要生成一個與處理後的影像具有相同尺寸的全零影像，進而將前面縮放後的影像進行置中填充。

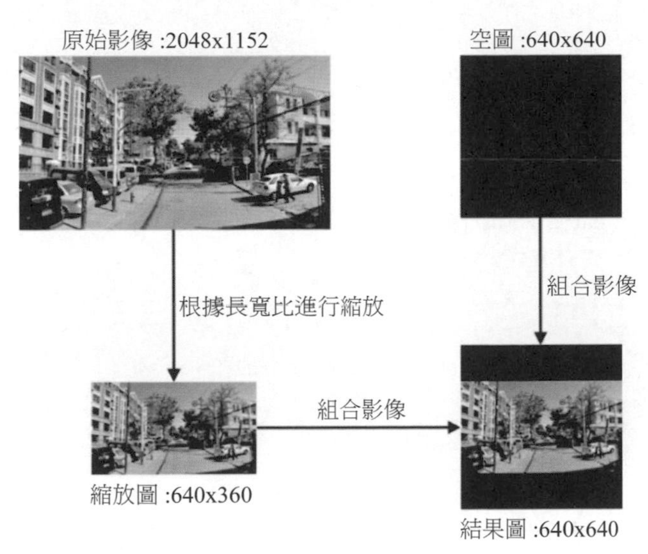

▲ 圖 6.5 NanoDet 前處理過程

如程式 6.9 所示，實現了 NanoDet 的前處理過程：首先根據第 19、20 行程式生成全零的空圖；其次根據第 21 ～ 33 行程式進行長寬比的計算和縮放尺寸的確認；然後透過 cv::resize 進行影像的縮放並儲存為一個緩衝影像 Mat，進而可以根據實際縮放後的影像 Mat 和目標尺寸進行影像的填充操作；最後透過 imwrite 進行影像的儲存。

➔ 程式 6.9 OpenCV 實現影像的縮放（方式 1）

```
1.    #include <iostream>
2.    #include <opencv2/opencv.hpp>
3.    using namespace cv;
4.    using namespace std;
5.
6.    int main(){
7.        // 讀取影像
8.        Mat   image     = imread(«../1.jpg»);
9.        // 獲取影像的寬度和高度
10.       int   w         = image.cols;
11.       int   h         = image.rows;
12.       // 計算長寬比
13.       float ratio_src = w * 1.0 / h;
14.       int   tmp_w     = 0;
15.       int   tmp_h     = 0;
16.       int   dst_w     = 640;
17.       int   dst_h     = 640;
18.       // 生成全零的空圖
19.       Mat   dst;
20.       dst = Mat(Size(dst_w, dst_h), CV_8UC3, Scalar(0));
21.       // 計算縮放尺寸
22.       if (ratio_src > 1){
23.           tmp_w = dst_w;
24.           tmp_h = floor((dst_w * 1.0 / w) * h);
25.       }
26.       else if (ratio_src < 1){
27.           tmp_h = dst_h;
28.           tmp_w = floor((dst_h * 1.0 / h) * w);
29.       }
30.       else{
31.           tmp_h = dst_h;
32.           tmp_w = dst_w;
33.       }
34.       // 定義一個縮放後的影像 Mat
35.       cv::Mat tmp;
36.       // 對原始影像進行縮放，儲存在影像 Mat 裡面
37.       cv::resize(image, tmp, cv::Size(tmp_w, tmp_h));
38.       // 對影像進行填充，如果寬小於高，則對寬的方向進行合併
```

```
39.        if (tmp_w != dst_w){
40.            int index_w = floor((dst_w - tmp_w) / 2.0);
41.            for (int i = 0; i < dst_w; i++){
42.                memcpy(dst.data + i * dst_w * 3 + index_w * 3,
43.                       tmp.data + i * tmp_w * 3,
44.                       tmp_w * 3);
45.            }
46.        }
47.        // 如果高小於寬，則對高的方向進行 tmp 的合併
48.        else if (tmp_h != dst_h){
49.            int index_h = floor((dst_h - tmp_h) / 2.0);
50.            memcpy(dst.data + index_h * dst_h * 3, tmp.data, tmp_w * tmp_h * 3);
51.        }
52.        else{
53.            printf(«error\n»);
54.        }
55.        imwrite(«demo2.jpg», dst);
56.        return 0;
57.    }
```

對於實際的實作應用，一般並不會使用 resize 介面對影像進行縮放，通常為了進一步加速或使用並行工具程式設計，會選擇使用仿射變換的形式對影像操作。

關於仿射變換，二維空間座標的仿射變換可以由以下公式描述：

$$\begin{pmatrix} \tilde{x} \\ \tilde{y} \end{pmatrix} = \begin{pmatrix} a_{11} & a_{12} \\ a_{21} & a_{22} \end{pmatrix} \begin{pmatrix} x \\ y \end{pmatrix} + \begin{pmatrix} a_{13} \\ a_{23} \end{pmatrix} \tag{6.1}$$

為了更簡潔地表達，在原座標的基礎上引入第 3 維數值為 1 的座標，這種表示方法稱為齊次座標，這樣就可以用簡單的矩陣乘法來表示仿射變換：

$$\begin{pmatrix} \tilde{x} \\ \tilde{y} \\ 1 \end{pmatrix} = \boldsymbol{A} \begin{pmatrix} x \\ y \\ 1 \end{pmatrix}，其中 \boldsymbol{A} = \begin{pmatrix} a_{11} & a_{12} & a_{13} \\ a_{21} & a_{22} & a_{23} \\ 0 & 0 & 1 \end{pmatrix} \tag{6.2}$$

通常稱 $\boldsymbol{A}$ 為仿射變換矩陣，因為它的最後一行均為 (0,0,1)。為方便起見，在討論過程中會省略最後一行。

本書只考慮平移和縮放操作，因此可以將仿射變換矩陣重寫為以下形式：

$$\begin{pmatrix} \tilde{w} \\ \tilde{h} \\ 1 \end{pmatrix} = \boldsymbol{A} \begin{pmatrix} w \\ h \\ 1 \end{pmatrix}, \text{其中} \boldsymbol{A} = \begin{pmatrix} s_w & 0 & t_w \\ 0 & s_h & t_h \\ 0 & 0 & 1 \end{pmatrix} \tag{6.3}$$

式中，s_w 和 s_h 分別表示寬度與高度方向上的縮放操作；t_w 和 t_h 分別表示寬度和高度方向上的平移操作。

基於仿射變換的處理過程如圖 6.6 所示。

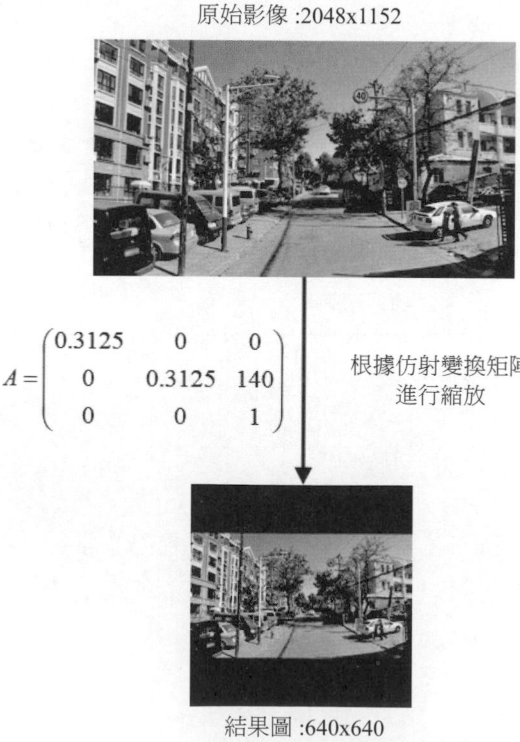

原始影像 :2048x1152

$$A = \begin{pmatrix} 0.3125 & 0 & 0 \\ 0 & 0.3125 & 140 \\ 0 & 0 & 1 \end{pmatrix}$$

根據仿射變換矩陣進行縮放

結果圖 :640x640

▲ 圖 6.6 基於仿射變換的處理過程

程式 6.10 所示為使用仿射變換矩陣的形式實現影像的縮放：首先如第 8 行程式所示，讀取一幅影像；然後根據第 10 ～ 36 行程式計算仿射變換矩陣；最後根據目標尺寸進行縮放和填充操作。

➔ 程式 6.10 OpenCV 實現影像的縮放（方式 2）

```
1.     #include <iostream>
2.     #include <opencv2/opencv.hpp>
3.     using namespace cv;
4.     using namespace std;
5.
6.     int main(){
7.         // 讀取影像
8.         cv::Mat image     = cv::imread(«../1.jpg»);
9.         // 獲取原始影像的寬度和高度
10.        float   w          = image.cols;
11.        float   h          = image.rows;
12.        // 設置目標寬度和高度
13.        float   dst_w      = 640;
14.        float   dst_h      = 640;
15.        // 計算長寬比
16.        float   ratio_src = w * 1.0 / h;
17.        // s 為縮放參數，t_w 和 t_h 分別代表寬度與高度方向上的平移操作
18.        float   s          = 0.;
19.        float   t_h        = 0.;
20.        float   t_w        = 0.;
21.        // 計算仿射變換矩陣
22.        if (ratio_src > 1){
23.            s   = dst_w / w;
24.            t_h = (w - h) * s * 0.5;
25.            t_w = 0.;
26.        }
27.        else if (ratio_src < 1){
28.            s   = dst_h / h;
29.            t_w = (h - w) * s * 0.5;
30.            t_h = 0.;
31.        }
32.        else{
33.            s   = dst_w / w;
```

```
34.             t_h = 0.;
35.             t_w = 0.;
36.         }
37.         cv::Mat A           = cv::Mat::zeros(2, 3, CV_32FC1);
38.         A.at<float>(0, 0) = s;
39.         A.at<float>(1, 1) = s;
40.         A.at<float>(0, 2) = t_w;
41.         A.at<float>(1, 2) = t_h;
42.         // 定義一個仿射變換後的影像 Mat
43.         cv::Mat dst_image;
44.         // 對原始影像進行仿射變換，目標尺寸為 (dst_w, dst_h)，儲存在影像 Mat 裡面
45.         cv::warpAffine(image, dst_image, A, cv::Size(dst_w, dst_h));// 縮放 + 平移
46.         // 儲存影像
47.         cv::imwrite(«demo.jpg», dst_image);
48.         return 0;
49.     }
```

6.3 GPU 程式設計工具之 CUDA

在模型部署工作中，有一些環節比較耗時，難以在 CPU 端得到有效的最佳化，如前處理和後處理部分，因此一般都會將這種耗時的計算轉移到 GPU 端進行平行計算，從而提高應用程式的性能。

在 GPU 端進行程式設計的軟體開發工具有很多，如 CUDA（Compute Unified Device Architecture）、OpenCL 等。CUDA 是英偉達推出的通用平行計算架構，使 GPU 能夠解決複雜的計算問題。它包含了 CUDA 指令集架構和 GPU 內部的平行計算引擎。CUDA 是在 C 語言的基礎上進行的擴展，所以開發人員可以很方便地進行 CUDA 程式設計，以及透過 CUDA 的 Runtime API 來排程 GPU 進行高性能計算。但是比較受侷限的是 CUDA 程式只能在英偉達 GPU 裝置上執行。

本部分所介紹的模型部署主要基於英偉達的 GPU 裝置，因此需要引入一些 CUDA 的程式設計模型和基本概念的相關知識。需要說明的是，本節只說明 CUDA 的一些基本基礎知識，為後面的 TensorRT 模型部署做支撐，不會涉及過

深的 CUDA 程式設計和最佳化知識，若讀者想深入了解該部分內容，則可自行參閱其他專業圖書。

6.3.1 CUDA 程式設計模型

CUDA 程式設計模型在邏輯上假設系統是由一個 CPU 和一個 GPU 組成的，各自擁有獨立的儲存空間，並且透過資料匯流排進行資料的交換和傳輸。開發者需要做的就是撰寫執行在 CPU 和 GPU 上的程式，並根據業務需要為 CPU 和 GPU 分配記憶體空間與複製資料。下面以一個典型的陣列相加的例子說明 CUDA 程式設計模型，如圖 6.7 和程式 6.11 所示。

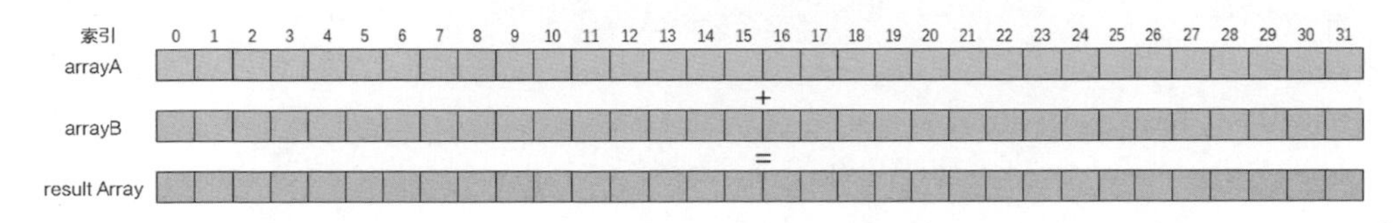

▲ 圖 6.7 陣列相加

程式 6.11 主要實現了在 GPU 端進行兩個陣列的相加求和操作，首先使用 malloc 方法在 CPU 端分配了 3 段陣列空間，即陣列 host_ArrayA、host_ArrayB 和 host_ArrayResult，其中，陣列 host_ArrayA 和 host_ArrayB 作為兩個待相加的陣列，陣列 host_ArrayResult 作為結果陣列，用於儲存 host_ArrayA 和 host_ArrayB 相加之後的結果。

CUDA API 函式 cudaMalloc 在 GPU 端也會分配 3 段陣列空間：device_ArrayA、device_ArrayB 和 device_ArrayResult。其中，device_ArrayA 和 device_ArrayB 儲存待相加的兩個陣列的內容，device_ArrayResult 儲存經過 GPU 計算的結果。

分配完主機和裝置端的記憶體空間之後，呼叫 cudaMemcpy 函式將 CPU 端的兩個陣列 host_ArrayA 和 host_ArrayB 中的內容複製到 GPU 端的兩個陣列空間 device_ArrayA 與 device_ArrayB 中。

之後呼叫 twoArrayAddKernel 核心函式對陣列 device_ArrayA 和 device_ArrayB 進行相加計算，並將結果儲存到 device_ArrayResult 陣列中。

緊接著再次呼叫 cudaMemcpy 函式將 GPU 端 device_ArrayResult 陣列中的結果複製到 CPU 端的 host_ArrayResult 陣列中。

最後透過 checkResultArray 檢查計算結果，並執行後續的析構操作。

➔ 程式 6.11 CUDA 之陣列相加

```
1.     void initialInputArray(float       *array,
2.                            const int   &elemNum,
3.                            const float &value);
4.
5.     void checkResultArray(float       *arrayResult,
6.                           const int   &elemNum,
7.                           const float &result);
8.
9.     __global__
10.    void twoArrayAddKernel(float    *arrayA,
11.                           float    *arrayB,
12.                           float    *resultArray,
13.                           const int elemNum);
14.
15.    int  main(){
16.        // 選擇 GPU 裝置
17.        CHECK(cudaSetDevice(0));
18.
19.        // 初始化參數設置
20.        int    elemNum          = 32;
21.        float  addValueA        = 1.2;
22.        float  addValueB        = 2.6;
23.        float  addResult        = 3.8;
24.
25.        // 計算需要分配的記憶體大小
26.        size_t nBytes           = elemNum * sizeof(float);
27.
28.        // 分配主機記憶體
29.        float *host_ArrayA      = (float *)malloc(nBytes);
30.        float *host_ArrayB      = (float *)malloc(nBytes);
31.        float *host_ArrayResult = (float *)malloc(nBytes);
32.
33.        // 初始化主機記憶體
```

```
34.         initialInputArray(host_ArrayA, elemNum, addValueA);
35.         initialInputArray(host_ArrayB, elemNum, addValueB);
36.         memset(host_ArrayResult, 0, nBytes);
37.
38.         // 分配裝置記憶體
39.         float *device_ArrayA, *device_ArrayB, *device_ArrayResult;
40.         CHECK(cudaMalloc((float **)&device_ArrayA, nBytes));
41.         CHECK(cudaMalloc((float **)&device_ArrayB, nBytes));
42.         CHECK(cudaMalloc((float **)&device_ArrayResult, nBytes));
43.         // 將陣列 host_ArrayA 從主機複製到裝置中
44.         CHECK(cudaMemcpy(device_ArrayA,
45.                          host_ArrayA,
46.                          nBytes,
47.                          cudaMemcpyHostToDevice));
48.         // 將陣列 host_ArrayB 從主機複製到裝置中
49.         CHECK(cudaMemcpy(device_ArrayB,
50.                          host_ArrayB,
51.                          nBytes,
52.                          cudaMemcpyHostToDevice));
53.         // 核心函式設定參數
54.         dim3 block(elemNum);
55.         dim3 grid(1);
56.
57.         // 執行核心函式
58.         twoArrayAddKernel<<<grid, block>>>(device_ArrayA,
59.                                            device_ArrayB,
60.                                            device_ArrayResult,
61.                                            elemNum);
62.         // 將計算結果從裝置記憶體複製回主機記憶體
63.         CHECK(cudaMemcpy(host_ArrayResult,
64.                          device_ArrayResult,
65.                          nBytes,
66.                          cudaMemcpyDeviceToHost));
67.         // 檢查計算結果
68.         checkResultArray(host_ArrayResult, elemNum, addResult);
69.         // 釋放裝置記憶體
70.         CHECK(cudaFree(device_ArrayA));
71.         CHECK(cudaFree(device_ArrayB));
72.         CHECK(cudaFree(device_ArrayResult));
```

```
73.         // 釋放主機記憶體
74.         free(host_ArrayA);
75.         free(host_ArrayB);
76.         free(host_ArrayResult);
77.         // Reset GPU
78.         CHECK(cudaDeviceReset());
79.         return 0;
80.     }
81.
82.     void initialInputArray(float        *array,
83.                            const int    &elemNum,
84.                            const float &value){
85.         for (int i = 0; i < elemNum; i++){
86.             array[i] = value;
87.         }
88.        return;
89.     }
90.
91.     void checkResultArray(float        *arrayResult,
92.                           const int    &elemNum,
93.                           const float &result){
94.         for (int i = 0; i < elemNum; ++i){
95.             if (arrayResult[i] != result){
96.                 printf( "Exist elems of which values are not match (%f).\n" ,
    result);
97.                 return;
98.             }
99.         }
100.        printf(«All elems of which values are match (%f).\n», result);
101.        return;
102.    }
103.
104.    // 核心函式的參數不能用引用
105.    __global__ void twoArrayAddKernel(float     *arrayA,
106.                                      float     *arrayB,
107.                                      float     *resultArray,
108.                                      const int elemNum){
109.        int i = threadIdx.x;
110.        if (i < elemNum){
```

```
111.            resultArray[i] = arrayA[i] + arrayB[i];
112.        }
113.    }
```

上述程式中使用到的 CUDA API 函式說明如表 6.1 所示。

▼ 表 6.1 CUDA API 函式說明

CUDA 執行時期的 API	函式功能	參數說明
cudaError_t cudaMalloc(void **devPtr, size_t size)	在 GPU_上分配記憶體	* \param devPtr - 指向已分配裝置記憶體的指標 * \param size - 請求的分配大小（位元組）
cudaError_t cudaError_t cudaFree(void *devPtr)	釋放 GPU 上的記憶體	* \param devPtr - 指向要釋放記憶體的裝置指標
cudaError_t cudaMemcpy(void *dst, const void *src, size_t count, enum cudaMemcpyKind kind)	在 CPU 和 GPU 之間複製資料	* \param dst - 目標記憶體位址 * \param src - 來源記憶體位址 *\param count - 要複製的位元組大小 * \param kind - 傳輸類型，列舉類型值例如： cudaMemcpyHostToHost = 0, /**< Host -> Host */ cudaMemcpyHostToDevice = 1, /**< Host -> Device */ cudaMemcpyDeviceToHost = 2, /**< Device -> Host */ cudaMemcpyDeviceToDevice = 3, /**< Device -> Device */
cudaError_t cudaGetLastError(void)	傳回任何執行時期呼叫產生的最後一個錯誤	—
cudaError_t cudaDeviceSynchronize(void)	同步主機和裝置，促使緩衝區刷新	—

透過上述例子可以看出 CUDA 程式設計模型具有以下一般步驟。

（1）分配主機和裝置記憶體空間，並進行初始化。

（2）把資料從 CPU 記憶體複製到 GPU 顯示記憶體中。

（3）呼叫核心函式，對儲存在 GPU 顯示記憶體中的資料進行計算。

（4）將計算後的資料從 GPU 顯示記憶體中傳送回 CPU 記憶體中。

（5）析構主機和裝置記憶體空間。

程式中的 twoArrayAddKernel 函式使用 __global__ 修飾，表示它是一個核心函式，由 CPU 端呼叫，在 GPU 端執行。在 GPU 程式設計中，通常把 CPU 端叫作主機端、GPU 端叫作裝置端。函式修飾符號除 __global__ 外，還有 __device__，用於裝置函式，其只能被核心函式或其他裝置函式呼叫，在裝置中執行；用 __host__ 修飾的函式就是主機端的普通 C++ 函式，在主機端被呼叫，在主機端執行。表 6.2 中列出了函式修飾符號的種類及其行為說明。

▼ 表 6.2 函式修飾符號的種類及其行為說明

修飾符	呼叫端	執行端	備註
__global__	一般從主機端呼叫	裝置端	傳回類型必須是 void
__device__	裝置端	裝置端	—
__host__	主機端	主機端	可以省略

核心函式中程式的執行模式是「單指令 - 多執行緒」，即每個執行緒都執行同一程式部分。核心函式 twoArrayAddKernel 的呼叫過程中使用了一對巢狀結構尖括號 <<< gride_size, block_size>>>，這是核心函式的執行設定清單，表示在邏輯上有 gride_size×block_size 個執行緒執行該核心函式的內容。其中，第一個參數表示上述執行緒在邏輯上分為 gride_size 個組，第二個參數表示每組內有 block_size 個執行緒。

核心函式 twoArrayAddKernel 的函式體內的 threadIdx.x 是內嵌變數 threadIdx 的 x 維度，表示一個執行緒區塊內執行緒的索引，設定值範圍是 [0,block_size)。

舉例來說，若核心函式 twoArrayAddKernel 的執行設定參數為 <<<1,32>>>，則表示為核心函式任務分配 1 個邏輯執行緒區塊，該執行緒區塊內有 32 個執行緒執行該核心函式，那麼 threadIdx.x 的索引範圍就是 [0,32)，分別表示該 32 個執行緒實體。當然，CUDA 還有其他的內嵌變數，如 gridDim、blockDim、blockIdx 和 warpSize 等。

如程式 6.12 所示，發現有很多以 cuda 開頭的函式名稱，一般情況下，這些以 cuda 開頭的函式都是 CUDA Runtime API 函式。CUDA Runtime API 函式會傳回 cudaError_t 類型的值，代表函式執行的狀態。舉例來說，當傳回值為 cudaSuccess 時，代表成功地呼叫了該 API 函式。因此可以透過定義巨集程式碼部分來統一檢查 CUDA Runtime API 函式的執行狀態。這也正是上面程式中 CHECK 巨集定義的實體。但需要注意的是，並不是所有的 CUDA 執行時期 API 都可以透過該 CHECK 巨集來檢查其執行狀態。舉例來說，cudaEventQuery 函式有可能傳回 cudaErrorNotReady，但這並不代表程式執行出錯。

➜ 程式 6.12 檢查 CUDA Runtime 的執行狀態

```
1.     #define CHECK(call)                                          \
2.         {                                                        \
3.             const cudaError_t error = call;                      \
4.             if (error != cudaSuccess)                            \
5.             {                                                    \
6.                 fprintf(stderr, “ Error: %s:%d, \n” , __FILE__, __LINE__);\
7.                 fprintf(stderr, « Error code: (%d), reason: [%s]\n»,
       error, cudaGetErrorString(error)) \
8.                 exit(1);                                         \
9.             }                                                    \
10.        }
```

CUDA 程式檔案一般分為宣告檔案和定義檔案。其中，定義檔案一般以 .cu 結尾，宣告檔案一般以 .h 或 .cuh 結尾。類似 C++ 的編譯工具 g++，CUDA 也有自己的編譯工具，叫作 nvcc。nvcc 在編譯一個 CUDA 程式時，會將純粹的 C++ 程式交給 C++ 的編譯器來處理，而它自己則負責編譯剩下的部分。

6.3.2 CUDA 執行緒組織

1．核心函式設定參數的傳遞

前面透過一個陣列相加的例子介紹了 GPU 的基本程式設計模型，並引入了 CUDA 程式設計裡的一些基本概念和術語。本節介紹 CUDA 的執行緒組織方式。熟悉 CUDA 的執行緒組織方式可以使我們在 GPU 程式設計中更加高效率地管理這些執行緒，以達到更高的執行效率。圖 6.8 比較清晰地表示出了執行緒區塊的組織結構。當核心函式在主機端啟動時，其執行會轉移到裝置上，此時裝置中會產生大量的執行緒且每個執行緒都會執行由核心函式指定的敘述。

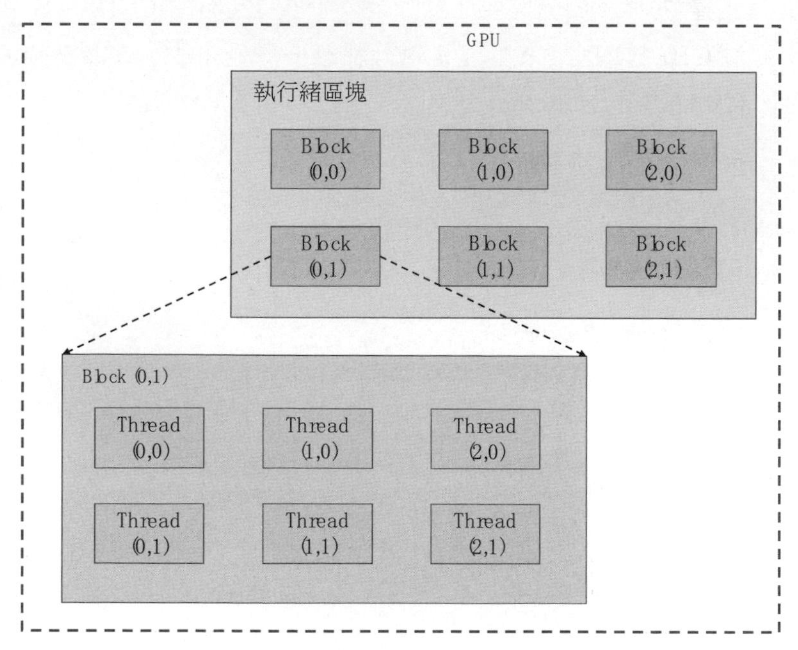

▲ 圖 6.8 執行緒區塊組織方式

在 CUDA 程式設計中，這些執行緒在邏輯上被劃分為執行緒網格、執行緒區塊和執行緒束這幾個層次。核心函式啟動時，有一個隱形的參數傳遞過程，會透過核心函式執行設定清單 <<<grid_size, block_size>>> 將實際參數值 grid_size 和 block_size 分別傳入 CUDA 的內嵌變數 gridDim 與 blockDim 中，CUDA 根據這些參數值進行執行緒的分配和管理。其中，grid_size 表示執行緒網格的大小，block_size 表示執行緒區塊的大小。特別地，以一維情形為例，在邏輯上，表示將這些執行緒劃分為 grid_size 個執行緒區塊，每個執行緒區塊有 block_size 個執行緒。執行緒網格和執行緒區塊從邏輯上代表了一個核心函式的執行緒層次結構，這種組織方式可以幫助我們有效地利用資源，最佳化模型性能。

在 CUDA 程式設計中可以組織一維、二維和三維的執行緒網格與執行緒區塊，這是因為內嵌變數 gridDim 和 blockDim 都是 dim3 類型的結構變數，其構造函式的預設參數值都是 1，可接受多種類型的設定參數傳遞。具體如何選擇一般是與需要處理的資料和業務有關的。dim3 類型的結構變數如程式 6.13 所示。

➔ 程式 6.13 dim3 類型的結構變數

```
1.     struct uint3{
2.         unsigned int x, y, z;
3.     };
4.
5.     struct dim3{
6.         unsigned int x, y, z;
7.         dim3(unsigned int x = 1, unsigned int y = 1, unsigned int z = 1)
8.             : x{x}
9.             , y{y}
10.            , z{z}
11.        {}
12.    };
```

除了 gridDim 和 blockDim 這兩個內嵌變數，還有其他常用的內嵌變數，如 blockIdx、threadIdx 和 warpSize。

blockIdx 和 threadIdx 是 uint3 類型的結構變數。blockIdx 可以看作對網格區塊的索引，從各個維度看，blockIdx.x 的設定值範圍是 [0, gridDim.x)，blockIdx.y 的設定值範圍是 [0, gridDim.y)，blockIdx.z 的設定值範圍是 [0, gridDim.z)。

同樣地，threadIdx 可以看作對執行緒區塊內執行緒的索引，從各個維度看，threadIdx.x 的設定值範圍是 [0, blockDim.x)，threadIdx.y 的設定值範圍是 [0, blockDim.y)，threadIdx.z 的設定值範圍是 [0, blockDim.z)。

內嵌變數 warpSize 表示執行緒束的大小，表示一個執行緒區塊內連續 warpSize 個執行緒。warpSize 的值是與 GPU 架構有關，是 CUDA 執行排程的最小單元，一般來說，warpSize 的大小是 32。

2．執行緒組織方式

前面提到，在 CUDA 程式設計中，可以為一個核心函式指派多個執行緒，而這些執行緒的組織結構是由執行設定清單 <<<grid_size, block_size>>> 決定的。本節繼續以陣列相加的例子來介紹 CUDA 的執行緒組織方式，並解釋執行緒實體與全域線性記憶體索引的映射關係。

以陣列相加的程式為例，當將核心函式的執行設定參數設置為 <<<(2,2),(4,2)>>> 時，執行緒網格和執行緒區塊都是二維的，透過前面介紹的內容可知，z 欄位被初始化為 1 且忽略不計。

根據執行緒區塊的索引和執行緒實體的索引在各個維度上的分配順序，可以分為以下 6 種方式。

方式 1：執行緒區塊的全域索引和執行緒實體的全域索引皆按照「先 x 維度，後 y 維度，最後 z 維度」的順序分配。對於方式 1，執行緒實體的邏輯分佈關係如圖 6.9 所示。

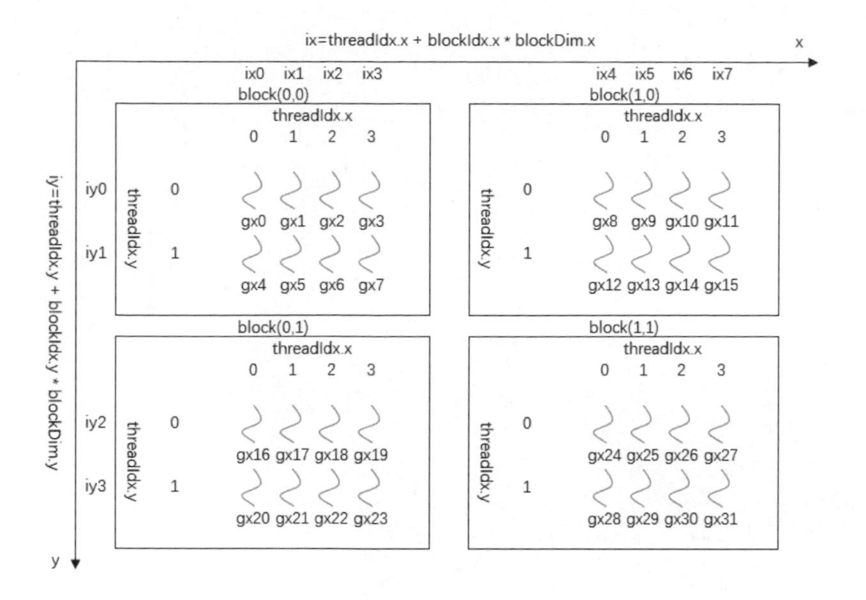

▲ 圖 6.9 執行緒實體的邏輯分佈關係（方式 1）

透過方式 1 可以計算出以下幾項。

（1）當前執行緒所在區塊的全區塊索引：

```
blockId = blockIdx.x + blockIdx.y*gridDim.x + blockIdx.z*(gridDim.x*gridDim.y)
```

（2）當前執行緒所在區塊的區塊內全域執行緒索引：

```
threadId = threadIdx.x+threadIdx.y*blockDim.x+threadIdx.z*(blockDim.x*blockDim.y)
```

（3）一個執行緒區塊中的執行緒數：

```
M = blockDim.x*blockDim.y*blockDim.z
```

（4）當前執行緒的全域執行緒索引：

```
idx = threadId + M*blockId;
```

方式 2：執行緒區塊的全域索引按照「先 x 維度，後 y 維度，最後 z 維度」的順序分配，執行緒實體的全域索引按照「先 y 維度，後 x 維度，最後 z 維度」的順序分配。對於方式 2，執行緒實體的邏輯分佈關係如圖 6.10 所示。

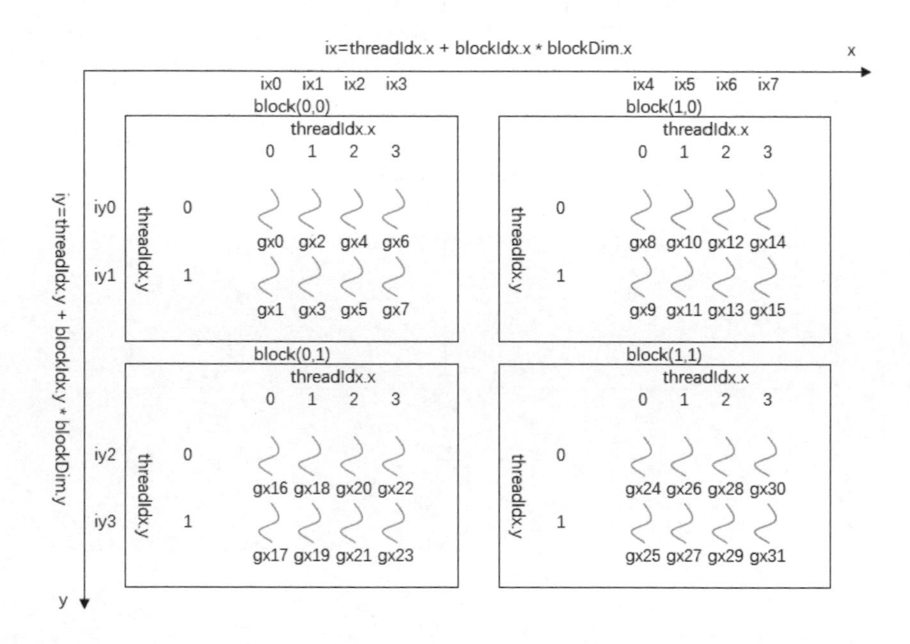

▲ 圖 6.10 執行緒實體的邏輯分佈關係（方式 2）

透過方式 2 可以計算出以下幾項。

（1）當前執行緒所在區塊的全區塊索引：

```
blockId = blockIdx.x + blockIdx.y*gridDim.x + blockIdx.z*(gridDim.x*gridDim.y)
```

（2）當前執行緒所在區塊的區塊內全域執行緒索引：

```
threadId = threadIdx.y+threadIdx.x*blockDim.y+threadIdx.z*(blockDim.x*blockDim.y)
```

（3）一個執行緒區塊中的執行緒數：

```
M = blockDim.x*blockDim.y*blockDim.z
```

（4）當前執行緒的全域執行緒索引：

```
idx = threadId + M*blockId;
```

方式 3：執行緒區塊的全域索引按照「先 y 維度，後 x 維度，最後 z 維度」的順序分配，執行緒實體的全域索引按照「先 x 維度，後 y 維度，最後 z 維度」的順序分配。對於方式 3，執行緒實體的邏輯分佈關係如圖 6.11 所示。

透過方式 3 可以計算出以下幾項。

（1）當前執行緒所在區塊的全區塊索引：

```
blockId = blockIdx.y+ blockIdx.x*gridDim.y + blockIdx.z*(gridDim.x*gridDim.y)
```

（2）當前執行緒所在區塊的區塊內全域執行緒索引：

```
threadId = threadIdx.x+threadIdx.y*blockDim.x+threadIdx.z*(blockDim.x*blockDim.y)
```

（3）一個執行緒區塊中的執行緒數：

```
M = blockDim.x*blockDim.y*blockDim.z
```

（4）當前執行緒的全域執行緒索引：

```
idx = threadId + M*blockId;
```

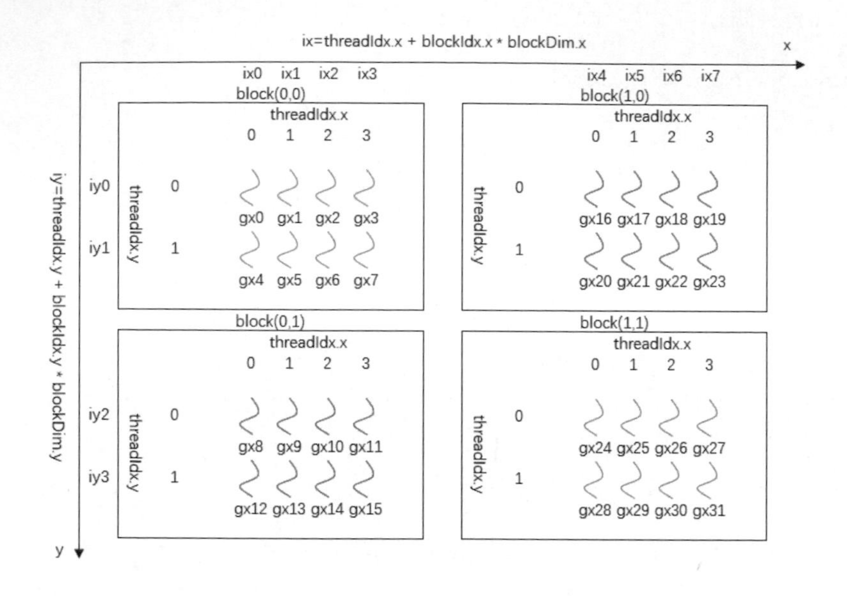

▲ 圖 6.11 執行緒實體的邏輯分佈關係（方式 3）

方式 4：執行緒區塊的全域索引和執行緒實體的全域索引皆按照「先 y 維度，後 x 維度，最後 z 維度」的順序分配。對於方式 4，執行緒實體的邏輯分佈關係如圖 6.12 所示。

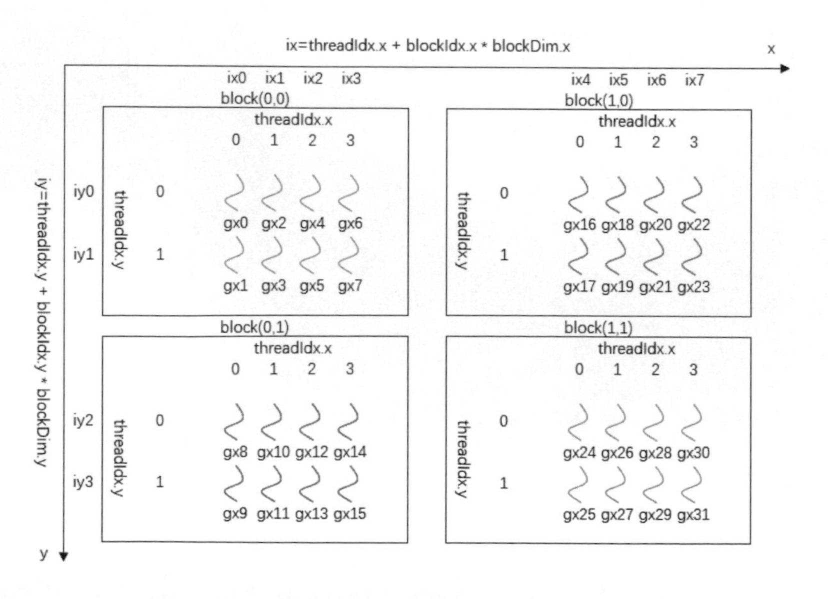

▲ 圖 6.12 執行緒實體的邏輯分佈關係（方式 4）

透過方式 4 可以計算出以下幾項。

（1）當前執行緒所在區塊的全區塊索引：

```
blockId = blockIdx.y+ blockIdx.x*gridDim.y + blockIdx.z*(gridDim.x*gridDim.y)
```

（2）當前執行緒所在區塊的區塊內全域執行緒索引：

```
threadId =threadIdx.y + threadIdx.x*blockDim.y+ threadIdx.z*(blockDim.x*blockDim.y)
```

（3）一個執行緒區塊中的執行緒數：

```
M = blockDim.x*blockDim.y*blockDim.z
```

（4）當前執行緒的全域執行緒索引：

```
idx = threadId + M*blockId;
```

方式 5：所有執行緒按照「先 x 維度，再 y 維度，最後 z 維度」的順序進行索引的分配。對於方式 5，執行緒實體的邏輯分佈關係如圖 6.13 所示。

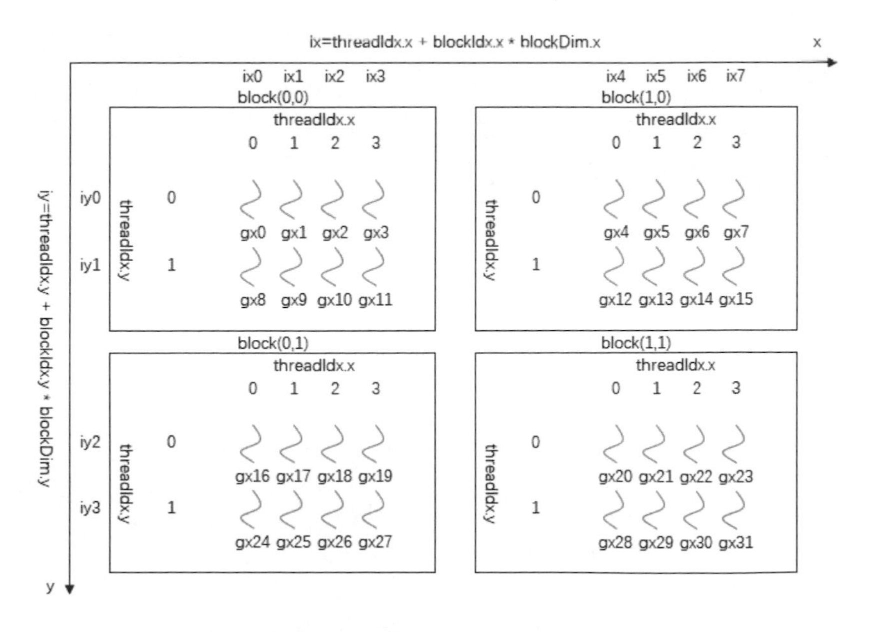

▲ 圖 6.13 執行緒實體的邏輯分佈關係（方式 5）

x 維度上的全域連續索引運算式為：

```
ix = threadIdx.x + blockIdx.x * blockDim.x
```

y 維度上的全域連續索引運算式為：

```
iy = threadIdx.y + blockIdx.y * blockDim.y
```

執行緒的全域索引為：

```
n = ix + iy * (rowSize)，其中 rowSize = gridDim.x * blockDim.x
```

方式 6：所有執行緒按照「先 y 維度，再 x 維度，最後 z 維度」的順序進行索引的分配。對於方式 6，執行緒實體的邏輯分佈關係如圖 6.14 所示。

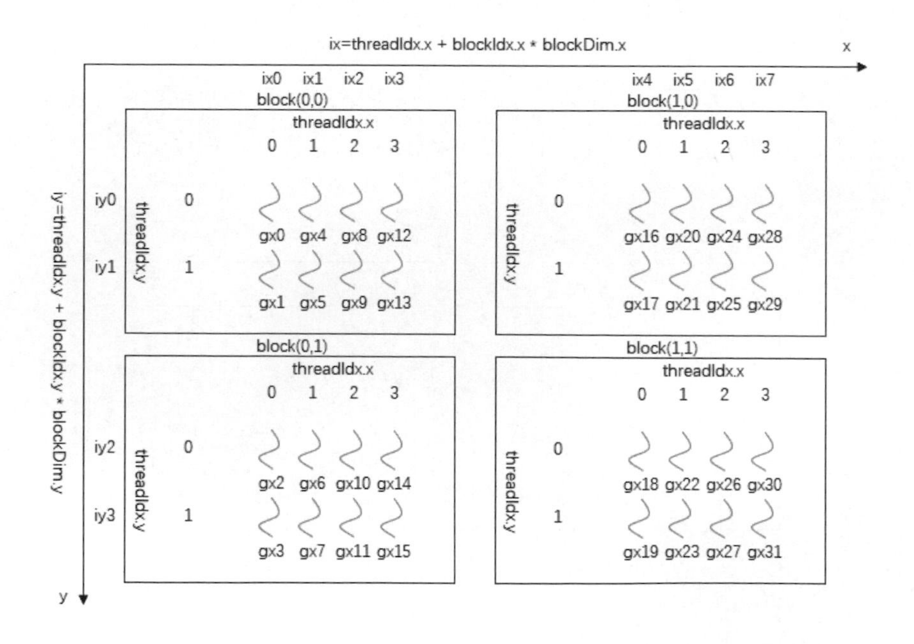

▲ 圖 6.14 執行緒實體的邏輯分佈關係（方式 6）

x 維度上的全域一維索引運算式為：

```
ix = threadIdx.x + blockIdx.x * blockDim.x
```

y 維度上的全域一維索引運算式為：

```
iy = threadIdx.y + blockIdx.y * blockDim.y
```

執行緒的全域索引為：

```
n = iy + ix * (colSize)，其中 colSize = gridDim.y * blockDim.y;
```

針對方式 5 和方式 6，將執行設定參數推廣至三維網路，可以得到更一般的索引表達形式，如表 6.3 所示。

▼ 表 6.3 索引表達形式

	執行緒座標	一維索引運算式
x 維度	[blockIdx.x, threadIdx.x]	ix = threadIdx.x + blockIdx.x×blockDim.x
y 維度	[blockIdx.y, threadIdx.y]	iy = threadIdx.y + blockIdx.y×blockDim.y
z 維度	[blockIdx.z, threadIdx.z]	iz = threadIdx.z + blockIdx.z×blockDim.z
按 *x* 維度優先進行全域索引	[ix, iy, iz]	n = ix + iy×(gridDim.x×blockDim.x) + iz×(gridDim.x×blockDim.x×gridDim.y×blockDim.y)
按 *y* 維度優先進行全域索引	[ix, iy, iz]	n = iy + ix×(gridDim.y×blockDim.y) + iz×(gridDim.x×blockDim.x×gridDim.y×blockDim.y)

在 CUDA 程式設計中，一個執行緒區塊內的執行緒被分成若干執行緒束，以執行緒束為單位進行排程。CUDA 把一個執行緒區塊內的執行緒劃分成執行緒束的原則是按照「先 *x* 維度，再 *y* 維度，最後 *z* 維度」的順序進行劃分，因此相應地，方式 1 和方式 5 是最常用的分配方式。

3．一維網格一維區塊的執行設定參數

仍以陣列相加為例，當將核心函式的執行設定參數設置為 <<<4,8>>> 時，執行緒網格和執行緒區塊都是一維的，透過前面的內容可知，執行緒網格和執行緒區塊只有 x 維度是有效的，未使用的 y 欄位和 z 欄位被初始化為 1 且忽略不計。使用方式 5 為執行緒實體分配全域索引，對應的執行緒實體和全域線性記憶體索引的映射關係如圖 6.15 所示。

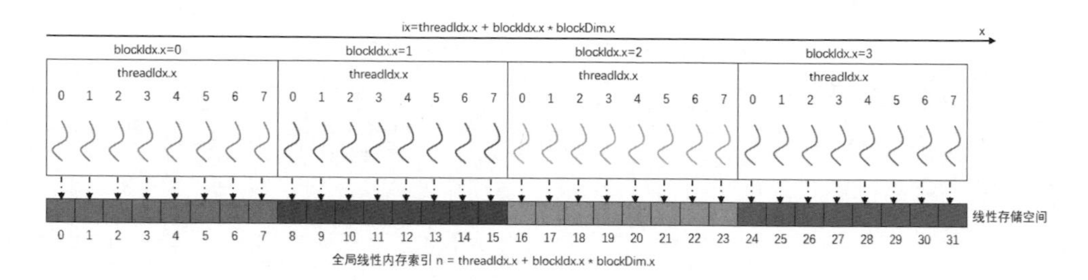

▲ 圖 6.15 一維網格一維區塊的映射關係

如程式 6.14 所示，使用 CUDA 實現兩個陣列相加，透過第 8 行程式列印出具體的 blockIdx 和 threadIdx 的索引號。

➔ 程式 6.14 CUDA 之陣列相加

```
1.    __global__ void twoArrayAddKernel(float    *arrayA,
2.                                      float    *arrayB,
3.                                      float    *resultArray,
4.                                      const int elemNum){
5.        const int i = threadIdx.x + blockIdx.x * blockDim.x;
6.        if (i < elemNum){
7.            resultArray[i] = arrayA[i] + arrayB[i];
8.            printf(«index: (%2d), blockIdx: (x: %2d, y: %2d), threadIdx:
      (x: %2d, threadIdx.y: %2d)\n»,
9.                   i,
10.                  blockIdx.x,
11.                  blockIdx.y,
12.                  threadIdx.x,
13.                  threadIdx.y);
```

```
14.         }
15.     }
```

➔ 程式 6.14 的執行結果如下：

```
index: ( 0), blockIdx: (x:  0, y:  0), threadIdx: (x:  0, y:  0)
index: ( 1), blockIdx: (x:  0, y:  0), threadIdx: (x:  1, y:  0)
index: ( 2), blockIdx: (x:  0, y:  0), threadIdx: (x:  2, y:  0)
index: ( 3), blockIdx: (x:  0, y:  0), threadIdx: (x:  3, y:  0)
index: ( 4), blockIdx: (x:  0, y:  0), threadIdx: (x:  4, y:  0)
index: ( 5), blockIdx: (x:  0, y:  0), threadIdx: (x:  5, y:  0)
index: ( 6), blockIdx: (x:  0, y:  0), threadIdx: (x:  6, y:  0)
index: ( 7), blockIdx: (x:  0, y:  0), threadIdx: (x:  7, y:  0)
index: ( 8), blockIdx: (x:  0, y:  0), threadIdx: (x:  8, y:  0)
index: ( 9), blockIdx: (x:  0, y:  0), threadIdx: (x:  9, y:  0)
index: (10), blockIdx: (x:  0, y:  0), threadIdx: (x: 10, y:  0)
index: (11), blockIdx: (x:  0, y:  0), threadIdx: (x: 11, y:  0)
index: (12), blockIdx: (x:  0, y:  0), threadIdx: (x: 12, y:  0)
index: (13), blockIdx: (x:  0, y:  0), threadIdx: (x: 13, y:  0)
index: (14), blockIdx: (x:  0, y:  0), threadIdx: (x: 14, y:  0)
index: (15), blockIdx: (x:  0, y:  0), threadIdx: (x: 15, y:  0)
index: (16), blockIdx: (x:  0, y:  0), threadIdx: (x: 16, y:  0)
index: (17), blockIdx: (x:  0, y:  0), threadIdx: (x: 17, y:  0)
index: (18), blockIdx: (x:  0, y:  0), threadIdx: (x: 18, y:  0)
index: (19), blockIdx: (x:  0, y:  0), threadIdx: (x: 19, y:  0)
index: (20), blockIdx: (x:  0, y:  0), threadIdx: (x: 20, y:  0)
index: (21), blockIdx: (x:  0, y:  0), threadIdx: (x: 21, y:  0)
index: (22), blockIdx: (x:  0, y:  0), threadIdx: (x: 22, y:  0)
index: (23), blockIdx: (x:  0, y:  0), threadIdx: (x: 23, y:  0)
index: (24), blockIdx: (x:  0, y:  0), threadIdx: (x: 24, y:  0)
index: (25), blockIdx: (x:  0, y:  0), threadIdx: (x: 25, y:  0)
index: (26), blockIdx: (x:  0, y:  0), threadIdx: (x: 26, y:  0)
index: (27), blockIdx: (x:  0, y:  0), threadIdx: (x: 27, y:  0)
index: (28), blockIdx: (x:  0, y:  0), threadIdx: (x: 28, y:  0)
index: (29), blockIdx: (x:  0, y:  0), threadIdx: (x: 29, y:  0)
index: (30), blockIdx: (x:  0, y:  0), threadIdx: (x: 30, y:  0)
index: (31), blockIdx: (x:  0, y:  0), threadIdx: (x: 31, y:  0)
All elems of which values are match (3.800000).
```

4．二維網格二維區塊的執行設定參數

這裡仍以陣列相加為例，當將核心函式的執行設定參數設置為 <<<(2,2),(4,2)>>> 時，執行緒網格和執行緒區塊都是二維的，此時執行緒網格和執行緒區塊的 *z* 維度被初始化為 1 且忽略不計。仍然使用方式 5 為執行緒實體分配全域索引，對應的執行緒實體和全域線性記憶體索引的映射關係如圖 6.16 所示。

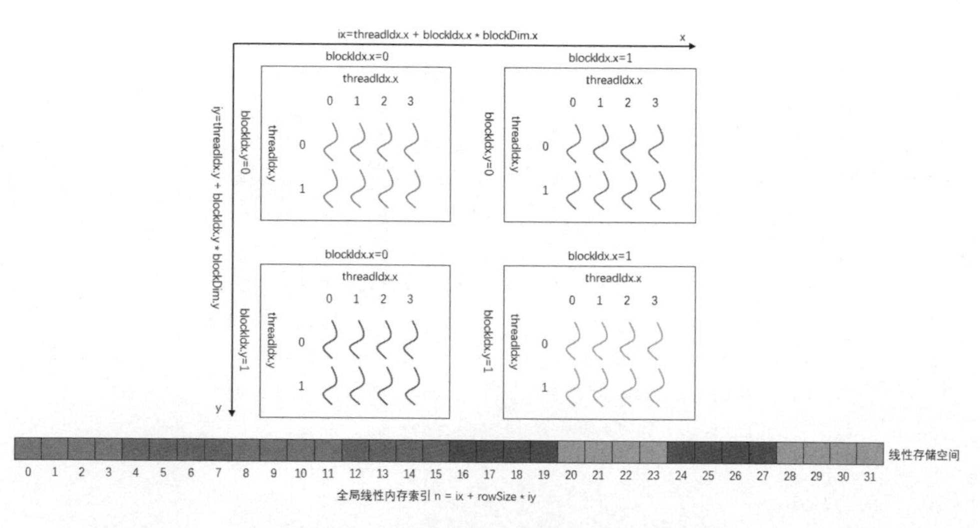

▲ 圖 6.16 二維網格二維區塊的映射關係

根據方式 5 的索引設定方式，陣列相加的核心函式的實現如程式 6.15 所示。

➔ 程式 6.15 陣列相加的核心函式的實現

```
1.     __global__ void twoArrayAddKernel(float     *arrayA,
2.                                       float     *arrayB,
3.                                       float     *resultArray,
4.                                       const int elemNum){
5.         const int ix = threadIdx.x + blockIdx.x * blockDim.x;
6.         const int iy = threadIdx.y + blockIdx.y * blockDim.y;
7.         const int i  = ix + iy * 8;
8.
9.         if (i < elemNum){
10.            resultArray[i] = arrayA[i] + arrayB[i];
11.            printf(«index: (%2d), blockIdx: (x: %2d, y: %2d), threadIdx:
```

```
(x: %2d, y: %2d)\n»,
12.                     i,
13.                     blockIdx.x,
14.                     blockIdx.y,
15.                     threadIdx.x,
16.                     threadIdx.y);
17.          }
18.      }
```

程式 6.15 的輸出結果如下：

```
index: (17), blockIdx: (x:  0, y:  1), threadIdx: (x:  1, y:  0)
index: (18), blockIdx: (x:  0, y:  1), threadIdx: (x:  2, y:  0)
index: (19), blockIdx: (x:  0, y:  1), threadIdx: (x:  3, y:  0)
index: (24), blockIdx: (x:  0, y:  1), threadIdx: (x:  0, y:  1)
index: (25), blockIdx: (x:  0, y:  1), threadIdx: (x:  1, y:  1)
index: (26), blockIdx: (x:  0, y:  1), threadIdx: (x:  2, y:  1)
index: (27), blockIdx: (x:  0, y:  1), threadIdx: (x:  3, y:  1)
index: ( 4), blockIdx: (x:  1, y:  0), threadIdx: (x:  0, y:  0)
index: ( 5), blockIdx: (x:  1, y:  0), threadIdx: (x:  1, y:  0)
index: ( 6), blockIdx: (x:  1, y:  0), threadIdx: (x:  2, y:  0)
index: ( 7), blockIdx: (x:  1, y:  0), threadIdx: (x:  3, y:  0)
index: (12), blockIdx: (x:  1, y:  0), threadIdx: (x:  0, y:  1)
index: (13), blockIdx: (x:  1, y:  0), threadIdx: (x:  1, y:  1)
index: (14), blockIdx: (x:  1, y:  0), threadIdx: (x:  2, y:  1)
index: (15), blockIdx: (x:  1, y:  0), threadIdx: (x:  3, y:  1)
index: (20), blockIdx: (x:  1, y:  1), threadIdx: (x:  0, y:  0)
index: (21), blockIdx: (x:  1, y:  1), threadIdx: (x:  1, y:  0)
index: (22), blockIdx: (x:  1, y:  1), threadIdx: (x:  2, y:  0)
index: (23), blockIdx: (x:  1, y:  1), threadIdx: (x:  3, y:  0)
index: (28), blockIdx: (x:  1, y:  1), threadIdx: (x:  0, y:  1)
index: (29), blockIdx: (x:  1, y:  1), threadIdx: (x:  1, y:  1)
index: (30), blockIdx: (x:  1, y:  1), threadIdx: (x:  2, y:  1)
index: (31), blockIdx: (x:  1, y:  1), threadIdx: (x:  3, y:  1)
index: ( 0), blockIdx: (x:  0, y:  0), threadIdx: (x:  0, y:  0)
index: ( 1), blockIdx: (x:  0, y:  0), threadIdx: (x:  1, y:  0)
index: ( 2), blockIdx: (x:  0, y:  0), threadIdx: (x:  2, y:  0)
index: ( 3), blockIdx: (x:  0, y:  0), threadIdx: (x:  3, y:  0)
index: ( 8), blockIdx: (x:  0, y:  0), threadIdx: (x:  0, y:  1)
```

```
index: ( 9), blockIdx: (x:  0, y:  0), threadIdx: (x:  1, y:  1)
index: (10), blockIdx: (x:  0, y:  0), threadIdx: (x:  2, y:  1)
index: (11), blockIdx: (x:  0, y:  0), threadIdx: (x:  3, y:  1)
All elems of which values are match (3.800000).
```

5．一維網格二維區塊的執行設定參數

這裡仍以陣列相加為例，當將核心函式的執行設定參數設置為 <<<(4,1), (4,2)>>> 時，執行緒網格是一維的，執行緒區塊是二維的，此時執行緒網格的 y 維度和 z 維度被初始化為 1 且忽略不計；執行緒區塊的 z 維度也被初始化為 1 且忽略不計。仍然使用方式 5 為執行緒實體分配全域索引，此時對應的執行緒實體和全域線性記憶體索引的映射關係如圖 6.17 所示。

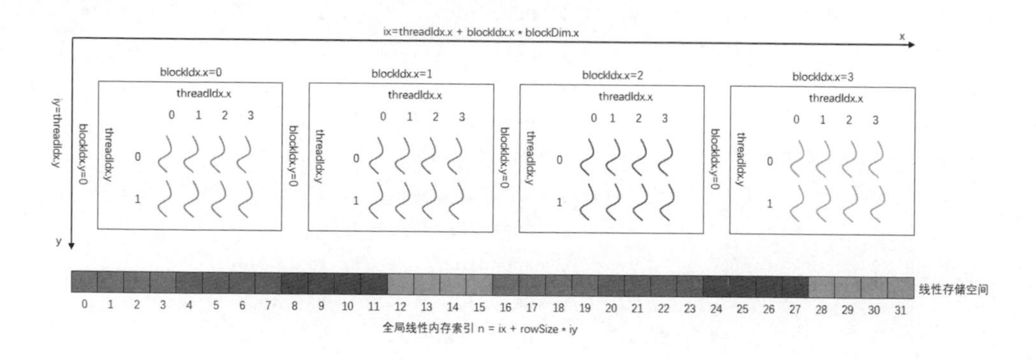

▲ 圖 6.17 一維網格二維區塊的映射關係

根據方式 5 的索引設定方式，twoArrayAddKernel 核心函式的實現如程式 6.16 所示。

➔ 程式 6.16 twoArrayAddKernel 核心函式的實現

```
1.    __global__ void twoArrayAddKernel(float      *arrayA,
2.                                      float      *arrayB,
3.                                      float      *resultArray,
4.                                      const int elemNum){
5.        const int ix = threadIdx.x + blockIdx.x * blockDim.x;
6.        const int iy = threadIdx.y + blockIdx.y * blockDim.y;
7.        const int i  = ix + iy * 16;
```

```
8.          if (i < elemNum){
9.              resultArray[i] = arrayA[i] + arrayB[i];
10.             printf(«index: (%2d), blockIdx: (x: %2d, y: %2d), threadIdx:
        (x: %2d, y: %2d)\n»,
11.                     i,
12.                     blockIdx.x,
13.                     blockIdx.y,
14.                     threadIdx.x,
15.                     threadIdx.y);
16.         }
17.     }
```

程式 6.16 的輸出結果如下：

```
index: ( 8), blockIdx: (x:  2, y:  0), threadIdx: (x:  0, y:  0)
index: ( 9), blockIdx: (x:  2, y:  0), threadIdx: (x:  1, y:  0)
index: (10), blockIdx: (x:  2, y:  0), threadIdx: (x:  2, y:  0)
index: (11), blockIdx: (x:  2, y:  0), threadIdx: (x:  3, y:  0)
index: (24), blockIdx: (x:  2, y:  0), threadIdx: (x:  0, y:  1)
index: (25), blockIdx: (x:  2, y:  0), threadIdx: (x:  1, y:  1)
index: (26), blockIdx: (x:  2, y:  0), threadIdx: (x:  2, y:  1)
index: (27), blockIdx: (x:  2, y:  0), threadIdx: (x:  3, y:  1)
index: ( 4), blockIdx: (x:  1, y:  0), threadIdx: (x:  0, y:  0)
index: ( 5), blockIdx: (x:  1, y:  0), threadIdx: (x:  1, y:  0)
index: ( 6), blockIdx: (x:  1, y:  0), threadIdx: (x:  2, y:  0)
index: ( 7), blockIdx: (x:  1, y:  0), threadIdx: (x:  3, y:  0)
index: (20), blockIdx: (x:  1, y:  0), threadIdx: (x:  0, y:  1)
index: (21), blockIdx: (x:  1, y:  0), threadIdx: (x:  1, y:  1)
index: (22), blockIdx: (x:  1, y:  0), threadIdx: (x:  2, y:  1)
index: (23), blockIdx: (x:  1, y:  0), threadIdx: (x:  3, y:  1)
index: (12), blockIdx: (x:  3, y:  0), threadIdx: (x:  0, y:  0)
index: (13), blockIdx: (x:  3, y:  0), threadIdx: (x:  1, y:  0)
index: (14), blockIdx: (x:  3, y:  0), threadIdx: (x:  2, y:  0)
index: (15), blockIdx: (x:  3, y:  0), threadIdx: (x:  3, y:  0)
index: (28), blockIdx: (x:  3, y:  0), threadIdx: (x:  0, y:  1)
index: (29), blockIdx: (x:  3, y:  0), threadIdx: (x:  1, y:  1)
index: (30), blockIdx: (x:  3, y:  0), threadIdx: (x:  2, y:  1)
index: (31), blockIdx: (x:  3, y:  0), threadIdx: (x:  3, y:  1)
index: ( 0), blockIdx: (x:  0, y:  0), threadIdx: (x:  0, y:  0)
```

```
index: ( 1), blockIdx: (x:  0, y:  0), threadIdx: (x:  1, y:  0)
index: ( 2), blockIdx: (x:  0, y:  0), threadIdx: (x:  2, y:  0)
index: ( 3), blockIdx: (x:  0, y:  0), threadIdx: (x:  3, y:  0)
index: (16), blockIdx: (x:  0, y:  0), threadIdx: (x:  0, y:  1)
index: (17), blockIdx: (x:  0, y:  0), threadIdx: (x:  1, y:  1)
index: (18), blockIdx: (x:  0, y:  0), threadIdx: (x:  2, y:  1)
index: (19), blockIdx: (x:  0, y:  0), threadIdx: (x:  3, y:  1)
All elems of which values are match (3.800000).
```

6．二維網格一維區塊的執行設定參數

當將核心函式的執行設定參數設置為 <<<(2,2), (8,1)>>> 時，執行緒網格是二維的，執行緒區塊是一維的，此時執行緒網格的 *z* 維度被初始化為 1 且忽略不計，執行緒區塊的 *y* 維度和 *z* 維度也被初始化為 1 且忽略不計。仍然使用方式 5 為執行緒實體分配全域索引，對應的執行緒實體和全域線性記憶體索引的映射關係如圖 6.18 所示。

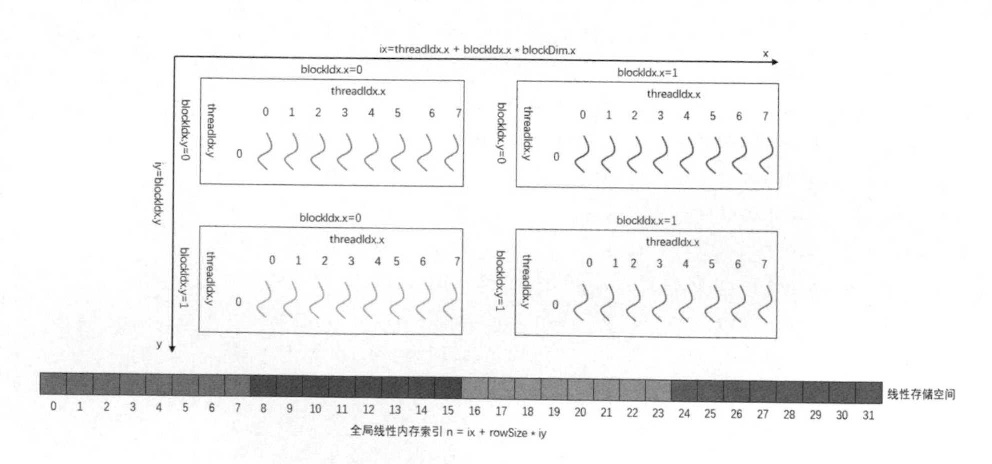

▲ 圖 6.18 二維網格一維區塊的映射關係

根據方式 5 的索引設定方式，寫出核心函式的實現程式，如程式 6.17 所示。

➔ 程式 6.17 核心函式的實現 1

```
1.     __global__ void twoArrayAddKernel(float    *arrayA,
2.                                       float    *arrayB,
3.                                       float    *resultArray,
```

```
4.                                      const int elemNum){
5.         const int ix = threadIdx.x + blockIdx.x * blockDim.x;
6.         const int iy = threadIdx.y + blockIdx.y * blockDim.y;
7.         const int i  = ix + iy * 16;
8.
9.         if (i < elemNum){
10.            resultArray[i] = arrayA[i] + arrayB[i];
11.            printf(«index: (%2d), blockIdx: (x: %2d, y: %2d), threadIdx:
      (x: %2d, y: %2d)\n»,
12.                   i,
13.                   blockIdx.x,
14.                   blockIdx.y,
15.                   threadIdx.x,
16.                   threadIdx.y);
17.        }
18.    }
```

程式 6.17 的輸出結果如下：

```
index: (16), blockIdx: (x:  0, y:  1), threadIdx: (x:  0, y:  0)
index: (17), blockIdx: (x:  0, y:  1), threadIdx: (x:  1, y:  0)
index: (18), blockIdx: (x:  0, y:  1), threadIdx: (x:  2, y:  0)
index: (19), blockIdx: (x:  0, y:  1), threadIdx: (x:  3, y:  0)
index: (20), blockIdx: (x:  0, y:  1), threadIdx: (x:  4, y:  0)
index: (21), blockIdx: (x:  0, y:  1), threadIdx: (x:  5, y:  0)
index: (22), blockIdx: (x:  0, y:  1), threadIdx: (x:  6, y:  0)
index: (23), blockIdx: (x:  0, y:  1), threadIdx: (x:  7, y:  0)
index: ( 8), blockIdx: (x:  1, y:  0), threadIdx: (x:  0, y:  0)
index: ( 9), blockIdx: (x:  1, y:  0), threadIdx: (x:  1, y:  0)
index: (10), blockIdx: (x:  1, y:  0), threadIdx: (x:  2, y:  0)
index: (11), blockIdx: (x:  1, y:  0), threadIdx: (x:  3, y:  0)
index: (12), blockIdx: (x:  1, y:  0), threadIdx: (x:  4, y:  0)
index: (13), blockIdx: (x:  1, y:  0), threadIdx: (x:  5, y:  0)
index: (14), blockIdx: (x:  1, y:  0), threadIdx: (x:  6, y:  0)
index: (15), blockIdx: (x:  1, y:  0), threadIdx: (x:  7, y:  0)
index: (24), blockIdx: (x:  1, y:  1), threadIdx: (x:  0, y:  0)
index: (25), blockIdx: (x:  1, y:  1), threadIdx: (x:  1, y:  0)
index: (26), blockIdx: (x:  1, y:  1), threadIdx: (x:  2, y:  0)
index: (27), blockIdx: (x:  1, y:  1), threadIdx: (x:  3, y:  0)
```

```
index: (28), blockIdx: (x:  1, y:  1), threadIdx: (x:  4, y:  0)
index: (29), blockIdx: (x:  1, y:  1), threadIdx: (x:  5, y:  0)
index: (30), blockIdx: (x:  1, y:  1), threadIdx: (x:  6, y:  0)
index: (31), blockIdx: (x:  1, y:  1), threadIdx: (x:  7, y:  0)
index: ( 0), blockIdx: (x:  0, y:  0), threadIdx: (x:  0, y:  0)
index: ( 1), blockIdx: (x:  0, y:  0), threadIdx: (x:  1, y:  0)
index: ( 2), blockIdx: (x:  0, y:  0), threadIdx: (x:  2, y:  0)
index: ( 3), blockIdx: (x:  0, y:  0), threadIdx: (x:  3, y:  0)
index: ( 4), blockIdx: (x:  0, y:  0), threadIdx: (x:  4, y:  0)
index: ( 5), blockIdx: (x:  0, y:  0), threadIdx: (x:  5, y:  0)
index: ( 6), blockIdx: (x:  0, y:  0), threadIdx: (x:  6, y:  0)
index: ( 7), blockIdx: (x:  0, y:  0), threadIdx: (x:  7, y:  0)
All elems of which values are match (3.800000).
```

7．資料量和執行緒數不對等的情況

前面的 4 種情況都是 1 個執行緒實體對應 1 個資料元素，但是如果執行緒數小於資料量的大小，就需要 1 個執行緒多個資料。此時，仍然使用方式 5 為執行緒實體分配全域索引，對應的執行緒實體和全域線性記憶體索引的映射關係如圖 6.19 所示。

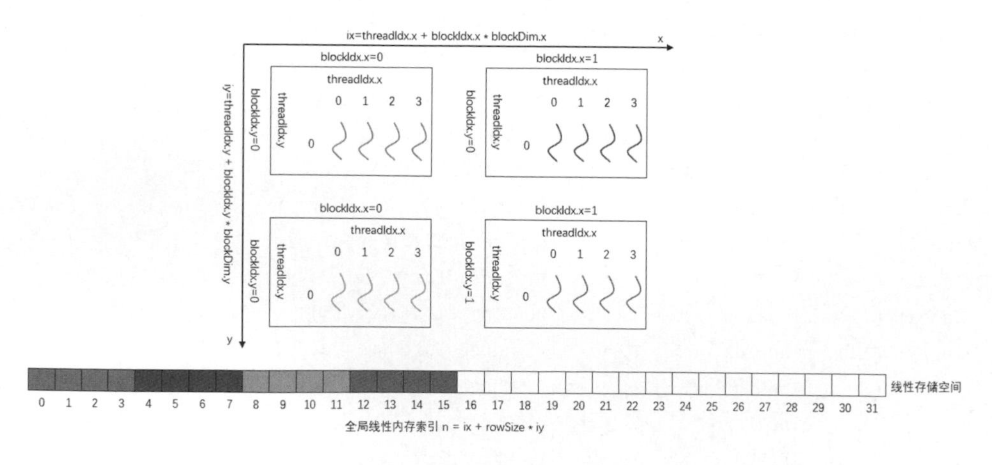

▲ 圖 6.19 執行緒數小於資料量情況下的映射關係

當將核心函式的執行設定參數設置為 <<<(2,2), (4,1)>>> 時，如果按照前面的處理方式，1 個執行緒只處理 1 個資料，那麼只有前 16 個資料會參與計算，因此這裡需要重新劃分資料，使 1 個執行緒 2 個資料。

根據方式 5 的索引設定方式，寫出核心函式的實現程式，如程式 6.18 所示。

➔ 程式 6.18 核心函式的實現 2

```
1.     __global__ void twoArrayAddKernel(float     *arrayA,
2.                                       float     *arrayB,
3.                                       float     *resultArray,
4.                                       const int elemNum){
5.         const int ix = threadIdx.x + blockIdx.x * blockDim.x;
6.         const int iy = threadIdx.y + blockIdx.y * blockDim.y;
7.         const int i  = ix + iy * 8;
8.
9.         if (i < elemNum){
10.            resultArray[i]      = arrayA[i] + arrayB[i];
11.            resultArray[i + 16] = arrayA[i + 16] + arrayB[i + 16];
12.            printf(«index: (%2d), blockIdx: (x: %2d, y: %2d), threadIdx:
       (x: %2d, y: %2d)\n»,
13.                   i,
14.                   blockIdx.x,
15.                   blockIdx.y,
16.                   threadIdx.x,
17.                   threadIdx.y);
18.        }
19.    }
```

程式 6.18 的輸出結果如下：

```
index: ( 4), blockIdx: (x:  2, y:  0), threadIdx: (x:  0, y:  0)
index: ( 5), blockIdx: (x:  2, y:  0), threadIdx: (x:  1, y:  0)
index: (12), blockIdx: (x:  2, y:  0), threadIdx: (x:  0, y:  1)
index: (13), blockIdx: (x:  2, y:  0), threadIdx: (x:  1, y:  1)
index: ( 2), blockIdx: (x:  1, y:  0), threadIdx: (x:  0, y:  0)
index: ( 3), blockIdx: (x:  1, y:  0), threadIdx: (x:  1, y:  0)
index: (10), blockIdx: (x:  1, y:  0), threadIdx: (x:  0, y:  1)
index: (11), blockIdx: (x:  1, y:  0), threadIdx: (x:  1, y:  1)
```

```
index: ( 6), blockIdx: (x:  3, y:  0), threadIdx: (x:  0, y:  0)
index: ( 7), blockIdx: (x:  3, y:  0), threadIdx: (x:  1, y:  0)
index: (14), blockIdx: (x:  3, y:  0), threadIdx: (x:  0, y:  1)
index: (15), blockIdx: (x:  3, y:  0), threadIdx: (x:  1, y:  1)
index: ( 0), blockIdx: (x:  0, y:  0), threadIdx: (x:  0, y:  0)
index: ( 1), blockIdx: (x:  0, y:  0), threadIdx: (x:  1, y:  0)
index: ( 8), blockIdx: (x:  0, y:  0), threadIdx: (x:  0, y:  1)
index: ( 9), blockIdx: (x:  0, y:  0), threadIdx: (x:  1, y:  1)
All elems of which values are match (3.800000).
```

執行緒區塊內的執行緒數不能超過 1024，且是 32 的倍數。前面提到，一個執行緒區塊內的執行緒會被分配到一個空閒的 SM 上執行，且被分成若干執行緒束，以執行緒束為單位進行排程，最後個數不足 32 的執行緒也按一個單位進行排程。

6.3.3 CUDA 記憶體組織

1．GPU 的記憶體層次結構

為了達到更高的效率，在 CUDA 程式設計中需要格外關注記憶體的使用情況。與 CPU 程式設計不同，GPU 中的各級快取和各種記憶體是可以透過軟體控制的，在程式設計時可以手動指定變數儲存的位置。

具體而言，這些記憶體包括暫存器、共用記憶體、常數記憶體、全域記憶體等。這就造成了 CUDA 程式設計中有很多記憶體使用方面的小技巧，如要儘量使用暫存器、儘量將資料宣告為區域變數。而當存在資料重複利用的情況時，可以把資料存放在共用記憶體裡。而對於全域記憶體，則需要注意用一種合理的方式來進行資料的合併存取，以儘量減少裝置對記憶體子系統再次發出存取操作的次數。

CUDA 程式設計另一個顯著的特點就是解釋了記憶體層次結構，每個 GPU 裝置都會有用於不同用途的儲存類型。

圖 6.20 描繪了記憶體空間的層次結構，其中最主要的是以下 3 種記憶體類型：暫存器（Register）、共用記憶體（Shared Memory）和全域記憶體（Global Memory）。

其中，暫存器是 GPU 上執行速度最快的記憶體空間，通常其頻寬在 8TB/s 左右，延遲為 1 個時鐘週期。核心函式中宣告的沒有其他修飾符號的引數通常就儲存在暫存器中。最快速也最受人偏愛的記憶體就是裝置中的暫存器，它屬於具有重要價值又極度缺乏的資源。

共用記憶體是 GPU 上可受使用者控制的一級快取。共用記憶體類似 CPU 的快取，不過與 CPU 的快取不同，GPU 的共用記憶體可以由 CUDA 核心直接程式設計控制。由於共用記憶體是片上記憶體，所以與全域記憶體相比，它具有更高的頻寬與更低的延遲，通常其頻寬在 1.5TB/s 左右，延遲為 1 ～ 32 個時鐘週期。對於共用記憶體的使用，主要考慮資料的重用性。當存在資料重用情況時，使用共用記憶體是比較合適的。如果資料不被重用，則可以直接將資料從全域記憶體或常數記憶體中讀取暫存器。

全域記憶體是 GPU 中最大、延遲最高且最常使用的記憶體。全域記憶體類似 CPU 的系統記憶體。在程式設計中，對全域記憶體存取進行最佳化以最大限度地增大全域記憶體的資料輸送量是十分重要的。

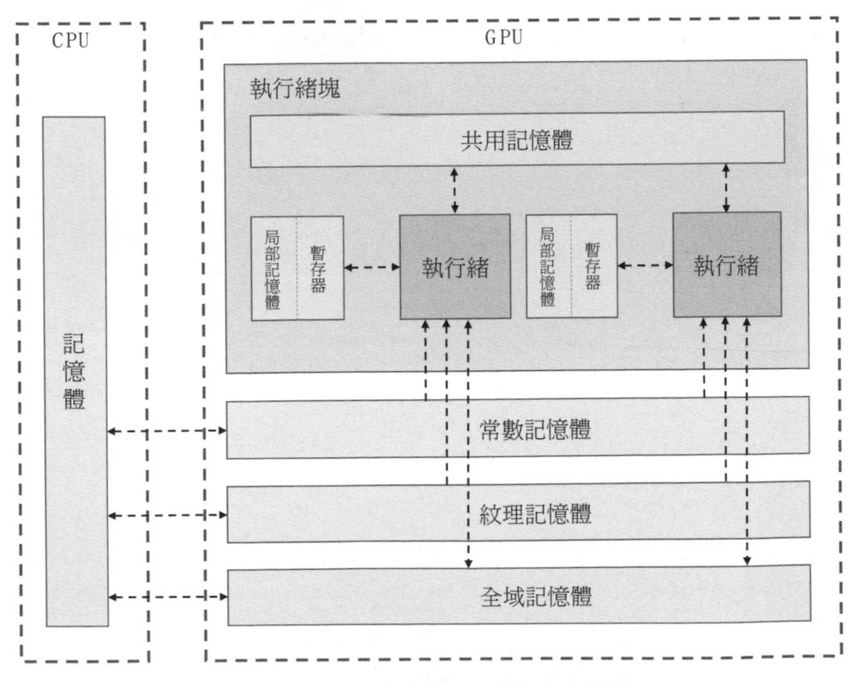

▲ 圖 6.20 記憶體空間的層次結構

CUDA 給程式設計者提供了這些可以操作的 GPU 記憶體空間層次結構，這對進行資料移動和佈局提供了更多可控制的支援，便於以更接近底層硬體實現的想法最佳化程式，以達到更高的性能。

2．全域記憶體之合併存取和非合併存取

共用記憶體的存取模式有合併存取和非合併存取，合併存取是指一個執行緒束對全域記憶體的一次存取請求（讀或寫）的資料都是該執行緒束所需的，反之則是非合併存取。下面以一次資料傳輸為 32 個連續位元組為例介紹共用記憶體的合併存取和非合併存取，即一次資料傳輸將 32 個連續位元組的資料從全域記憶體透過 32 位元組的快取部分傳輸給 SM。

如程式 6.19 所示，為了說明非合併存取給程式性能帶來的影響，稍微修改陣列相加的例子，如果將核心函式中的索引映射關係偏移一個資料元素，即 n = threadIdx.x + blockIdx.x*blockDim.x + 1，那麼第一個執行緒束和資料元素的映射關係將變成圖 6.21 中附帶「✔」的部分，即全域記憶體索引號為 1 ～ 32。在正常情況下，索引號從 0 開始，到 31 結束，需要觸發 8 次數據傳遞（相同顏色的資料為一次傳遞，double 類型的資料佔 8 個儲存位元組），但由於映射偏移，第一個執行緒束需要存取索引號為 32 的資料元素，所以需要多觸發 1 次數據傳遞，即需要觸發 9 次數據傳遞。

➔ 程式 6.19 核心函式 1

```
1.     // int  elemNum = 4 * 32;
2.     // dim3 block(32, 1);
3.     // dim3 grid(4, 1);
4.     __global__ void twoArrayAddKernel(double   *arrayA,
5.                                       double   *arrayB,
6.                                       double   *resultArray,
7.                                       const int elemNum){
8.         const int i = threadIdx.x + blockIdx.x * blockDim.x + 1;
9.         if (i < elemNum){
10.            resultArray[i] = arrayA[i] + arrayB[i];
11.            printf(«index: (%3d), blockIdx: (x: %2d, y: %2d), threadIdx:
       (x: %2d, y: %2d)\n»,
12.                   i,
13.                   blockIdx.x,
```

```
14.                     blockIdx.y,
15.                     threadIdx.x,
16.                     threadIdx.y);
17.         }
18.     }
```

0	1	2	3	4	5	6	7	8	9	10	11	12	13	14	15	16	17	18	19	20	21	22	23	24	25	26	27	28	29	30	31
	✔	✔	✔	✔	✔	✔	✔	✔	✔	✔	✔	✔	✔	✔	✔	✔	✔	✔	✔	✔	✔	✔	✔	✔	✔	✔	✔	✔	✔	✔	✔
32	33	34	35	36	37	38	39	40	41	42	43	44	45	46	47	48	49	50	51	52	53	54	55	56	57	58	59	60	61	62	63
✔																															
64	65	66	67	68	69	70	71	72	73	74	75	76	77	78	79	80	81	82	83	84	85	86	87	88	89	90	91	92	93	94	95
96	97	98	99	100	101	102	103	104	105	106	107	108	109	110	111	112	113	114	115	116	117	118	119	120	121	122	123	124	125	126	127

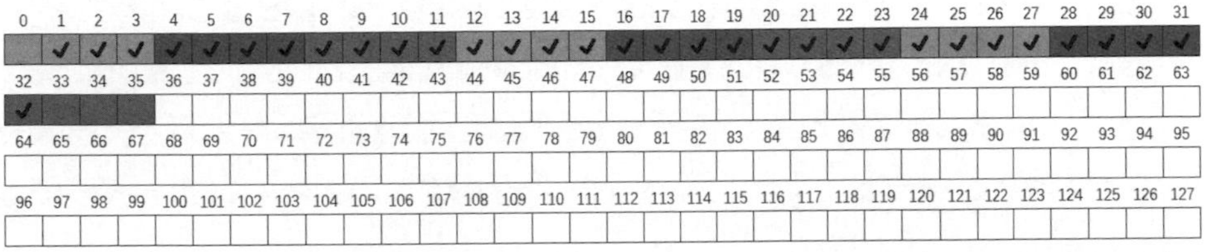

▲ 圖 6.21 映射偏移的非合併存取

如程式 6.20 所示，如果將核心函式中的索引映射關係更改為 n = blockIdx.x + threadIdx.x*gridDim.x，那麼第一個執行緒束和資料元素的映射關係將變成圖 6.22 中附帶「✔ ⍰ 的部分，可以看出索引號是非連續的。在這種情況下，每個執行緒束的計算都將觸發 32 次數據傳遞，是正常情況下的 4 倍，因此這種情況會對程式性能有很明顯的影響。

➔ 程式 6.20 核心函式 2

```
1.      // int  elemNum = 4 * 128;
2.      // dim3 block(128, 1);
3.      // dim3 grid(4, 1);
4.      __global__ void twoArrayAddKernel(double   *arrayA,
5.                                        double   *arrayB,
6.                                        double   *resultArray,
7.                                        const int elemNum){
8.          const int i = blockIdx.x + threadIdx.x * gridDim.x;
9.
10.         if (i < elemNum){
11.             resultArray[i] = arrayA[i] + arrayB[i];
12.             printf(«index: (%3d), blockIdx: (x: %2d, y: %2d), threadIdx:
        (x: %2d, y: %2d)\n»,
13.                     i,
14.                     blockIdx.x,
15.                     blockIdx.y,
```

```
16.                     threadIdx.x,
17.                     threadIdx.y);
18.          }
19.     }
```

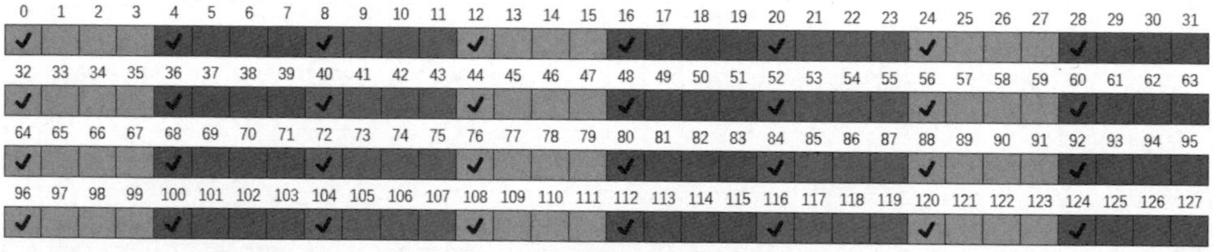

▲ 圖 6.22 間隔式的非合併存取

6.3.4 GPU 硬體組織結構

要寫出高效率的 CUDA 程式，還必須對 GPU 的硬體系統有整體的了解，不能只停留在軟體層面。因此本節介紹 GPU 硬體組織結構的相關知識，並將軟體邏輯層面和硬體底層結構結合起來，進而深入了解 GPU。

GPU 實際上是一個 SM（Streaming-Multiprocessor，流式多處理器）的陣列，每個 SM 包含很多計算核心。一個 GPU 裝置中包含多個 SM，這是 GPU 具有可擴展性的關鍵因素。如果向裝置中增加更多的 SM，那麼 GPU 就可以在同一時刻處理更多的任務，或對於同一任務，如果有足夠的並行性，那麼 GPU 可以更快完成它。

下面以 Fermi 架構的 GPU 為例來講解，其簡化結構如圖 6.23 所示。

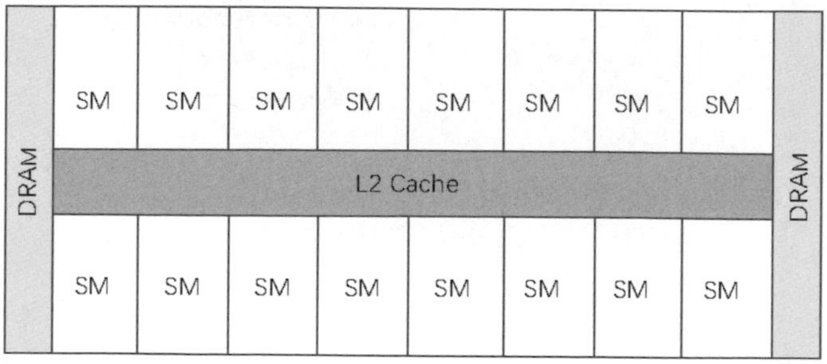

（a）

▲ 圖 6.23 Fermi 架構的 GPU 簡化結構

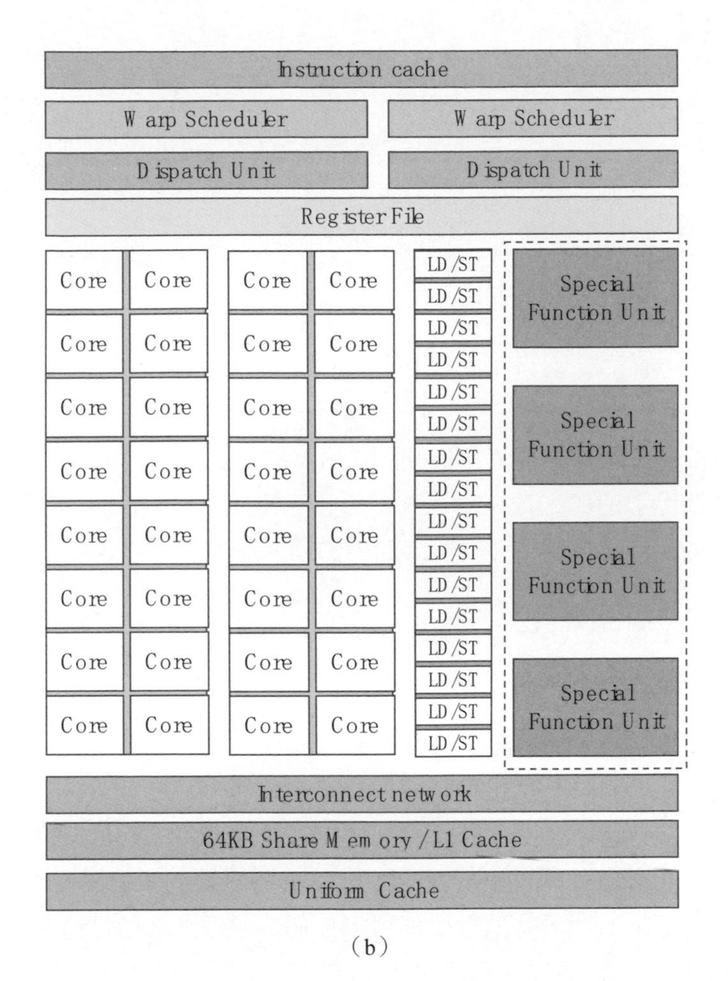

（b）

▲ 圖 6.23 Fermi 架構的 GPU 簡化結構（續）

圖 6.23（a）是 GPU 的整體結構，其主要是由大量的 SM 和 DRAM 儲存等組成的。

圖 6.23（b）是單一 SM，可以看到，SM 由大量的計算核心（CUDA 核心，圖中的 Core）、LDU（圖中的 LD）、SFU（Special Function Unit）、暫存器（DRAM）、共用記憶體等組成。這種結構正是 GPU 具有高並行性運算能力的基礎。透過一定的層級結構組織大量計算核心，並給各級配以相應的記憶體系統，由此 GPU 獲得了出色的運算能力。

其中 SM 是 GPU 架構的核心。GPU 中的每個 SM 都能支援數百個執行緒併發執行，由於每個 GPU 通常有多個 SM，所以在一個 GPU 上併發執行數千個執行緒是有可能的。當啟動一個核心網路時，它的執行緒區塊會被分配在可用的 SM 上執行。執行緒區塊一旦被排程到一個 SM 上，其中的執行緒就只會在這個指定的 SM 上併發執行。多個執行緒區塊可能會被分配到同一個 SM 上，而且是根據 SM 資源的可用性進行排程的。

CUDA 採用單指令多執行緒（SIMT）架構來管理和執行執行緒。前面提到，每 32 個執行緒為一組，稱為執行緒束（Warp）。執行緒束中的所有執行緒同時執行相同的指令。每個執行緒都有自己的指令位址計數器和暫存器狀態，利用自身的資料執行當前的指令。每個 SM 都將分配給它的執行緒區塊劃分到包含 32 個執行緒的執行緒束中，並在可用的硬體資源上排程執行。

一個執行緒區塊只能在一個 SM 上被排程，而且一旦執行緒區塊在一個 SM 上被排程，就會被儲存在該 SM 上，直到執行完成。需要注意的是，這兩種層級並不是完全一一對應的，如在同一時間，一個 SM 可以容納多個執行緒區塊。

在 SM 中，共用記憶體和暫存器是非常重要的資源。共用記憶體被分配在 SM 的常駐執行緒區塊中，暫存器在執行緒中被分配。執行緒區塊中的執行緒透過這些資源可以相互合作和通訊。儘管執行緒區塊裡的所有執行緒都可以邏輯地並行執行，但並不是所有執行緒都可以同時在物理層面執行的。因此執行緒區塊裡的不同執行緒可能會以不同的速度執行。我們可以使用 CUDA 敘述在需要的時候進行執行緒的同步。

儘管執行緒區塊裡的執行緒束可以任意順序排程，但活躍的執行緒束的數量還是受 SM 的資源限制的。當某個執行緒束由於任何理由而閒置時（如等待從裝置記憶體中讀取數值），SM 可以從同一 SM 的常駐執行緒區塊中排程其他可用的執行緒束。在併發的執行緒束間切換並沒有額外銷耗，因為硬體資源已經被分配到了 SM 上的所有執行緒區塊的執行緒中。這種策略可以有效地幫助 GPU 隱藏訪存延遲，因為隨時都會有大量執行緒束可供排程。在理想狀態下，計算核心將一直處於忙碌狀態，從而可以獲得很大的輸送量。

總結一下，SM 是 GPU 架構的核心，而暫存器和共用記憶體是 SM 中的缺乏資源。CUDA 將這些資源設定到 SM 的所有常駐執行緒區塊中。因此，這些有限的資源限制了在 SM 上活躍的執行緒束的數量，而活躍的執行緒束的數量對應 SM 上的並行量。

Fermi 架構的 SM 排程如圖 6.24 所示。

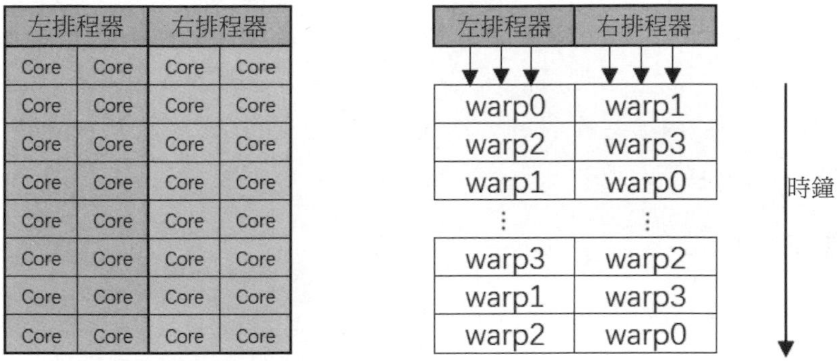

左排程器		右排程器	
Core	Core	Core	Core
Core	Core	Core	Core
Core	Core	Core	Core
Core	Core	Core	Core
Core	Core	Core	Core
Core	Core	Core	Core
Core	Core	Core	Core
Core	Core	Core	Core

（a）

左排程器	右排程器
warp0	warp1
warp2	warp3
warp1	warp0
⋮	⋮
warp3	warp2
warp1	warp3
warp2	warp0

時鐘

（b）

▲ 圖 6.24 Fermi 架構的 SM 排程

下面以核心函式網格參數 <<<2, (32,4)>>> 為例說明。該參數設置表明分配了 2 個執行緒區塊，每個執行緒區塊中有 32×4 個執行緒，GPU 會把其中一個執行緒區塊中的 32×4 個執行緒分成 4 束，即 warp0、warp1、warp2、warp3，並分配給一個 SM 進行排程執行，如圖 6.24（b）所示，（Fermi 架構）該 SM 的左、右兩個排程器在每個週期內會排程一個執行緒束並執行。

該架構最多可以同時排程 48 個執行緒束，即 48×32 = 1536 個執行緒。

這個過程類似公司裡的任務分配，專案小組長把任務分配給一個小組，小組員工進行任務的作業，小組長負責任務的排程和再分配。由於小組人員有限，所以可分配的任務數量有上限，這正好可以解釋有限的資源限制了在 SM 上活躍的執行緒束的數量，而活躍的執行緒束的數量對應 SM 上的並行量。

6.3.5 CUDA 串流

一個 CUDA 串流指的是在裝置端執行的 CUDA 操作序列，如核心函式的執行或資料傳輸操作，並且這些操作按照主機端發佈的循序執行。任何 CUDA 操作都存在於某個 CUDA 串流中，不是是預設的空串流，就是是顯示宣告的不可為空串流。本書前面使用的例子中的 CUDA 函式的執行都沒有明確地指定 CUDA 串流，即 CUDA 操作都是在預設的空串流中執行的。

如程式 6.21 所示，這裡沒有顯式地指定 CUDA 串流物件，因此下面的 4 項操作是按照順序被封裝在預設的空串流中的，即在裝置端執行，同時這裡的 4 項操作是按照循序執行的。

➔ 程式 6.21 CUDA 串流的使用

```
1.      // 將陣列 host_ArrayA 從主機端複製到裝置端
2.      CHECK(cudaMemcpy(device_ArrayA,
3.                       host_ArrayA,
4.                       nBytes,
5.                       cudaMemcpyHostToDevice));
6.
7.      // 將陣列 host_ArrayB 從主機端複製到裝置端
8.      CHECK(cudaMemcpy(device_ArrayB,
9.                       host_ArrayB,
10.                      nBytes,
11.                      cudaMemcpyHostToDevice));
12.
13.     // 執行核心函式
14.     twoArrayAddKernel<<<grid, block>>>(device_ArrayA,
15.                                        device_ArrayB,
16.                                        device_ArrayResult,
17.                                        elemNum);
18.
19.     // 將計算結果從裝置記憶體複製回主機記憶體
20.     CHECK(cudaMemcpy(host_ArrayResult,
21.                      device_ArrayResult,
22.                      nBytes,
23.                      cudaMemcpyDeviceToHost));
```

不可為空串流是在主機端由程式設計師顯示地建立和銷毀的。

可以使用下面的函式來建立一個不可為空 CUDA 串流：

```
cudaError_t cudaStreamCreate(cudaStream_t*)
```

可以使用下面的函式來銷毀一個不可為空 CUDA 串流：

```
cudaError_t cudaStreamDestroy(cudaStream_t)
```

CUDA 串流還有其他的常用 API 函式。例如：

```
cudaError_t cudaStreamSynchronize(cudaStream_t stream)
cudaError_t cudaStreamQuery(cudaStream_t stream)
```

這兩個函式都用來檢查一個 CUDA 串流中的所有操作是否都在裝置中執行完畢。其中，函式 cudaStreamSynchronize 會強制阻塞主機，直到 CUDA 串流 stream 中的所有操作都執行完畢；函式 cudaStreamQuery 不會阻塞主機，只檢查 CUDA 串流 stream 中的所有操作是否都執行完畢。

透過前面的介紹可以知道，如果不使用顯示的 CUDA 串流，那麼所有的 CUDA 操作都將被封裝在一個預設的空串流佇列中循序執行。如果想讓不同的 CUDA 操作重疊地併發執行，就需要顯示地使用多個不可為空 CUDA 串流。舉例來說，使用多串流可以折疊核心函式計算或同時折疊核心函式計算和資料傳輸，提高並行性。在講解使用不可為空串流折疊 CUDA 操作之前，下面先來介紹一下不可分頁記憶體和可分頁記憶體。

電腦中存在虛擬記憶體和實體記憶體的概念，虛擬記憶體是一大片虛擬的記憶體段，其對應的位址就是虛擬位址。把這片虛擬記憶體空間分割成顆粒度更細的小部分，大小通常是 4KB，這樣的小部分稱為虛擬頁記憶體空間或分頁記憶體，如 128KB 的虛擬記憶體空間對應 32 個虛擬頁記憶體空間。這些虛擬頁記憶體空間透過記憶體映射單元（MMU）映射到實體記憶體空間。舉例來說，malloc 函式傳回的就是一個虛擬位址，該虛擬位址透過 MMU 映射到物理位址。

分頁管理的好處是會把常用的資料和程式載入到記憶體中，把不常用的資料和程式儲存在磁碟中，需要時從磁碟中讀取出來並加載到實體記憶體空間，並與虛擬頁記憶體空間建立映射。舉例來說，當程式執行中需要某一頁記憶體的資料時，卻發現該頁未與實體記憶體空間建立映射關係，那麼作業系統會將缺失的頁從磁碟中讀取出來載入記憶體，並將該段記憶體空間和虛擬頁記憶體空間建立映射關係。

也就是說，對於虛擬頁記憶體空間，同一段資料可能會根據程式使用頻次的需要而不停地被加載或卸載，在這個過程中，資料有可能被加載在不同的實體記憶體空間。正是因為這個原因，GPU 不能在可分頁主機記憶體上安全地存取資料。

不可分頁記憶體就是不透過 MMU 映射，而直接分配在實體記憶體空間上的記憶體，也叫固定記憶體。

在 CUDA 程式設計中，對於資料傳輸操作 cudaMemcpy，主機端的資料預設是透過可分頁記憶體方式儲存的，為了保證資料的安全性，主機端會等待資料傳輸完畢，是同步傳輸的。

舉例來說，對於程式 6.22，當主機端非同步啟動核心函式 twoArrayAdd Kernel 後會立即執行接下來的 cudaMemcpy(…, cudaMemcpyDeviceToHost) 函式。但從裝置端來看，這 4 項 CUDA 操作是在同一個 CUDA 串流中按循序執行的，因此 cudaMemcpy(…, cudaMemcpyDeviceToHost) 操作需要等到核心函式執行完畢，在此期間，主機會處於等候狀態。

與 cudaMemcpy 函式相對應的函式是 cudaMemcpyAsync。該函式是非同步版本的資料傳輸函式，其資料複製操作由 GPU 中的 DMA 負責，不需要 CPU 的參與。但是這樣做的前提是主機端的資料必須透過固定記憶體儲存。

cudaMemcpyAsync 函式的原型以下（其中，前 4 個參數與 cudaMemcpy 相同，第 5 個參數用於指定使用的 CUDA 串流物件）：

```
cudaError_t cudaMemcpyAsync(void            *dst,
                            const void      *src,
```

```
                    size_t          count,
                    cudaMemcpyKind kind,
                    cudaStream_t    stream);
```

在 CUDA 程式設計中，可以使用 cudaMallocHost 函式來分配固定主機記憶體，使用 cudaFreeHost 函式來釋放固定主機記憶體：

```
// 固定主機記憶體的分配
cudaError_t cudaMallocHost(void **ptr, size_t size);
// 固定主機記憶體的釋放
cudaError_t cudaFreeHost(void *ptr);
```

程式 6.22 使用了自訂的 CUDA 串流物件和非同步資料傳輸方式，核心函式的執行設定清單增加了兩個參數，第三個參數用來指定核心函式中使用的共用記憶體的位元組大小，第四個參數用於指定 CUDA 串流物件。

➔ 程式 6.22 CUDA 中資料的傳輸方式

```
1.     Void initialInputArray(float *array, const int &elemNum, const float &value);
2.     Void checkResultArray(float *arrayResult,const int &elemNum,const
       float &result);
3.
4.     __global__ void twoArrayAddKernel(float    *arrayA,
5.                                       float    *arrayB,
6.                                       float    *resultArray,
7.                                       const int elemNum);
8.
9.     int main(){
10.        // 選擇 GPU 裝置
11.        CHECK(cudaSetDevice(0));
12.        // 初始化參數設置
13.        int    elemNum   = 32;
14.        float  addValueA = 1.2;
15.        float  addValueB = 2.6;
16.        float  addResult = 3.8;
17.        // 計算需要分配的記憶體大小
18.        size_t nBytes    = elemNum * sizeof(float);
19.        // 分配主機記憶體
20.        float *host_ArrayA, *host_ArrayB, *host_ArrayResult;
```

```
21.         CHECK(cudaMallocHost(&host_ArrayA, nBytes));
22.         CHECK(cudaMallocHost(&host_ArrayB, nBytes));
23.         CHECK(cudaMallocHost(&host_ArrayResult, nBytes));
24.         // 初始化主機記憶體
25.         initialInputArray(host_ArrayA, elemNum, addValueA);
26.         initialInputArray(host_ArrayB, elemNum, addValueB);
27.         memset(host_ArrayResult, 0, nBytes);
28.         // 分配裝置記憶體
29.         float *device_ArrayA, *device_ArrayB, *device_ArrayResult;
30.         CHECK(cudaMalloc((float **)&device_ArrayA, nBytes));
31.         CHECK(cudaMalloc((float **)&device_ArrayB, nBytes));
32.         CHECK(cudaMalloc((float **)&device_ArrayResult, nBytes));
33.         // 建立一個 CUDA 串流物件，不使用預設的 CUDA 串流物件
34.         cudaStream_t stream;
35.         CHECK(cudaStreamCreate(&stream));
36.         // 將陣列 host_ArrayA 從主機端複製到裝置端
37.         CHECK(cudaMemcpyAsync(device_ArrayA,
38.                               host_ArrayA,
39.                               nBytes,
40.                               cudaMemcpyHostToDevice,
41.                               stream));  // 使用自訂的 CUDA 串流物件
42.         // 將陣列 host_ArrayB 從主機端複製到裝置端
43.         CHECK(cudaMemcpyAsync(device_ArrayB,
44.                               host_ArrayB,
45.                               nBytes,
46.                               cudaMemcpyHostToDevice,
47.                               stream));  // 使用自訂的 CUDA 串流物件
48.         // 核心函式設定參數
49.         dim3 block(elemNum);
50.         dim3 grid(1);
51.         // 執行核心函式，使用自訂的 CUDA 串流物件
52.         twoArrayAddKernel<<<grid, block, 0, stream>>>(device_ArrayA,
53.                                                       device_ArrayB,
54.                                                       device_ArrayResult,
55.                                                       elemNum);
56.         // 將計算結果從裝置記憶體複製回主機記憶體
57.         CHECK(cudaMemcpyAsync(host_ArrayResult,
58.                               device_ArrayResult,
59.                               nBytes,
```

```
60.                                  cudaMemcpyDeviceToHost,
61.                                  stream)); // 使用自訂的 CUDA 串流物件
62.         // 檢查計算結果
63.         checkResultArray(host_ArrayResult, elemNum, addResult);
64.         // 銷毀 CUDA 串流物件
65.         CHECK(cudaStreamDestroy(stream));
66.         // 釋放裝置記憶體
67.         CHECK(cudaFree(device_ArrayA));
68.         CHECK(cudaFree(device_ArrayB));
69.         CHECK(cudaFree(device_ArrayResult));
70.         // 釋放固定主機記憶體
71.         CHECK(cudaFreeHost(host_ArrayA));
72.         CHECK(cudaFreeHost(host_ArrayB));
73.         CHECK(cudaFreeHost(host_ArrayResult));
74.
75.         // Reset GPU
76.         CHECK(cudaDeviceReset());
77.         return 0;
78.     }
```

6.4 模型框架之 TensorRT

6.1 節簡單介紹了幾種常用的推理框架，本節將詳細介紹模型框架 TensorRT。

如圖 6.25 所示，TensorRT 對於模型的部署可以分為兩步，第一步是最佳化完成訓練的模型，生成最佳化的串流圖；第二步是使用 TensorRT Runtime 部署最佳化的串流圖。

TensorRT 推理框架的使用主要包括建構階段和推理階段。TensorRT 的建構階段主要完成模型轉換工作，在進行模型轉換時會完成最佳化過程中的層間融合、資料精度校準等操作。這一步的輸出是一個針對特定 GPU 平臺和網路模型的最佳化模型，這個最佳化模型可以被序列化儲存到磁碟中以便後續使用。儲存到磁碟中的最佳化模型檔案稱為序列化的推理引擎檔案。

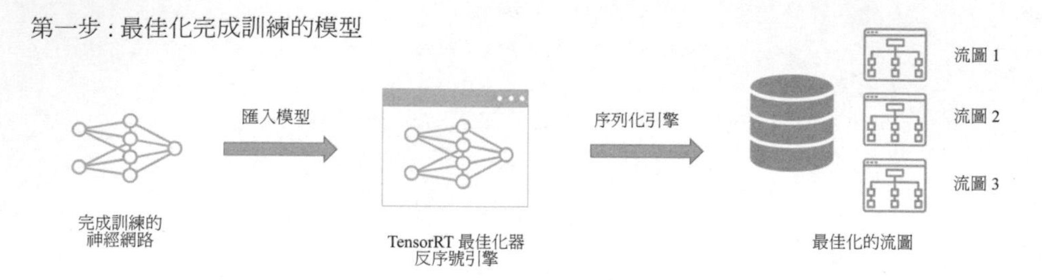

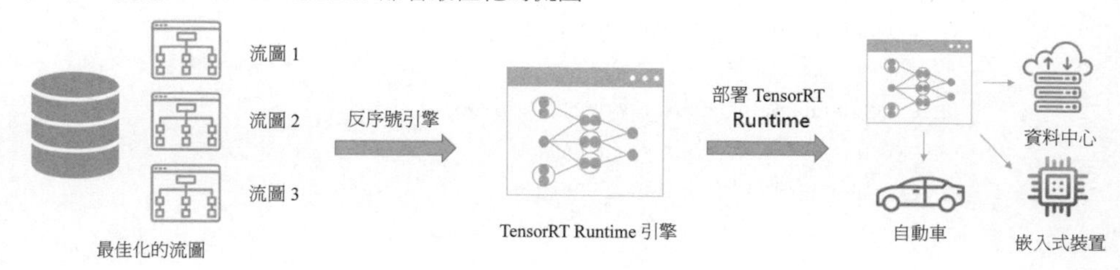

▲ 圖 6.25 TensorRT 工作流

TensorRT 建構階段的最高等級介面是 IBuilder。IBuilder 負責建立或匯入網路結構定義、建立 IBuilder 設定物件並為其指定相關設定、呼叫建構器建立引擎物件等。其中，網路結構定義有兩種獲取方式：一種是透過 TensorRT 的 API 來建立網路模型的結構；另一種是透過指定框架的模型解析器解析模型檔案來獲取，如對應於 ONNX 模型結構的 ONNX 解析器等。

一旦有了網路結構定義和 IBuilder 的設定，就可以呼叫 IBuilder 建立推理引擎物件。這些操作會最佳化模型以在指定的 GPU 上更高效率地執行，如消除無效計算、折疊常數、重新排序和組合等操作。透過 TensorRT 建立引擎物件的一般流程如下。

（1）建立或匯入網路結構定義。

（2）建立 IBuilder 設定物件並為其指定相關設定。

（3）呼叫 IBuilder 建立引擎物件。

TensorRT 的推理階段主要執行模型的推理操作，涉及的操作有推理引擎檔案的反序列化，根據推理引擎物件建立上下文物件，對主機端和裝置端的輸入緩衝區進行管理，以及呼叫 enqueue 或 execute 介面進行模型推理等操作。

6.4.1 使用 TensorRT API 架設網路結構

TensorRT 提供了多種方式來建立網路結構，其中一種方式就是透過 TensorRT 官方 API 來建立網路結構。下面透過 TensorRT API 來建立 MNIST 網路結構、設置設定項並建立引擎物件。MNIST 的網路結構如圖 6.26 所示。

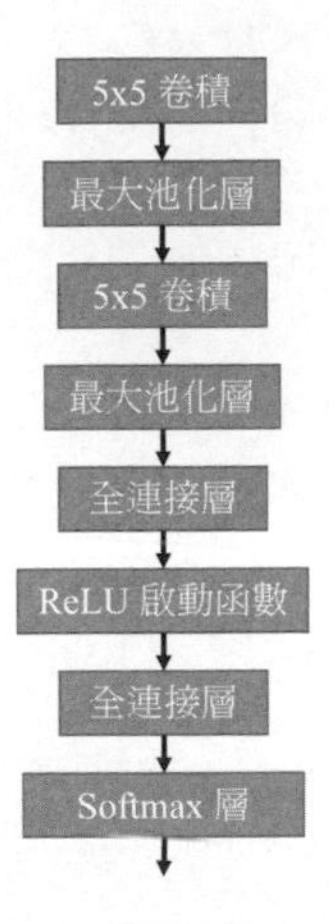

▲ 圖 6.26 MNIST 的網路結構

MNIST 網路的 TensorRT C++ API 程式實現如程式 6.23 所示。為了最大限度地使程式低耦合、高內聚，在簡化程式的同時讓讀者容易理解，作者這裡使用了 static 類型，避免在函式傳回後區域變數生命期結束的問題，讀者也可以使用智慧指標等優雅的方式實現。

➔ 程式 6.23 MNIST 網路的 TensorRT C++ API 程式實現

```
1.      static bool ConstructNetworkMnist(nvinfer1::INetworkDefinition* pNetwork){
2.          // 讀取外部參數
3.          JsonHelper::ReadConfigFile(GLOBAL_DATA_DIR + «config.json»);
4.          static EngineConfigParams mParams = JsonHelper::ReadConfigParams();
5.          // 載入權重參數
6.          static auto mWeightMap =
```

```
7.          TrtUtils::LoadWeights(GLOBAL_DATA_DIR + «mnistapi.wts»);
8.      // 建立輸入 Tensor
9.      static nvinfer1::ITensor* data =
10.         pNetwork->addInput(mParams.inputTensorNames[0].c_str(),
11.                            nvinfer1::DataType::kFLOAT,
12.                            nvinfer1::Dims3{1, mParams.inputH, mParams
.inputW});
13.     assert(data);
14.     // 建立 Scale 層並設置相關參數
15.     static const float scaleParam = 0.0125f;
16.     static const nvinfer1::Weights power{nvinfer1::DataType::kFLOAT,
nullptr,0};
17.     static const nvinfer1::Weights shift{nvinfer1::DataType::kFLOAT,
nullptr,0};
18.     static const nvinfer1::Weights scale{nvinfer1::DataType::kFLOAT,
&scaleParam,1};
19.     static nvinfer1::IScaleLayer*  scale_1 =
20.         pNetwork->addScale(*data, nvinfer1::ScaleMode::kUNIFORM,
shift, scale, power);
21.     assert(scale_1);
22.     // 添加 5×5 卷積層
23.     static nvinfer1::IConvolutionLayer* conv1 =
24.         pNetwork->addConvolutionNd(*scale_1->getOutput(0), 20,
nvinfer1::Dims{2,{5, 5}},
25.                                    mWeightMap[«conv1filter»],
26.                                    mWeightMap[«conv1bias»]);
27.     assert(conv1);
28.     conv1->setStride(nvinfer1::DimsHW{1, 1});
29.     // 添加最大池化層
30.     static nvinfer1::IPoolingLayer* pool1 =
31.         pNetwork->addPoolingNd(*conv1->getOutput(0),
32.                                nvinfer1::PoolingType::kMAX,
33.                                nvinfer1::Dims{2,{2, 2}});
34.     assert(pool1);
35.     pool1->setStride(nvinfer1::DimsHW{2, 2});
36.     // 添加 5×5 卷積層
37.     static nvinfer1::IConvolutionLayer* conv2 =
38.         pNetwork->addConvolutionNd(*pool1->getOutput(0),50,
39.                                    nvinfer1::Dims{2,{5, 5}},
```

```
40.                                         mWeightMap[«conv2filter»],
41.                                         mWeightMap[«conv2bias»]);
42.         assert(conv2);
43.         conv2->setStride(nvinfer1::DimsHW{1, 1});
44.         // 添加最大池化層
45.         static nvinfer1::IPoolingLayer* pool2 =
46.             pNetwork->addPoolingNd(*conv2->getOutput(0),
47.                                     nvinfer1::PoolingType::kMAX,
48.                                     nvinfer1::Dims{2,{2, 2}});
49.         assert(pool2);
50.         pool2->setStride(nvinfer1::DimsHW{2, 2});
51.         // 添加全連接層
52.         static nvinfer1::IFullyConnectedLayer* ip1 =
53.             pNetwork->addFullyConnected(*pool2->getOutput(0),
54.                                         500,
55.                                         mWeightMap[«ip1filter»],
56.                                         mWeightMap[«ip1bias»]);
57.         assert(ip1);
58.         // 添加 ReLU 啟動函式
59.         static nvinfer1::IActivationLayer* relu1 =
60.             pNetwork->addActivation(*ip1->getOutput(0), nvinfer1::
    ActivationType::kRELU);
61.         assert(relu1);
62.         // 添加全連接層
63.         static nvinfer1::IFullyConnectedLayer* ip2 =
64.             pNetwork->addFullyConnected(*relu1->getOutput(0),
65.                                         mParams.outputSize,
66.                                         mWeightMap[«ip2filter»],
67.                                         mWeightMap[«ip2bias»]);
68.         assert(ip2);
69.         // 添加 Softmax 層
70.         static nvinfer1::ISoftMaxLayer* prob =
71.             pNetwork->addSoftMax(*ip2->getOutput(0));
72.         assert(prob);
73.         prob->getOutput(0)->setName(mParams.outputTensorNames[0].c_str());
74.         pNetwork->markOutput(*prob->getOutput(0));
75.         return;
76.     }
```

6.4.2 從 ONNX 檔案中匯入網路結構定義

雖然可以透過 TensorRT API 來建立網路結構定義，但是實際專案中會透過解析 ONNX 模型檔案來獲取網路結構定義。程式 6.24 展示了透過 ONNX 解析器來獲取網路結構定義的過程。

➔ 程式 6.24 TensorRT 解析 ONNX 檔案

```
1.    bool EngineHelper::ConstructNetWorkFromOnnx(const std::string&onnxFileName,
2.                                               nvinfer1::ILogger&logger,
3.                                               nvinfer1::INetworkDefinition*
      pNetwork){
4.        if (nullptr == pNetwork){
5.            printf(«pNetwork is nullptr.\n»);
6.            return false;
7.        }
8.        // delete parser
9.        nvonnxparser::IParser* parser=nvonnxparser::createParser(*pNetwork,
      logger);
10.       if (!parser){
11.           printf(«createParser failure.\n»);
12.           return false;
13.       }
14.       auto parsed = parser->parseFromFile(onnxFileName.c_str(),
15.                                           (int)(nvinfer1::ILogger::
      Severity::kWARNING));
16.       if (!parsed){
17.           printf(«parseFromFile failure.\n»);
18.           parser->destroy();
19.           return false;
20.       }
21.       parser->destroy();
22.       return true;
23.   }
24.
```

6.4.3 TensorRT 推理引擎的序列化與反序列化

1．TensorRT 推理引擎的序列化

TensorRT 推理引擎的序列化有兩種方式：一種是透過呼叫引擎物件的 Serialize 介面來完成，另一種是透過 IBuilder 物件的 buildSerialdNetwork 方法來完成。程式 6.25 展示了透過 Serialize 介面來完成 TensorRT 推理引擎序列化的過程。

➔ 程式 6.25 TensorRT 推理引擎的序列化 1

```
1.	bool EngineHelper::Serialize(const nvinfer1::ICudaEngine* pEngine,
2.	                             const std::string& fileName){
3.	    if (nullptr == pEngine || fileName.empty()){
4.	        printf(«Error, Input parameter error.»);
5.	        return false;
6.	    }
7.	    std::ofstream engineFile(fileName, std::ios::binary);
8.	    if (!engineFile){
9.	        printf(«Cannot open engine file: %s», fileName.c_str());
10.	        return false;
11.	    }
12.	    nvinfer1::IHostMemory* serialized_data = pEngine->serialize();
13.	    assert(nullptr != serialized_data);
14.	    engineFile.write(static_cast<char*>(serialized_data->data()),
	serialized_data->size());
15.	    serialized_data->destroy();
16.	    return !engineFile.fail();
17.	}
```

程式 6.26 展示了透過呼叫 IBuilder 物件的 buildSerialdNetwork 方法來完成推理引擎序列化的過程。

➔ 程式 6.26 TensorRT 推理引擎的序列化 2

```
1.    bool EngineHelper::Serialize(nvinfer1::IBuilder*             pBuilder,
2.                                 nvinfer1::INetworkDefinition* pNetwork,
3.                                 nvinfer1::IBuilderConfig*      pConfig,
4.                                 const std::string&              fileName){
5.        if (nullptr == pBuilder ||
6.            nullptr == pNetwork ||
7.            nullptr == pConfig ||
8.            fileName.empty()){
9.            printf(«Error, Input parameter error.»);
10.           return false;
11.       }
12.
13.       std::ofstream engineFile(fileName, std::ios::binary);
14.       if (!engineFile){
15.           printf(«Cannot open engine file: %s», fileName.c_str());
16.           return false;
17.       }
18.
19.       nvinfer1::IHostMemory* serialized_data = pBuilder->buildSerialized
      Network(*pNetwork, *pConfig);
20.
21.       assert(nullptr != serialized_data);
22.       engineFile.write(static_cast<char*>(serialized_data->data()),
      serialized_data->size());
23.
24.       serialized_data->destroy();
25.       return !engineFile.fail();
26.   }
```

除了以上兩種方式，TensorRT 官方還提供了終端工具 trtexec，可以方便地透過終端執行指令來轉化 ONNX 模型檔案為序列化引擎檔案：

```
trtexec --onnx=./mnist.onnx --saveEngine=mnist.engine --workspace=16
```

2．TensorRT 推理引擎的反序列化

程式 6.27 展示了 TensorRT 推理引擎的反序列化。TensorRT 推理引擎的反序列化需要透過呼叫執行時期 IRuntime 物件的 deserializeCudaEngine 方法來完成。

➔ 程式 6.27 TensorRT 推理引擎的反序列化

```
1.    bool EngineHelper::Deserialize(const std::string&      fileName,
2.                                   nvinfer1::ILogger&      logger,
3.                                   nvinfer1::ICudaEngine** engine){
4.        std::ifstream engineFile(fileName, std::ios::binary);
5.        if (!engineFile){
6.            printf(«Cannot open engine file: %s\n», fileName.c_str());
7.            return false;
8.        }
9.        engineFile.seekg(0, engineFile.end);
10.       long int fsize = engineFile.tellg();
11.       engineFile.seekg(0, engineFile.beg);
12.       std::vector<char> engineData(fsize);
13.       engineFile.read(engineData.data(), fsize);
14.       if (!engineFile){
15.           printf(«Error loading engine file: %s\n», fileName.c_str());
16.           return false;
17.       }
18.       nvinfer1::IRuntime* pRuntime = nvinfer1::createInferRuntime(logger);
19.       assert(nullptr != pRuntime);
20.       *engine = pRuntime->deserializeCudaEngine(engineData.data(),
21.                                                 fsize,
22.                                                 nullptr);
23.       if (nullptr == *engine){
24.           printf(«deserializeCudaEngine fail,\n»);
25.           pRuntime->destroy();
26.           return false;
27.       }
28.       pRuntime->destroy();
29.       return true;
30.   }
```

圖 6.27 簡單總結了 ONNX 模型檔案、網路結構定義、引擎物件和序列化的引擎物件等之間的轉換關係。

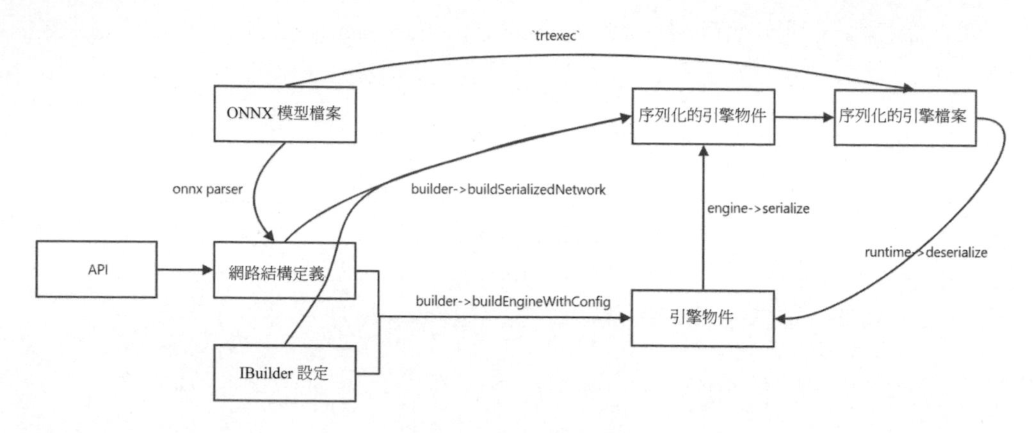

▲ 圖 6.27 轉換關係

6.4.4 TensorRT 的推理

前面介紹了建立 TensorRT 推理引擎物件的過程，在得到 TensorRT 推理引擎物件之後就可以進行後續的推理操作了。

程式 6.28 展示了 MNIST 的推理過程，要進行推理操作，一般需要經過以下幾個步驟。

（1）透過引擎物件生成上下文物件。

（2）分別分配主機端和裝置端的輸入緩衝區與輸出緩衝區。

（3）讀取輸入資料並存放在主機端的輸入緩衝區中。

（4）呼叫 CUDA 介面，將輸入資料從主機端的輸入緩衝區複製到裝置端的輸入緩衝區中。

（5）呼叫上下文物件的推理介面執行推理操作。

（6）將裝置端的輸出緩衝區複製到主機端的輸出緩衝區中。

（7）對主機端的輸出緩衝區進行結果驗證。

透過上下文物件進行推理的介面有同步和非同步兩種，分別是同步介面 execute / executeV2 和非同步介面 enqueue / enqueueV2。

➔ 程式 6.28 TensorRT 執行推理操作

```
1.      static bool DoInferrenceMnistOnnx(nvinfer1::ICudaEngine* pEngine){
2.          assert(nullptr != pEngine);
3.          nvinfer1::IExecutionContext* execution_context = pEngine->
        createExecutionContext();
4.
5.          // 讀取參數
6.          JsonHelper::ReadConfigFile(GLOBAL_DATA_DIR + «config-onnx.json»);
7.          EngineConfigParams mParams = JsonHelper::ReadConfigParams();
8.
9.          // 隨機讀取一幅數位影像
10.         srand(unsigned(time(nullptr)));
11.         std::vector<uint8_t> fileData(mParams.inputH * mParams.inputW);
12.         auto                    mNumber = rand() % mParams.outputSize;
13.         TrtUtils::ReadPGMFile(GLOBAL_DATA_DIR + std::to_string(mNumber) +
         ".pgm" , fileData.data(), mParams.inputH, mParams.inputW);
14.
15.         for (int i = 0; i < mParams.inputH * mParams.inputW; i++){
16.             std::cout << (« .:-=+*#%@»[fileData[i] / 26]) << (((i + 1) %
        mParams.inputW) ? "" : «\n»);
17.         }
18.
19.         // 分配主機記憶體
20.         float* hostInput  = (float*)malloc(mParams.inputH * mParams.inputW *
        sizeof(float));
21.         float* hostOutput=(float*)malloc(mParams.outputSize*sizeof(float));
22.         memset(hostOutput, 0, mParams.outputSize * sizeof(float));
23.
24.         // 資料前置處理
25.         for (int i = 0; i < mParams.inputH * mParams.inputW; i++){
26.             hostInput[i] = 1.0 - float(fileData[i] / 255.0);
27.         }
28.
```

```
29.     // 分配裝置記憶體
30.     float *deviceInput, *deviceOutput;
31.     CHECK(cudaMalloc((float**)&deviceInput, mParams.inputH * mParams
    .inputW * sizeof(float)));
32.     CHECK(cudaMalloc((float**)&deviceOutput, mParams.outputSize *
    sizeof(float)));
33.
34.     // 把資料從主機端複製到裝置端
35.     CHECK(cudaMemcpy(deviceInput,
36.                      hostInput,
37.                      mParams.inputH * mParams.inputW * sizeof(float),
38.                      cudaMemcpyHostToDevice));
39.
40.     // 準備推理操作
41.     void* bindings[2] = {deviceInput, deviceOutput};
42.     assert(nullptr != execution_context);
43.
44.     bool status = execution_context->executeV2(&bindings[0]);
45.     if (!status){
46.         return false;
47.     }
48.
49.     // 將結果從裝置端複製回主機端
50.     CHECK(cudaMemcpy(hostOutput,
51.                      deviceOutput,
52.                      mParams.outputSize * sizeof(float),
53.                      cudaMemcpyDeviceToHost));
54.
55.     std::cout << «\nOutput:\n»
56.               << std::endl;
57.
58.     float maxVal{0.0f};
59.     int   idx{0};
60.
61.     // 後處理並列印輸出分類結果
62.     float sum{0.0f};
63.     for (int i = 0; i < mParams.outputSize; i++){
64.         hostOutput[i] = exp(hostOutput[i]);
65.         sum += hostOutput[i];
```

```
66.         }
67.         for (int i = 0; i < mParams.outputSize; i++){
68.             hostOutput[i] /= sum;
69.             maxVal = std::max(maxVal, hostOutput[i]);
70.             if (maxVal == hostOutput[i]){
71.                 idx = i;
72.             }
73.             std::cout << « Prob « << i << «  « << std::fixed << std::setw
        (5) << std::setprecision(4) << hostOutput[i]
74.                         << « «
75.                         << «Class « << i << «: « << std::string(int(std::
        floor(hostOutput[i] * 10 + 0.5f)),  '*' )
76.                         << std::endl;
77.         }
78.         // 析構操作
79.         execution_context->destroy();
80.         CHECK(cudaFree(deviceInput));
81.         CHECK(cudaFree(deviceOutput));
82.         free(hostInput);
83.         free(hostOutput);
84.     }
```

6.4.5 INT8 量化

量化是指將訊號的連續設定值近似為有限個離散值的過程，可理解成一種資訊壓縮的方法。TensorRT 中的模型量化就是將浮點型儲存（運算）轉為整數儲存（運算）的一種模型壓縮技術。舉個例子，即原來表示一個權重或偏置需要使用 FP32 精度，在使用了 INT8 量化後，只需使用一個 INT8 精度來表示就可以了。

我們知道，深度網路模型的結構越複雜，網路參數規模就越龐大，表示需要更多的儲存空間，而增長的浮點型計算次數表示訓練成本和計算時間的增長，這極大地限制了在資源受限裝置（如智慧型手機、智慧手環等）上的部署。模型量化就是為了達到讓模型尺寸更小、運算功耗更低、記憶體佔用更少、計算速度更快和推理精度儘量保持不變的目標。

TensorRT 的 INT8 量化去掉了偏置計算，透過線性映射的方式將啟動值和權重從 FP32 轉為 INT8；執行卷積層運算得到 INT32 位元啟動值，如果直接使用 INT8 儲存，則會造成過多的累計損失；透過再量化的方式轉換回 INT8 作為下一層的輸入；當網路為最後一層時，使用反量化轉換回 FP32。

在 TensorRT 中建立量化網路有兩種方式，一種是訓練後量化（Post-Training Quantization，PTQ），也叫隱式量化。TensorRT 為 PTQ 提供了一個固定的工作流程，稱為校準（Calibration），即當網路在代表性輸入資料上執行時，測量每個啟動張量內的啟動分佈，並使用該分佈來估計張量的縮放因數。

另一種是量化感知訓練（Quantization-Aware Training，QAT），即在訓練期間計算比例因數。這種方式允許訓練過程補償和去除量化操作的影響。

PTQ 不需要訓練，只需提供一些樣本影像，在已經訓練好的模型上進行校準，統計出所需權重和啟動值的縮放因數就可以實現後續的量化操作。具體使用方式就是匯出 ONNX 模型，在將其轉為 TensorRT 引擎物件之前使用 TensorRT 提供的 Calibration 方法來校準。目前，TensorRT 提供了多種 PTQ 演算法，分別適用於不同的任務。

（1）IInt8EntropyCalibrator2：Entropy 校準器，選擇張量的比例因數進行最佳化，通常會抑制分佈中的異常值。這是當前 TensorRT 官方比較推薦的校準器最佳化演算法。在預設情況下，Entropy 校準發生在層間融合之前，推薦用於基於 CNN 的網路。

（2）IInt8MinMaxCalibrator：MinMax 校準器，使用啟動分佈的整個範圍來確定比例因數。在預設情況下，MinMax 校準發生在層間融合之前，更適用於 NLP 任務。

（3）IInt8EntropyCalibrator：原始的 Entropy 校準器。它的使用沒有 IInt8LegacyCalibrator 複雜，通常會得到更好的結果。在預設情況下，該校準發生在層間融合之後。

（4）IInt8LegacyCalibrator：此校準器是為了與 TensorRT 2.0 EA 版本相容而出現的。Legacy 校準器需要使用者設置參數，並且在其他校準器產生不良結果時作為備用選項使用。在預設情況下，Legacy 校準發生在層間融合之後。

在透過上述這些演算法進行量化時，TensorRT 會在最佳化網路時嘗試 INT8 精度，假如某一層在 INT8 精度下的速度優於預設精度（FP32 或 FP16），則優先使用 INT8 精度。

以設置 Int8EntropyCalibrator 為例，在 TensorRT 中，PTQ 的一般步驟如下。

（1）透過 IBuilder 的設定物件設置 INT8 標識。

（2）繼承 IInt8EntropyCalibrator2 介面，並實現該介面。

（3）實例化步驟（2）中的校準物件，並將該校準物件傳給建構器的設定物件。

透過上面的設置之後，在建構階段，TensoRT 會反覆呼叫 getBatch 來獲取輸入影像並測量每個啟動張量內的啟動分佈。在校準完成之後會呼叫 writeCalibrationCache(const void* cache, size_t length) 介面來快取校準結果。

量化感知訓練也叫顯式量化，是 TensorRT8 的「新特性」，這個特性其實是指 TensorRT 有直接載入 QAT 模型的能力。QAT 模型是指包含 Q-DQ 操作的量化模型。其中，D 指 QuantizeLiner 模組，DQ 指 DequantizeLiner 模組。TensorRT-8 可以顯式地載入包含 QAT 量化資訊的 ONNX 模型，在實現一系列最佳化後，生成 INT8 的推理引擎。QAT 模型中的 Q-DQ 操作如圖 6.28 所示。

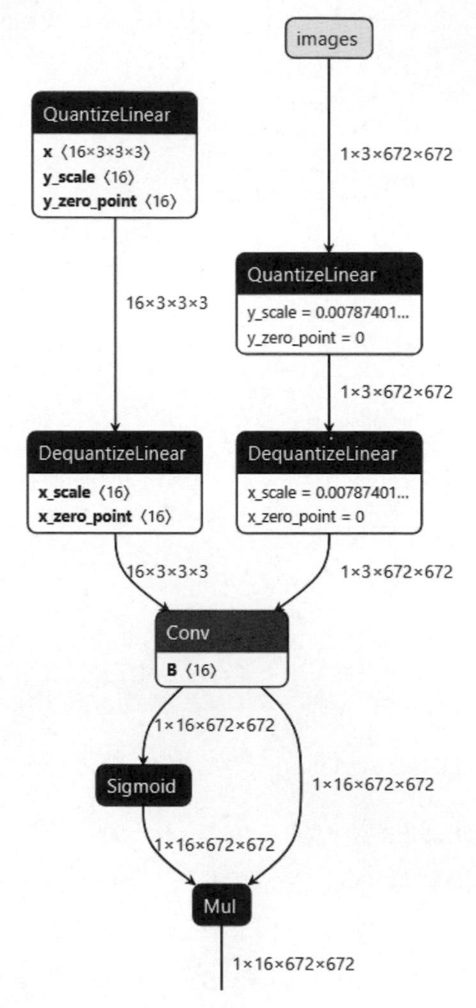

▲ 圖 6.28 QAT 模型中的 Q-DQ 操作

6.4.6 TensorRT 的外掛程式開發

TensorRT 外掛程式存在的目的主要是實現 TensorRT 目前還不支援的運算元。TensorRT 的外掛程式開發一般可以分為外掛程式實現和外掛程式註冊兩個步驟。

本節以含有 CoordConv 卷積運算元的 MNIST 網路為例進行外掛程式開發的講解。

如圖 6.29 所示，ONNX 中操作名稱為 CoordConvAC 的每個節點都將映射到該外掛程式。CoordConv 節點應跟隨在每個 CoordConvAC 節點之後。

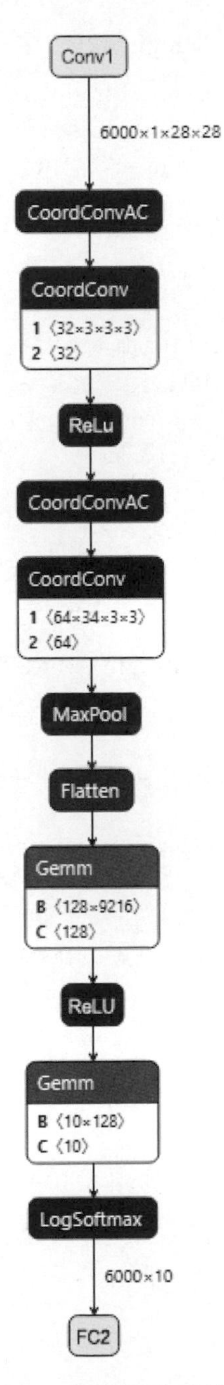

▲ 圖 6.29 帶有 CoordConv 卷積運算元的 MNIST 網路結構圖

1．外掛程式實現

目前，TensorRT 支援 3 種外掛程式介面：IPluginV2Ext、IPluginV2IOExt 和 IPluginV2DynamicExt。以 IPluginV2Ext 為例，自訂的外掛程式需要實現 nvinfer1:: IPluginV2Ext 和 nvinfer1::IPluginCreator 兩個介面類別。

程式 6.29 所示為介面類別 nvinfer1:: IPluginV2Ext 的主要介面函式，其中，serialize 用於外掛程式的序列化，enqueue 用於外掛程式的推理。

➔ 程式 6.29 介面類別 nvinfer1:: IPluginV2Ext 的主要介面函式

```
1.     virtual void serialize(void* buffer) const noexcept = 0;
2.     virtual int32_t enqueue(int32_t              batchSize,
3.                             void const* const* inputs,
4.                             void* const*       outputs,
5.                             void*              workspace,
6.                             cudaStream_t       stream) noexcept  = 0;
```

程式 6.30 所示為介面類別 nvinfer1::IPluginCreator 的主要介面函式，其中，createPlugin 用於建立 nvinfer1:: IPluginV2Ext 的實現類別物件，deserializePlugin 用於進行 nvinfer1:: IPluginV2Ext 的實現類別物件的反序列化。

➔ 程式 6.30 介面類別 nvinfer1::IPluginCreator 的主要介面函式

```
1.     virtual IPluginV2* createPlugin(AsciiChar const* name,
2.                                     PluginFieldCollection const* fc) noexcept=0;
3.
4.     virtual IPluginV2* deserializePlugin(AsciiChar const* name,
5.                                          void const* serialData,
6.                                          size_t serialLength) noexcept= 0;
```

2．外掛程式註冊

如程式 6.31 所示，TensorRT 外掛程式註冊有多種方式，其中一種方式是使用原生 API 進行註冊。在程式 6.31 中，類別 CoordConvACPluginCreator 是 nvinfer1::IPluginCreator 的實現類別。

➔ 程式 6.31 TensorRT 外掛程式註冊

```
1.      std::unique_ptr<CoordConvACPluginCreator> pluginCreator{new
CoordConvACPluginCreator{}};
2.
3.      pluginCreator->setPluginNamespace( “” );
4.
5.      bool status = getPluginRegistry()->registerCreator(*pluginCreator, «»);
6.      if (status){
7.          printf(«register successfully.\n»);
8.      }
```

6.5 TensorRT 模型部署實例

本節以 YOLOv5 模型為例來詳細介紹 TensorRT 模型的部署過程。

6.5.1 使用 OpenCV 進行前處理

在電腦視覺中，一般網路模型的輸入的尺寸是固定的，因此，在將影像輸入網路模型之前，需要將影像尺寸處理為模型可以接收的尺寸，故需要對輸入影像進行包含縮放和平移在內的仿射變換，除此之外，還要將影像處理為推理框架所需的影像格式。舉例來說，TensorRT 框架支援的格式是 RGB-NCHW，因此需要將 RGB-NHWC 格式轉化為 RGB-NCHW 格式。

如程式 6.32 所示，該部分主要是基於 CPU 實現前處理的操作，這裡主要是透過仿射變換矩陣的形式來實現的，而非直接使用 cv::resize 操作的：首先透過第 2 ～ 18 行程式計算出仿射變換矩陣，其次使用 cv::warpAffine 完成圖形的縮放，然後將 RGB-NHWC 格式轉化為 RGB-NCHW 格式，並在最後完成圖形的歸一化操作。

➔ 程式 6.32 CPU 前處理操作

```
1.      void cpu_preprocess(float* input_data_host, cv::Mat image, cv::Mat&
        outImg){
2.          int    input_width  = outImg.cols;
3.          int    input_height = outImg.rows;
```

```
4.          // 透過雙線性插值對影像進行縮放
5.          float scale_x      = input_width / (float)image.cols;
6.          float scale_y      = input_height / (float)image.rows;
7.          float scale        = std::min(scale_x, scale_y);
8.          float i2d[6], d2i[6];
9.          // 縮放影像，使來源影像和目標影像的幾何中心對齊
10.         i2d[0] = scale;
11.         i2d[1] = 0;
12.         i2d[2] = (-scale * image.cols + input_width + scale - 1) * 0.5;
13.         i2d[3] = 0;
14.         i2d[4] = scale;
15.         i2d[5] = (-scale * image.rows + input_height + scale - 1) * 0.5;
16.         cv::Mat m2x3_i2d(2, 3, CV_32F, i2d);
17.         cv::warpAffine(image,
18.                        outImg,
19.                        m2x3_i2d,
20.                        outImg.size(),
21.                        cv::INTER_LINEAR,
22.                        cv::BORDER_CONSTANT,
23.                        cv::Scalar::all(114));
24.         // 將 RGB-NHWC 格式轉化為 RGB-NCHW 格式
25.         int            image_area = outImg.cols * outImg.rows;
26.         unsigned char* pimage     = outImg.data;
27.         float*        phost_b    = input_data_host + image_area * 0;
28.         float*        phost_g    = input_data_host + image_area * 1;
29.         float*        phost_r    = input_data_host + image_area * 2;
30.
31.         for (int i = 0; i < image_area; ++i, pimage += 3){
32.             *phost_r++ = pimage[0] / 255.0f;
33.             *phost_g++ = pimage[1] / 255.0f;
34.             *phost_b++ = pimage[2] / 255.0f;
35.         }
36.     }
```

6.5.2 使用 CUDA 加速前處理

6.5.1 節介紹了透過 OpenCV 進行影像的前置處理等相關操作，本節介紹透過 CUDA 對影像進行仿射變換。

程式 6.33 展示了使用 CUDA 核心函式的方式結合仿射變換矩陣實現圖形的前處理操作，介面 compute 用於計算仿射變換矩陣和逆仿射變換矩陣。

➔ 程式 6.33 CUDA 前處理操作

```
1.      struct AffineMatrix{
2.          float affineMatrix[6];          // 2×3 仿射變換矩陣
3.          float invertAffineMatrix[6];  // 2×3 逆仿射變換矩陣
4.          // 計算仿射變換矩陣
5.          void  compute(const Size& from, const Size& to){
6.              float scale_x= to.width / (float)from.width;
7.              float scale_y= to.height / (float)from.height;
8.              float scale= min(scale_x, scale_y);
9.
10.             affineMatrix[0] = scale;
11.             affineMatrix[1] = 0;
12.             affineMatrix[2]=-scale*from.width*0.5+to.width*0.5+scale*0.5-0.5;
13.
14.             affineMatrix[3]= 0;
15.             affineMatrix[4]= scale;
16.             affineMatrix[5]=-scale*from.height*0.5+to.height*0.5+scale*0.5-0.5;
17.
18.             float i00               = affineMatrix[0];
19.             float i01               = affineMatrix[1];
20.             float i02               = affineMatrix[2];
21.             float i10               = affineMatrix[3];
22.             float i11               = affineMatrix[4];
23.             float i12               = affineMatrix[5];
24.             // 計算行列式
25.             float D                 = i00 * i11 - i01 * i10;
26.             D                        = (D != 0) ? (1.0 / D) : 0;
27.             // 用剩餘的伴隨矩陣除以行列式
28.             float A11               = i11 * D;
29.             float A22               = i00 * D;
30.             float A12               = -i01 * D;
31.             float A21               = -i10 * D;
32.             float b1                = -A11 * i02 - A12 * i12;
33.             float b2                = -A21 * i02 - A22 * i12;
34.
35.             invertAffineMatrix[0] = A11;
```

```
36.             invertAffineMatrix[1] = A12;
37.             invertAffineMatrix[2] = b1;
38.             invertAffineMatrix[3] = A21;
39.             invertAffineMatrix[4] = A22;
40.             invertAffineMatrix[5] = b2;
41.         }
42.     };
```

仿射變換矩陣是將來源影像變為目標影像的過程，而逆仿射變換矩陣是將目標影像變換為來源影像的過程。

如程式 6.34 所示，在實際操作中，從來源影像變換為目標影像，一般過程是遍歷目標影像中的點座標，透過逆變換（反向映射）找到來源影像中的座標，在該座標周圍區域進行雙線性插值操作，並映射回目標影像。

➔ 程式 6.34 仿射變換矩陣的核心函式

```
1.      __device__ void affine_project(float* matrix,          // 仿射變換矩陣
2.                                     int    ix,              // 輸入變換點
3.                                     int    iy,
4.                                     float* ox,              // 輸出變換點
5.                                     float* oy);
6.
7.      __global__ void warp_affine_bilinear_kernel(uint8_t*     src,
8.                                                  int          src_line_size,
9.                                                  int          src_width,
10.                                                 int          src_height,
11.                                                 uint8_t*     dst,
12.                                                 int          dst_line_size,
13.                                                 int          dst_width,
14.                                                 int          dst_height,
15.                                                 uint8_t      fill_value,
16.                                                 AffineMatrix matrix){
17.         int dx = blockDim.x * blockIdx.x + threadIdx.x;
18.         int dy = blockDim.y * blockIdx.y + threadIdx.y;
19.         // 遍歷目標影像的所有像素點
20.         if (dx >= dst_width || dy >= dst_height)
21.             return;
22.
```

```
23.         float c0 = fill_value, c1 = fill_value, c2 = fill_value;
24.         float src_x = 0;
25.         float src_y = 0;
26.
27.         // 反向映射，將目標影像的像素點座標映射回來源影像，得到來源影像上的像素點座標
      (src_x,src_y)，映射後的座標值可能是浮點型數值
28.         affine_project(matrix.invertAffineMatrix, dx, dy, &src_x, &src_y);
29.         // 對映射回來的座標進行判斷
30.         if (src_x < -1||src_x >= src_width||src_y < -1||src_y >= src_height){
31.             // 如果超出範圍，則不做處理
32.         }
33.         else{
34.             // 在座標點 (src_x,src_y) 周圍確定一個矩形區域，進行後續的雙線性插值操作
35.             int      y_low          = floorf(src_y);
36.             int      x_low          = floorf(src_x);
37.             int      y_high         = y_low + 1;
38.             int      x_high         = x_low + 1;
39.
40.             uint8_t  const_values[] = {fill_value, fill_value, fill_value};
41.             float    ly            = src_y - y_low;
42.             float    lx            = src_x - x_low;
43.             float    hy            = 1 - ly;
44.             float    hx            = 1 - lx;
45.             float    w1 = hy * hx, w2 = hy * lx, w3 = ly * hx, w4 = ly * lx;
46.
47.             // 設置矩形的 4 個角點的初始像素值
48.             uint8_t* v1 = const_values;
49.             uint8_t* v2 = const_values;
50.             uint8_t* v3 = const_values;
51.             uint8_t* v4 = const_values;
52.
53.             // 計算 4 個角點在記憶體中指向的位置
54.             if (y_low >= 0){
55.                 if (x_low >= 0)
56.                     v1 = src + y_low * src_line_size + x_low * 3;
57.                 if (x_high < src_width)
58.                     v2 = src + y_low * src_line_size + x_high * 3;
59.             }
60.
61.             if (y_high < src_height){
```

```
62.                if (x_low >= 0)
63.                    v3 = src + y_high * src_line_size + x_low * 3;
64.                if (x_high < src_width)
65.                    v4 = src + y_high * src_line_size + x_high * 3;
66.            }
67.
68.            // 取像素值並計算融合之後的像素值
69.            c0 = floorf(w1*v1[0]+w2 * v2[0] + w3 * v3[0] + w4 * v4[0] + 0.5f);
70.            c1 = floorf(w1*v1[1]+w2 * v2[1] + w3 * v3[1] + w4 * v4[1] + 0.5f);
71.            c2 = floorf(w1*v1[2]+w2 * v2[2] + w3 * v3[2] + w4 * v4[2] + 0.5f);
72.        }
73.        auto     index = dy * dst_line_size + dx * 3;
74.        uint8_t* pdst  = dst + index;
75.        pdst[0]        = c0;
76.        pdst[1]        = c1;
77.        pdst[2]        = c2;
78.    }
79.
80.    __device__ void affine_project(float* matrix,          // 仿射變換矩陣
81.                                   int    ix,              // 輸入變換點
82.                                   int    iy,
83.                                   float* ox,              // 輸出變換點
84.                                   float* oy){
85.        // matrix
86.        // m0, m1, m2
87.        // m3, m4, m5
88.        *ox = matrix[0] * ix + matrix[1] * iy + matrix[2];
89.        *oy = matrix[3] * ix + matrix[4] * iy + matrix[5];
90.    }
```

6.5.3 使用 TensorRT 對 YOLOv5 進行推理加速

YOLOv5 的 TensorRT 推理過程如程式 6.35 所示。在對輸入影像進行前置處理之後就可以進行下一步的推理操作了。TenorRT 的基本推理流程可以參考 6.4 節。

➔ 程式 6.35 YOLOv5 的 TensorRT 推理過程

```
1.     void cpu_preprocess(float* input_data_host, cv::Mat image, cv::Mat& outImg);
2.     void drawImg(const cv::Mat& inputImg, const std::vector<Box>& box_result);
```

```
3.     std::vector<Box> cpu_decode(float* predict,
4.                                 int    rows,
5.                                 int    cols,
6.                                 float  confidence_threshold = 0.25f,
7.                                 float  nms_threshold        = 0.5f);
8.
9.     void DoInferrence(nvinfer1::ICudaEngine* engine){
10.        if (engine->getNbBindings() != 2){
11.            printf(«Onnx bindings error.\n»);
12.            return;
13.        }
14.
15.        cudaStream_t stream{nullptr};
16.        CHECK(cudaStreamCreate(&stream));
17.        auto   execution_context = engine->createExecutionContext();
18.
19.        int input_batch = 1;
20.        int input_channel = 3;
21.        int input_height = 640;
22.        int input_width = 640;
23.        int input_numel=input_batch*input_channel*input_height * input_width;
24.        float* input_data_host    = nullptr;
25.        CHECK(cudaMallocHost(&input_data_host, input_numel * sizeof(float)));
26.        float* input_data_device{nullptr};
27.        CHECK(cudaMalloc(&input_data_device, input_numel * sizeof(float)));
28.        // 讀取一幅影像，並進行前置處理
29.        auto    image = cv::imread(DATA_DIR + «car.jpg»);
30.        cv::Mat input_image(input_height, input_width, CV_8UC3);
31.        cpu_preprocess(input_data_host, image, input_image);
32.        // 將前置處理之後的資料複製到裝置端
33.        CHECK(cudaMemcpyAsync(input_data_device,
34.                              input_data_host,
35.                              input_numel * sizeof(float),
36.                              cudaMemcpyHostToDevice,
37.                              stream));
38.        auto   output_dims    = engine->getBindingDimensions(1);
39.        int    output_numbox  = output_dims.d[1];
40.        int    output_numprob = output_dims.d[2];
41.        int    num_classes    = output_numprob - 5;
42.        int    output_numel   = input_batch * output_numbox * output_numprob;
```

```
43.
44.         float* output_data_host{nullptr};
45.         float* output_data_device{nullptr};
46.         CHECK(cudaMallocHost(&output_data_host, sizeof(float) * output_numel));
47.         CHECK(cudaMalloc(&output_data_device, sizeof(float) * output_numel));
48.         // 針對動態批次的 onnx，顯示設定批次大小
49.         auto input_dims = engine->getBindingDimensions(0);
50.         input_dims.d[0] = input_batch;
51.         execution_context->setBindingDimensions(0, input_dims);
52.         // 執行推理操作
53.         float* bindings[] = {input_data_device, output_data_device};
54.         bool success=execution_context->enqueueV2((void**)bindings,stream,
    nullptr);
55.         // 將推理結果複製回主機端
56.         CHECK(cudaMemcpyAsync(output_data_host,
57.                               output_data_device,
58.                               sizeof(float) * output_numel,
59.                               cudaMemcpyDeviceToHost,
60.                               stream));
61.         CHECK(cudaStreamSynchronize(stream));
62.         // 對模型的輸出結果進行解碼
63.         auto box_result = cpu_decode(output_data_host, 25200, 85);
64.         // 將結果框繪製於影像上
65.         drawImg(input_image, box_result);
66.         // 執行析構操作
67.         execution_context->destroy();
68.         CHECK(cudaStreamDestroy(stream));
69.         CHECK(cudaFreeHost(input_data_host));
70.         CHECK(cudaFreeHost(output_data_host));
71.         CHECK(cudaFree(input_data_device));
72.         CHECK(cudaFree(output_data_device));
73.     }
```

6.5.4 YOLOv5 的 CPU 和 CUDA 後處理

在執行完推理操作之後，需要對模型的輸出進行解碼和後處理（NMS）操作。YOLOv5 原始模型的輸出是 1 個 $N\times85$ 的 Tensor，其中 85 包含 cx、cy、width、height、objness 和 80 個分類的機率值。

針對模型輸出進行解碼和 NMS 操作的一般步驟如下。

（1）第一輪篩選：遍歷每個預測結果，去除檢測框的置信度過低的結果，並解碼出檢測框。

（2）對於透過第一輪篩選的檢測框，根據置信度從高到低排序。

（3）第二輪篩選：根據置信度的「優秀程度」遍歷透過第一輪篩選的檢測框，並去除相同標籤的重疊度過高的檢測框。

如程式 6.36 所示，這裡基於 CPU 端完成了預測結果的解碼，以及使用 NMS 操作去除容錯的檢測框工作（這裡主要是透過 cpu_decode 函式來實現的）。

➔ 程式 6.36 在 CPU 端實現 NMS

```
1.     std::vector<Box> cpu_decode(float* predict,  // YOLOv5 的輸出
2.                                 int    rows,     // rows 個預測結果
3.                                 int    cols,     // 1 個預測結果包含的資訊
4.                                 float  confidence_threshold = 0.25f,// 置信度
5.                                 float  nms_threshold = 0.5f){
6.         std::vector<Box> boxes;
7.         int num_classes = cols - 5;  // 分類結果的個數， 即 80
8.         // 第一輪篩選
9.         for (int i = 0; i < rows; ++i){
10.            float* pitem   = predict + i * cols;  // pitem 指向每行的行啟始位址
11.            // 如果置信度過低，則繼續
12.            float  objness = pitem[4];  // pitem[4] 指向 objness
13.            if (objness < confidence_threshold)
14.                continue;
15.            float* pclass     = pitem + 5;  // pclass 指向第一個分類的結果
16.            // std::max_element() 傳回的是迭代器
17.            // 從 pclass 指向的第一個分類結果開始，分類標籤從 0 開始遞增
18.            int label = std::max_element(pclass, pclass + num_classes) -
       pclass;
19.            // 取出機率值
20.            float  prob       = pclass[label];
21.            // 框的置信度
22.            float  confidence = prob * objness;
23.            if (confidence < confidence_threshold)
24.                continue;
```

```
25.             float cx     = pitem[0];
26.             float cy     = pitem[1];
27.             float width  = pitem[2];
28.             float height = pitem[3];
29.
30.             float left   = cx - width * 0.5;
31.             float top    = cy - height * 0.5;
32.             float right  = cx + width * 0.5;
33.             float bottom = cy + height * 0.5;
34.
35.             boxes.emplace_back(left,top,right,bottom,confidence,(float)label);
36.         }
37.
38.         // 針對透過第一輪篩選的檢測框，根據置信度從高到低排序
39.         std::sort(boxes.begin(), boxes.end(), [](Box& a, Box& b){
40.                     return a.confidence > b.confidence;
41.                 });
42.         std::vector<bool> remove_flags(boxes.size());
43.         std::vector<Box>  box_result;
44.
45.         // vector.reserve(n): Requests that the vector capacity be at least
    enough to contain n elements.
46.         box_result.reserve(boxes.size());
47.
48.         // 計算交並比
49.         auto iou = [](const Box& a, const Box& b){
50.             float cross_left   = std::max(a.left, b.left);
51.             float cross_top    = std::max(a.top, b.top);
52.             float cross_right  = std::min(a.right, b.right);
53.             float cross_bottom = std::min(a.bottom, b.bottom);
54.             float cross_area   = std::max(0.0f, cross_right - cross_left) *
    std::max(0.0f, cross_bottom - cross_top);
55.             float union_area   = std::max(0.0f, a.right - a.left) * std::
    max(0.0f, a.bottom - a.top) + std::max(0.0f, b.right - b.left) * std::
    max(0.0f, b.bottom - b.top) - cross_area;
56.             if (cross_area == 0 || union_area == 0)
57.                 return 0.0f;
58.             return cross_area / union_area;
59.         };
60.         // 第二輪篩選
```

```
61.         for (int i = 0; i < boxes.size(); ++i){
62.             // 如果設置了移除標記，則繼續處理下一個
63.             if (remove_flags[i])
64.                 continue;
65.             // 如果未設置移除標記，則“晉級”
66.             auto& ibox = boxes[i];
67.             box_result.emplace_back(ibox);
68.             // 將該“晉級”的檢測框與後面所有的檢測框進行比較，看有沒有重複
69.             for (int j = i + 1; j < boxes.size(); ++j){
70.                 // 如果設置了移除標記，則繼續處理下一個
71.                 if (remove_flags[j])
72.                     continue;
73.                 // 如果沒有設置移除標記，則比較兩者的標籤類別
74.                 auto& jbox = boxes[j];
75.                 if (ibox.label == jbox.label){
76.                     // class matched
77.                     // 如果兩者屬於同一類，則比較兩者的交並比
78.                     // 如果重疊度過高，就把置信度排名低的那個標記為移除狀態
79.                     if (iou(ibox, jbox) >= nms_threshold)
80.                         remove_flags[j] = true;
81.                 }
82.             }
83.         }
84.         // 遍歷完之後，box_result 包含了去重之後的最佳檢測框
85.         return box_result;
86.     }
```

程式 6.36 雖然可以得到最佳檢測框，但是程式中存在雙重迴圈等耗時操作，因此解碼和去重操作可以透過 CUDA 在裝置端完成。

6.6 NCNN 模型部署

6.6.1 NCNN 部署流程

這裡以 LeNet 為例對 NCNN 部署流程進行示意講解。首先基於 PyTorch 架設 LeNet，並基於 MNIST 資料集進行訓練。LeNet 的 ONNX 結構圖如圖 6.30 所示。

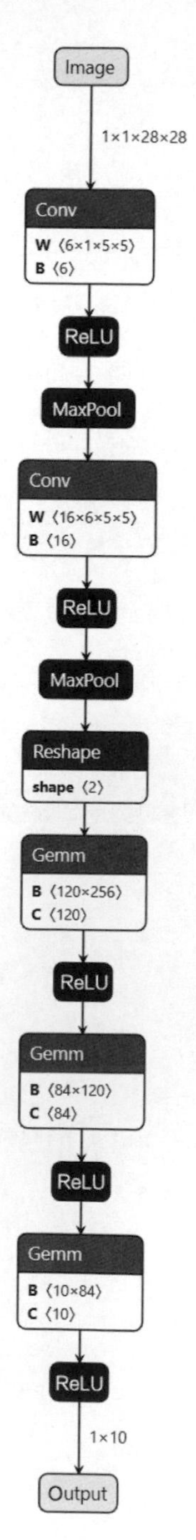

▲ 圖 6.30 LeNet 的 ONNX 結構圖

如程式 6.37 所示，使用 PyTorch 進行 LeNet 模型結構的架設。

➔ 程式 6.37 使用 PyTorch 架設 LeNet 模型結構

```
1.  class Model(Module):
2.      def __init__(self):
3.          super(Model, self).__init__()
4.          self.conv1 = nn.Conv2d(1, 6, 5)
5.          self.relu1 = nn.ReLU()
6.          self.pool1 = nn.MaxPool2d(2)
7.          self.conv2 = nn.Conv2d(6, 16, 5)
8.          self.relu2 = nn.ReLU()
9.          self.pool2 = nn.MaxPool2d(2)
10.         self.fc1 = nn.Linear(256, 120)
11.         self.relu3 = nn.ReLU()
12.         self.fc2 = nn.Linear(120, 84)
13.         self.relu4 = nn.ReLU()
14.         self.fc3 = nn.Linear(84, 10)
15.         self.relu5 = nn.ReLU()
16.
17.     def forward(self, x):
18.         y = self.conv1(x)
19.         y = self.relu1(y)
20.         y = self.pool1(y)
21.         y = self.conv2(y)
22.         y = self.relu2(y)
23.         y = self.pool2(y)
24.         y = y.view(y.shape[0], -1)
25.         y = self.fc1(y)
26.         y = self.relu3(y)
27.         y = self.fc2(y)
28.         y = self.relu4(y)
29.         y = self.fc3(y)
30.         y = self.relu5(y)
31.         return y
```

對於 NCNN 部署，這裡需要先將 PyTorch 模型轉為 ONNX 模型，然後使用 ONNX2NCNN 工具將 ONNX 模型轉為 NCNN 部署所需的儲存權重的 .bin 檔案和儲存模型結構的 .param 檔案。完成上述操作後便可以基於 NCNN 進行模型的部署了。

程式 6.38 展示了基於 OpenCV 和 NCNN 實現基本的前處理過程。首先透過 OpenCV 的 cv::imread 來讀取影像；然後基於 NCNN 框架的 ncnn::Mat::from_pixels_resize 進行影像縮放，這裡需要傳入具體的參數，如實際的寬度和高度，以及目標尺寸 28 和 28。

首先將 ONNX 檔案轉為 NCNN 的 .bin 和 .param 檔案，然後使用 NCNN 的推理介面進行實際的推理。

➜ 程式 6.38 基於 OpenCV 和 NCNN 實現前處理

```
1.      #include <opencv2/core/core.hpp>
2.      #include <opencv2/highgui/highgui.hpp>
3.      #include  "net.h"
4.      #include <stdio.h>
5.
6.      int main(int argc, char *argv[]){
7.          // 讀取影像
8.          cv::Mat img = cv::imread(argv[1]);
9.          int w = img.cols;
10.         int h = img.rows;
11.         // 將 OpenCV 讀取的影像轉為 NCNN 所需的 Mat 形式，同時進行縮放
12.         ncnn::Mat in = ncnn::Mat::from_pixels_resize(img.data, ncnn::Mat::
        PIXEL_BGR2GRAY, w, h, 28, 28);
13.         ncnn::Net net;
14.         // 載入模型結構
15.         net.load_param(«../lenet.param»);
16.         // 載入權重
17.         net.load_model(«../lenet.bin»);
18.         // 建構執行器
19.         ncnn::Extractor ex = net.create_extractor();
20.         ex.set_light_mode(true);
21.         ex.set_num_threads(4);
22.         // 將影像輸入執行器中進行推理
23.         ex.input(«image», in);
24.         ncnn::Mat oup;
25.         // 得到推理結果
26.         ex.extract(«output», oup);
27.         // 列印輸出
28.         for (int i = 0; i < 10; i++) {
```

```
29.             printf(«[%d] %f \n», i, oup.channel(0)[i]);
30.         }
31.         return 0;
32.     }
```

6.6.2 使用 NCNN 部署 NanoDet

1．NanoDet 的前處理

對於 NanoDet 的前處理，主要是對於影像的縮放操作，這裡的縮放操作與 YOLOv5 中訓練階段的處理形式一樣，選擇影像長寬中的最大邊進行比例縮放，並對短邊進行填充，如圖 6.31 所示。

▲ 圖 6.31 NanoDet 結構圖

NanoDet 的前置處理形式是由 OpenCV 完成的，如程式 6.39 所示，這裡主要使用固定的長寬比並結合第 32 行程式的 cv::resize 完成圖形的縮放。同時，為了能夠保證縮放後的圖形能夠達到目標尺寸，這裡還需要根據目標尺寸和實際縮放後的影像進行填充操作。這裡在實操上是直接將縮放後的影像延展在透過目標尺寸生成的全零影像上的。

➔ 程式 6.39 OpenCV 實現影像縮放

```
1.      int resize_uniform(cv::Mat& src, cv::Mat& dst, cv::Size dst_size,
        object_rect& effect_area){
```

```
2.      int w = src.cols;
3.      int h = src.rows;
4.      int dst_w = dst_size.width;
5.      int dst_h = dst_size.height;
6.      // 生成目標尺寸的全零影像
7.      dst = cv::Mat(cv::Size(dst_w, dst_h), CV_8UC3, cv::Scalar(0));
8.      // 計算原始影像與目標影像的長寬比
9.      float ratio_src = w * 1.0 / h;
10.     float ratio_dst = dst_w * 1.0 / dst_h;
11.     int tmp_w = 0;
12.     int tmp_h = 0;
13.     // 判斷大小邊
14.     if (ratio_src > ratio_dst) {
15.         tmp_w = dst_w;
16.         tmp_h = floor((dst_w * 1.0 / w) * h);
17.     }
18.     else if (ratio_src < ratio_dst) {
19.         tmp_h = dst_h;
20.         tmp_w = floor((dst_h * 1.0 / h) * w);
21.     }
22.     else {
23.         cv::resize(src, dst, dst_size);
24.         effect_area.x = 0;
25.         effect_area.y = 0;
26.         effect_area.width = dst_w;
27.         effect_area.height = dst_h;
28.         return 0;
29.     }
30.     cv::Mat tmp;
31.     // 依靠最大邊進行比例縮放，得到 tmp 影像
32.     cv::resize(src, tmp, cv::Size(tmp_w, tmp_h));
33.     // 將 tmp 影像根據中心位置放置在前面生成的全零影像中
34.     if (tmp_w != dst_w) {
35.         int index_w = floor((dst_w - tmp_w) / 2.0);
36.         for (int i = 0; i < dst_h; i++) {
37.             memcpy(dst.data + i * dst_w * 3+index_w * 3, tmp.data +
    i * tmp_w * 3, tmp_w * 3);
38.         }
39.         effect_area.x = index_w;
```

```
40.             effect_area.y = 0;
41.             effect_area.width = tmp_w;
42.             effect_area.height = tmp_h;
43.         }
44.         else if (tmp_h != dst_h) {
45.             int index_h = floor((dst_h - tmp_h) / 2.0);
46.             memcpy(dst.data+index_h*dst_w*3,tmp.data,tmp_w*tmp_h*3);
47.             effect_area.x = 0;
48.             effect_area.y = index_h;
49.             effect_area.width = tmp_w;
50.             effect_area.height = tmp_h;
51.         }
52.         else {
53.             printf(«error\n»);
54.         }
55.         return 0;
56.     }
```

經過前處理後，便要將其轉換成 NCNN 框架推理所需的資料形式來進行推理，這裡還涉及減平均值、除方差的問題。這裡的 NCNN 由對應的介面一次性完成。NCNN 方面的前處理如程式 6.40 所示。

➔ 程式 6.40 NCNN 方面的前處理

```
1.      // NanoDet 的前處理操作
2.      void NanoDet::preprocess(cv::Mat& image, ncnn::Mat& in){
3.          int img_w = image.cols;
4.          int img_h = image.rows;
5.          // 將 OpenCV 處理後得到的 cv::Mat 轉化為 NCNN 推理所需的 Mat 形式
6.          in=ncnn::Mat::from_pixels(image.data,ncnn::Mat::PIXEL_BGR,img_w,img_h);
7.          // 平均值
8.          const float mean_vals[3] = { 103.53f, 116.28f, 123.675f };
9.          // 方差
10.         const float norm_vals[3] = { 0.017429f, 0.017507f, 0.017125f };
11.         // 對輸入影像進行減平均值、除方差操作
12.         in.substract_mean_normalize(mean_vals, norm_vals);
13.     }
```

2．NanoDet 的 NCNN 推理加速

模型推理是 NCNN 部署中最為簡單的步驟，這裡只需透過 PyTorch 指定的介面將 NanoDet 訓練得到的權重匯出為 ONNX 模型，經過 onnx2ncnn 轉為 NCNN 推理框架所需的 .param 檔案和 .bin 檔案即可。這裡的 .param 檔案用於儲存網路的結構，而 .bin 檔案則是用來儲存權重值的檔案。

關於 NCNN 模型推理的 C++ 實現如程式 6.41 所示。

➔ 程式 6.41　關於 NCNN 模型推理的 C++ 實現

```
1.     std::vector<BoxInfo> NanoDet::detect(cv::Mat image,float score_threshold,
       float nms_threshold){
2.         ncnn::Mat input;
3.         preprocess(image, input);
4.         // 建構執行器
5.         auto ex = this->Net->create_extractor();
6.         // 是否設置 light 模式
7.         ex.set_light_mode(false);
8.         // 設置執行緒數
9.         ex.set_num_threads(4);
10.    #if NCNN_VULKAN
11.        // 如果使用 GPU，則設置該模式
12.        ex.set_vulkan_compute(this->hasGPU);
13.    #endif
14.        // 將輸入資料傳送到執行器中
15.        ex.input(«data», input);
16.        std::vector<std::vector<BoxInfo>> results;
17.        results.resize(this->num_class);
18.        // 定義輸出的 ncnn Mat
19.        ncnn::Mat out;
20.        // 將執行器的執行結果傳送到 out 中
21.        ex.extract(«output», out);
22.        // 生成 center priors in format of (x, y, stride)
23.        std::vector<CenterPrior> center_priors;
24.        generate_grid_center_priors(this->input_size[0], this->input_size
       [1], this->strides, center_priors);
25.        // 對模型的輸出進行解碼
26.        this->decode_infer(out, center_priors, score_threshold, results);
27.        std::vector<BoxInfo> dets;
```

```
28.         for (int i = 0; i < (int)results.size(); i++){
29.             // 使用 NMS 演算法過濾多餘的 box，得到最終輸出
30.             this->nms(results[i], nms_threshold);
31.             for (auto box : results[i]){
32.                 dets.push_back(box);
33.             }
34.         }
35.         return dets;
36.     }
```

在上述的推理程式中，還有關於後處理的部分，主要涉及的函式為 generate_grid_center_priors、decode_infer 和 NMS。

3．NanoDet 模型後處理

模型後處理是部署過程中非常重要的環節，主要涉及對低分檢測框的過濾和對容錯檢測框的篩選，不過，首先還是要對模型檢測框的結果進行解碼。

關於 NanoDet，其在模型的最後有兩個輸出結果，一個是檢測框的得分，另一個是檢測框的座標預測結果。

對於檢測框的解碼，如圖 6.32 所示，首先根據原始影像的寬、高和下採樣的倍數進行先驗中心點的劃分，然後將 NanoDet 預測的 DFL-Pred 進行 Softmax 歸一化，最後進行求積分操作，得到當前中心先驗點對應的 4 個偏移量。

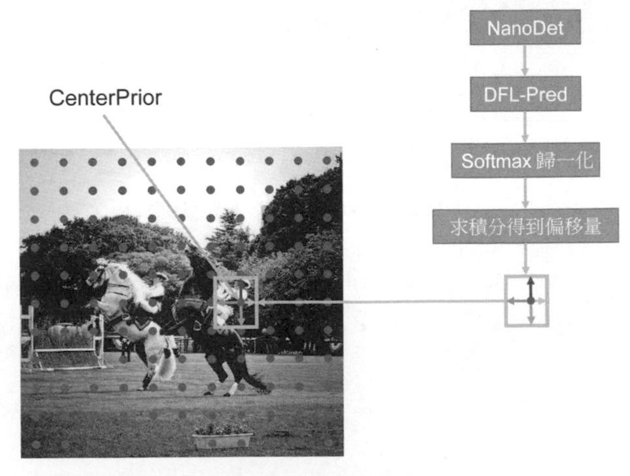

▲ 圖 6.32 檢測框的解碼

程式 6.42 實現了上述關於檢測框的解碼，主要對 NanoDet 的 DFL-Head 預測的結果進行解碼，首先如函式 NanoDet::disPred2Bbox 所示，對 DFL-Head 的預測結果進行 Softmax 歸一化，然後使用 for 迴圈求取積分，得到表示實際偏移量的值；而程式中的 NanoDet::decode_infer 函式主要對低分檢測框進行剔除。

➔ 程式 6.42 NanoDet 的後處理操作

```
1.    void NanoDet::decode_infer(ncnn::Mat& feats, std::vector<CenterPrior>&
      center_priors, float threshold, std::vector<std::vector<BoxInfo>>&
      results){
2.        const int num_points = center_priors.size();
3.        for (int idx = 0; idx < num_points; idx++){
4.            // 根據索引 idx 得到中心位置 (x,y)
5.            const int ct_x = center_priors[idx].x;
6.            const int ct_y = center_priors[idx].y;
7.            // 得到中心位置對應的下採樣 stride 值
8.            const int stride = center_priors[idx].stride;
9.            // 根據索引得到特徵對應的 score
10.           const float* scores = feats.row(idx);
11.           float score = 0;
12.           int cur_label = 0;
13.           // 根據類別數過濾 score
14.           for (int label = 0; label < this->num_class; label++){
15.               if (scores[label] > score){
16.                   score = scores[label];
17.                   cur_label = label;
18.               }
19.           }
20.           // 過濾低分檢測框
21.           if (score > threshold){
22.               // 根據類別數的指標偏移獲得 bbox 的預測結果
23.               const float* bbox_pred = feats.row(idx) + this->num_class;
24.               // 將模型預測的座標分佈結果轉為 bbox
25.               results[cur_label].push_back(this->disPred2Bbox(bbox_pred,
      cur_label, score, ct_x, ct_y, stride));
26.           }
27.       }
28.   }
```

```
29.   BoxInfo NanoDet::disPred2Bbox(const float*& dfl_det, int label, float
      score, int x, int y, int stride){
30.       // bbox 的數值是由 soft-argmax 演算法獲得的，對輸入的分佈特徵計算 Softmax 後，
      求期望得到最終積分結果
31.       // 首先得到中心點在原始影像中的中心位置 (x,y)
32.       float ct_x = x * stride;
33.       float ct_y = y * stride;
34.       std::vector<float> dis_pred;
35.       // 從回歸 Head 特徵獲取檢測框位置的積分結果 dis_pred
36.       dis_pred.resize(4);
37.       for (int i = 0; i < 4; i++){
38.           float dis = 0;
39.           float* dis_after_sm = new float[this->reg_max + 1];
40.           // 透過 Softmax 計算歸一化結果 dis_after_sm
41.           activation_function_softmax(dfl_det+i*(this->reg_max+1),dis_
      after_sm,this->reg_max+1);
42.           // 透過求和得到積分（期望）結果 dis
43.           for (int j = 0; j < this->reg_max + 1; j++){
44.               dis += j * dis_after_sm[j];
45.           }
46.           dis *= stride;
47.           dis_pred[i] = dis;
48.           delete[] dis_after_sm;
49.       }
50.       // 根據中心點 (x,y) 和模型預測的偏移量得出最終的檢測框結果，這裡 (std::max) 與
      (std::min) 的作用是防止檢測框溢位影像
51.       float xmin = (std::max)(ct_x - dis_pred[0], .0f);
52.       float ymin = (std::max)(ct_y - dis_pred[1], .0f);
53.       float xmax = (std::min)(ct_x+dis_pred[2],(float)this->input_size[0]);
54.       float ymax = (std::min)(ct_y+dis_pred[3],(float)this->input_size[1]);
55.       return BoxInfo { xmin, ymin, xmax, ymax, score, label };
56.   }
```

如程式 6.43 所示，經過程式 6.42 對預測結果的解碼和對低分檢測框的剔除，這裡依然會存在容錯檢測框，此時便使用非極大值抑制的方法進行容錯檢測框的過濾。

➔ 程式 6.43 NMS 的實現

```
1.      // NMS 演算法的實現
2.      void NanoDet::nms(std::vector<BoxInfo>& input_boxes, float NMS_THRESH){
3.          // 對 bbox 的 score 進行排序
4.          std::sort(input_boxes.begin(),input_boxes.end(),[](BoxInfo a,BoxInfo b){
5.                      return a.score > b.score;
6.                  });
7.          std::vector<float> vArea(input_boxes.size());
8.          // 計算 bbox 的面積
9.          for (int i = 0; i < int(input_boxes.size()); ++i){
10.             vArea[i] = (input_boxes.at(i).x2 - input_boxes.at(i).x1 + 1) *
        (input_boxes.at(i).y2 - input_boxes.at(i).y1 + 1);
11.         }
12.         // 批次計算 IoU 並按照設定值進行篩選
13.         for (int i = 0; i < int(input_boxes.size()); ++i){
14.             for (int j = i + 1; j < int(input_boxes.size());){
15.                 // 計算 IoU
16.                 float xx1   = (std::max)(input_boxes[i].x1, input_boxes[j].x1);
17.                 float yy1   = (std::max)(input_boxes[i].y1, input_boxes[j].y1);
18.                 float xx2   = (std::min)(input_boxes[i].x2, input_boxes[j].x2);
19.                 float yy2   = (std::min)(input_boxes[i].y2, input_boxes[j].y2);
20.                 float w     = (std::max)(float(0), xx2 - xx1 + 1);
21.                 float h     = (std::max)(float(0), yy2 - yy1 + 1);
22.                 float inter = w * h;
23.                 float ovr   = inter / (vArea[i] + vArea[j] - inter);
24.                 // 根據 NMS 的設定值過濾容錯檢測框
25.                 if (ovr >= NMS_THRESH){
26.                     input_boxes.erase(input_boxes.begin() + j);
27.                     vArea.erase(vArea.begin() + j);
28.                 }
29.                 else{
30.                     j++;
31.                 }
32.             }
33.         }
34.     }
```

圖 6.33 便是 NanoDet 基於 NCNN 部署的檢測結果。

▲ 圖 6.33　NanoDet 基於 NCNN 部署的檢測結果

6.7 本章小結

本章開始介紹了不同的推理框架（如 TensorRT、NCNN 和 ONNX）的基本概念和使用方法。

接著介紹了 CUDA 的一些基礎概念和核心函式的書寫方法。這裡介紹的 CUDA 是一種由 NVIDIA 推出的通用平行計算架構，該架構使 GPU 能夠解決複雜的計算問題。這裡為了方便讀者更進一步地熟悉 CUDA 程式設計，還舉出了 YOLOv5 前處理和後處理 CUDA 程式開發，這樣便可以保證 CUDA 所撰寫的 YOLOv5 的前處理和後處理程式同 YOLOv5 網路模型一起在支援 CUDA 的 GPU 處理器上以超高的性能執行。

同時，為了進一步方便讀者對實際自動駕駛專案應用的實作和加速，這裡還介紹了 NVIDIA 針對 CUDA，以及自家 GPU 提出了 TensorRT 推理框架，其中也介紹了如何使用 TensorRT 載入 ONNX 模型，以及如何使用 TensorRT 的 C++ API 自行架設一個簡單的神經網路。另外，由於 TensorRT 並不能覆蓋所有演算法的具體運算元，所以本章還對 TensorRT 的外掛程式開發流程進行了梳理和講解。

為了進一步提升模型在 GPU 中的執行速度，這裡也介紹了 INT8 量化的相關基礎知識與基本原理。本章最後以 YOLOv5 的 TensorRT 實作和 NanoDet 的 NCNN 實作為實踐講解了 AI 真實的實作應用。

參考文獻

[1] Krizhevsky A, Sutskever I, Hinton G . ImageNet Classification with Deep Convolutional Neural Networks[J]. Advances in neural information processing systems, 2012, 25(2):1097-1105.

[2] Szegedy C, Liu W, Jia Y, et al. Going Deeper with Convolutions[C]// Proceedings of the IEEE Conference on Computer Vision and Pattern Recognition, 2015.

[3] Redmon J, Divvala S, Girshick R, et al. You Only Look Once: Unified, Real-Time Object Detection[C]// Proceedings of the IEEE Conference on Computer Vision and Pattern Recognition, 2016:779-788.

[4] Redmon J, Farhadi A. YOLO9000: Better, Faster, Stronger[C]// IEEE Conference on Computer Vision & Pattern Recognition. IEEE, 2017:6517-6525.

[5] Zhang Z, Lu X, Cao G, et al. ViT-YOLO:Transformer-Based YOLO for Object Detection[C]// International Conference on Computer Vision. IEEE, 2021.

[6] Wang C Y, Liao H, Wu Y H, et al. CSPNet: A New Backbone that can Enhance Learning Capability of CNN[C]// 2020 IEEE/CVF Conference on Computer Vision and Pattern Recognition Workshops (CVPRW). IEEE, 2020.

[7] Howard A G, Zhu M, Chen B, et al. MobileNets: Efficient Convolutional Neural Networks for Mobile Vision Applications[J]. arXiv preprint arXiv:1704.04861, 2017.

[8] Sandler M, Howard A, Zhu M, et al. MobileNetV2: Inverted Residuals and Linear Bottlenecks[C]//2018 IEEE/CVF Conference on Computer Vision and Pattern Recognition (CVPR). IEEE, 2018.

[9] Zhang X, Zhou X, Lin M, et al. ShuffleNet: An Extremely Efficient Convolutional Neural Network for Mobile Devices[C]//Proceedings of the IEEE Conference on Computer Vision and Pattern Recognition, 2018:6848-6856.

[10] Ma N N, Zhang X Y, Zheng H T. "ShuffleNet v2: Practical Guidelines for Efficient CNN Architecture Design" ECCV european conference on computer vision [J]In Proceedings of the IEEE Conference on Computer Vision (ECCV), 2018:116-131.

[11] Han K, Wang Y, Tian Q, et al. GhostNet: More Features From Cheap Operations[C]//2020 IEEE/CVF Conference on Computer Vision and Pattern Recognition (CVPR). IEEE, 2020.

[12] Dosovitskiy A, Beyer L, Kolesnikov A, et al. An Image is Worth 16x16 Words: Transformers for Image Recognition at Scale[J].arXiv preprint arXiv:2010.11929, 2020.

[13] Liu Z, Lin Y, Cao Y, et al. Swin Transformer: Hierarchical Vision Transformer using Shifted Windows[C]// Proceedings of the IEEE/CVF International Conference on Computer Vision, 2021:10012-10022.

[14] Mehta S, Rastegari M. MobileViT: Light-weight, General-purpose, and Mobile-friendly Vision Transformer[J]. 2021.

[15] Xia X, Li J S, Wu J, et al. TRT-ViT: TensorRT-oriented Vision Transformer[J]. 2022.

[16] Berg A C, Fu C Y, Szegedy C, et al. SSD: Single Shot MultiBox Detector, 10.1007/978-3-319-46448-0_2[P]. 2015.

[17] He K, Gkioxari G, Dollar P, et al. Mask R-CNN[C]// International Conference on Computer Vision. IEEE Computer Society, 2017.

[18] Ren S, He K, Girshick R, et al. Faster R-CNN: Towards Real-Time Object Detection with Region Proposal Networks[J]. IEEE Transactions on Pattern Analysis & Machine Intelligence, 2017, 39(6):1137-1149.

[19] Girshick R. Fast R-CNN[J]. Computer Science, 2015.

[20] Jia D, Wei D, Socher R, et al. ImageNet: A large-scale hierarchical image database[C]// Proceedings of the 2009 IEEE International Conference on Computer and Pattern Recognition.Piscataway:IEEE,2009:248.

[21] He K M, Zhang X Y, Ren S Q, et al. Spatial Pyramid Pooling in Deep Convolutional Networks for Visual Recognition[J]. IEEE Transactions on Pattern Analysis & Machine Intelligence, 2015.

[22] Lin M, Chen Q, Yan S . Network In Network, 10.48550/arXiv.1312.4400[P]. 2013.

[23] Sermanet P, Eigen D, Zhang X , et al. OverFeat: Integrated Recognition, Localization and Detection using Convolutional Networks[J]. Eprint Arxiv, 2013.

[24] Simonyan K, Zisserman A. Very Deep Convolutional Networks for Large-Scale Image Recognition[J]. Computer Science, 2014.

[25] Lin T Y, Goyal P, Girshick R , et al. Focal Loss for Dense Object Detection[J]. IEEE Transactions on Pattern Analysis & Machine Intelligence, 2017, PP(99):2999-3007.

[26] Girshick R, Donahue J, Darrell T, et al. Region-Based Convolutional Networks for Accurate Object Detection and Segmentation[J]. IEEE Transactions on Pattern Analysis & Machine Intelligence, 2015, 38(1):142-158.

[27] Ren S, He K, Girshick R, et al. Object Detection Networks on Convolutional Feature Maps[J]. IEEE Transactions on Pattern Analysis & Machine Intelligence, 2015, 39(7):1476-1481.

[28] Lin T Y, Maire M, Belongie S, et al. Microsoft COCO: Common Objects in Context[C]// European Conference on Computer Vision. Springer International Publishing, 2014.

[29] Wang J, Chen K, Yang S, et al. Region Proposal by Guided Anchoring[C]// 2019 IEEE/CVF Conference on Computer Vision and Pattern Recognition (CVPR). IEEE, 2019.

[30] Dai J, Li Y, He K, et al. R-FCN: Object Detection via Region-based Fully Convolutional Networks[J]. Curran Associates Inc, 2016.

[31] Qiao S, Chen L C, Yuille A . DetectoRS: Detecting Objects with Recursive Feature Pyramid and Switchable Atrous Convolution[C]// Computer Vision and Pattern Recognition. IEEE, 2021.

[32] Ge Z, Liu S, Wang F , et al. YOLOX: Exceeding YOLO Series in 2021[J]. 2021.

[33] Bochkovskiy A, Wang C Y, Liao H . YOLOv4: Optimal Speed and Accuracy of Object Detection[J]. 2020.

[34] Wang C Y, Bochkovskiy A, Liao H . YOLOv7: Trainable bag-of-freebies sets new state-of-the-art for real-time object detectors[J]. arXiv e-prints, 2022.

[35] Zhang S S, Benenson R, Schiele B . CityPersons: A Diverse Dataset for Pedestrian Detection[J]. IEEE, 2017.

[36] Highmore B. Cityscapes: Cultural Readings in the Material and Symbolic City[J]. Textual Practice, 2005.

[37] Zhang S, Chi C, Yao Y , et al. Bridging the Gap Between Anchor-Based and Anchor-Free Detection via Adaptive Training Sample Selection[C]// 2020 IEEE/CVF Conference on Computer Vision and Pattern Recognition (CVPR). IEEE, 2020.

[38] Tian Z, Shen C, Chen H, et al. FCOS: Fully Convolutional One-Stage Object Detection[C]// 2019 IEEE/CVF International Conference on Computer Vision (ICCV). IEEE, 2020.

[39] Li X, Wang W, Hu X, et al. Generalized Focal Loss V2: Learning Reliable Localization Quality Estimation for Dense Object Detection[C]// Computer Vision and Pattern Recognition. IEEE, 2021.

[40] Lang A H, Vora S, Caesar H , et al. PointPillars: Fast Encoders for Object Detection From Point Clouds[C]// 2019 IEEE/CVF Conference on Computer Vision and Pattern Recognition (CVPR). IEEE, 2019.

[41] Li Z Q, Wang W, Li H, et al. BEVFormer: Learning Bird’ s-Eye-View Representation from Multi-Camera Images via Spatiotemporal Transformers[J]. 2022.

[42] Geiger A, Lenz P, Stiller C, et al. Vision meets robotics: The KITTI dataset[J]. International Journal of Robotics Research, 2013, 32(11):1231-1237.

[43] Fan M Y, Lai S, Huang J, et al. Rethinking BiSeNet For Real-time Semantic Segmentation, 10.48550/arXiv.2104.13188[P]. 2021.

[44] Zhang W Q, Huang Z, Luo G , et al. TopFormer: Token Pyramid Transformer for Mobile Semantic Segmentation[C]// 2022.

[45] Weng W T, Zhu X. INet: Convolutional Networks for Biomedical Image Segmentation[J]. IEEE Access, 2021, PP(99):1-1.

[46] Tabelini L, Berriel R, Paixo T M, et al. Keep your Eyes on the Lane: Real-time Attention-guided Lane Detection[J]. Proceedings of the IEEE/CVF Conference on Computer Vision and Pattern Recognition, 2020:294-302.

[47] Balaji V, Raymond J W, Pritam C . DeepSort: deep convolutional networks for sorting haploid maize seeds[J]. BMC Bioinformatics, 2018, 19(S9):85-93.

[48] Du Y H, Song Y, Yang B, et al. StrongSORT: Make DeepSORT Great Again[J]. arXiv e-prints, 2022.

[49] Zhang Y F, Sun P, Jiang Y, et al. ByteTrack: Multi-Object Tracking by Associating Every Detection Box[J]. Proceedings, Part XXII. Cham: Springer Nature Switzerland, 2021:1-21.

[50] Su V H, Nguyen N H, Nguyen N T, et al. A Strong Baseline for Vehicle Re-Identification[C]// 10.48550/arXiv.2104.10850 Proceedings of the IEEE/CVF Conference on Computer Vision and Pattern Recognition, 2021: 4147-4154.

[51] Deng J K, Guo J, Zafeiriou S. ArcFace: Additive Angular Margin Loss for Deep Face Recognition[J]. Proceedings of the IEEE/CVF Conference on Computer Vision and Pattern Recognition,2019:4690-4699.